计算机办公应用
与图像视频处理

主　编　冯桂尔

副主编　陈小燕　黄永丽　卫　玉　倪梓琛　宋云娟　李君丽

COMPUTER PRACTICES
AND MULTI-MEDIA PROCESSING

 复旦大学 出版社

前 言

随着计算机的普及,熟练操作计算机已经成为人们必须掌握的一项基本技能,是衡量现代社会人基本素养的必备条件之一。

本书以培养学生实践解决问题能力为目标,采用模块化教学法,强调实用性和操作性。在内容组织上紧跟时代步伐,及时更新教学内容,介绍最新的计算机发展技术及发展动态,以适应教学改革和技术更新的需求。

本书分为九章。第一章从大数据、人工智能、虚拟现实和无线射频识别这 4 个方面阐述计算机领域新发展。第二章主要介绍计算机网络的基础知识和 Internet 的工作原理。第三章介绍 Word 文档处理及技巧精粹。第四章介绍演示文稿 PowerPoint 的设计与制作技巧。第五章介绍在 Excel 中如何运用公式及函数进行数据统计分析以及图表制作、数据透视表、分类汇总、模拟运算、数据有效性验证等各种数据管理操作。第六章介绍 Access 数据库的基本概念、数据模型的描述以及数据库实践应用。第七章介绍 HTML 常用标记语言、CSS 样式,以及通过专业可视化网页编辑工具 Dreamweaver 制作网页。第八章介绍 Adobe PhotoShop 图像处理基础知识、常用工具、蒙版使用、画笔创意设计等实用内容。第九章介绍 Adobe Premiere 制作视频的基础知识、关键帧动画、视频过渡特效、视频特效、字幕的创建和应用、音频处理等实用内容。

此外,本书提供了配套的素材,供读者实践操作练习、巩固知识。读者可联系作者和责编邮箱 jsjserver@126.com、zzjlucky@yeah.net 索取。

本书由冯桂尔主编,陈小燕、黄永丽、卫玉、倪梓琛、宋云娟、李君丽担任副主编,参加编写的人员还有李箏老师。在本书的编写和出版过程中,复旦大学出版社编辑张志军老师给予了大力支持,在此表示感谢! 此外,在本书的编写过程中还参阅了其他的教材和文献,借此机会向这些教材和文献的作者表示衷心的感谢!

由于计算机技术发展迅速,新技术层出不穷,加之编者水平有限,书中难免有疏漏和不妥之处,欢迎广大读者批评指正,衷心希望广大使用者尤其是任课教师提出宝贵的意见和建议,以便再版时修订完善。如有问题,可与我们联系,邮箱: jsjserver@126.com。

编 者

2022 年 5 月

目　录

第一篇　普适计算

第二篇　Office 基础及高级应用

第三篇 网页制作

第四篇　多媒体信息处理

第一篇 普适计算

计 算 机 办 公 应 用 进 阶 教 程

计算机领域新发展

第一章

普适计算的来临,使人们能够在任何时间、任何地点,以任何方式获取与处理信息,更容易、更便捷、更高效地处理事务。这与计算机领域的飞速发展是密不可分的。本章主要从大数据、人工智能、虚拟现实和无线射频识别这 4 个方面阐述、分析。

1.1 大数据时代的思维变革

1. 大数据的定义和特征

大数据是信息爆炸时代的产物,几乎应用到了所有人类致力于发展的领域中,如交通、购物、就医、旅游、安全等,给经济和社会生活带来了深刻的影响。我们最容易感受到的是:买东西可以足不出户;有急事出门可以不用再随缘等出租车;想了解天下事只需要动动手指。

所谓大数据,最早是全球知名咨询公司麦肯锡提出的,他们给出的定义是:一种规模大大超出了传统数据库软件工具获取、存储、管理、分析能力范围的数据集合。研究机构高德纳(Gartner)给出的定义是:大数据是需要新处理模式才能具有更强的决策力、洞察发现力和流程优化能力的海量、高增长率和多样化的信息资产。互联网周刊认为大数据的概念是:大数据让我们以一种前所未有的方式,分析海量数据,获得有巨大价值的产品和服务,或深刻的洞见,最终形成变革之力①。无论大家从什么角度定义大数据,都有一个共性,那就是大数据将给人们带来巨大机遇,并且认同大数据有 4 个明显的特征:

(1) **数据量巨大** 现如今,每一天,信息都在以爆炸式的速度增长。数据量早已从 TB (1024 GB=1 TB)级别跃升到 PB(1024 TB=1 PB)、EB(1024 PB=1 EB),乃至 ZB(1024 EB=1 ZB)级别。IBM 研究称:在整个人类文明所获得的全部数据中,有 90% 是过去两年内产生的。而到 2020 年,全世界所产生的数据规模将达到今天的 44 倍。

(2) **数据类型繁多** 大数据具有多种形式,如结构化交易数据,包括 POS 或电子商务购物数据、Web 服务器记录的互联网点击流数据日志等;如人为数据,包括电子邮件、文本文件、图片、音视频,以及通过博客、Wikipedia、Twitte 等社交媒体产生的数据流;如移动数据,包括 APP 产生的大量数据;如机器和传感器数据,主要包括由物联网所产生的传感通信

---

① http://www.360doc.com/content/15/0705/16/3852985_482803623.shtml.

数据。

（3）处理速度快　大数据产生的速度非常快，谁处理的速度快，谁就会在竞争中取得优势。如果花费大量资本采集的信息无法通过及时处理反馈有效信息，那将会得不偿失。所以很多平台需要实时处理和分析数据。

（4）价值密度低　在海量数据中，实际上有价值的数据所占比例很小。例如视频，连续不断地监控过程中，可能有用的数据仅仅一两秒而已。所以应用大数据技术快速有效地提取有价值的信息，是大数据处理的最终目的。

2. 大数据时代思维的变革

大数据时代对我们的生活、世界观以及世界的交流方式都提出了挑战。为了顺应时代、激流勇进，我们的思维也要发生变革。周苏教授在《大数据可视化》一书中指出，主要从 3 个方面进行思维变革：

第一，样本＝总体。要分析与某物相关的更多的数据，有时候甚至可以处理和某个特别现象学相关的所有数据，而不再是只依赖于分析随机采样的少量的数据样本。因为如果靠随机样本，一旦采样过程中出现误差，分析结果就会偏离，所以必须利用所有数据。

第二，接受数据的混杂性。乐于接受数据的纷繁复杂，而不再一味追求其精确性，即允许数据存在不精确性。在数据量比较少的时候，数据是否精确可能会影响结果，但随着数据的海量增加，精确性对整个结果的影响就显得微乎其微了。另外，只有数据存在不精确性和混杂性，才更有利于我们对事物的预测、分析。

第三，数据的相关性。尝试着不再探求难以捉摸的因果关系，转而关注事物的相关关系。不是所有的事情都必须先知道现象背后的原因才做分析。如比较有名的沃尔玛超市的"尿不湿和啤酒"案例。按常规思维，尿不湿与啤酒风马牛不相及，但沃尔玛利用数据挖掘工具分析和挖掘这些数据，发现跟尿不湿一起购买最多的商品竟是啤酒。于是他们将尿不湿与啤酒并排摆放在一起，结果尿不湿与啤酒的销售量双双增长。后来，沃尔玛派出市场调查人员和分析师调查分析这一结果，才知道原因。可见，大数据推动了相关关系分析，也能指导因果关系。

3. 大数据可视化工具

普通用户如何以直观、交互性和可视化的形式常规化地展示大量的数据呢？如今有大量的现成的工具供大家选择。有些必须有编程语言基础，有些则不需要。这里介绍几款常见的可视化工具。

（1）Microsoft Excel　可以通过筛选、汇总、数据透视表、图表创建等快速分析数据。

（2）Tableau　任何人都可以直观明了地拖放产品分析数据，无需编程即可深入分析。在为大数据操作、深度学习算法和多种类型的 AI 应用程序提供交互式数据可视化方面尤为高效。

（3）Google Charts　提供大量数据可视化格式，从简单的散点图到分层树地图等都有。另外，Google Chart 结合了来自 Google 地图等多种 Google 服务的数据，生成的交互式图表不仅可以实时输入数据，还可以使用交互式仪表板控制。

（4）D3.js　以任何方式直观地显示大数据。D3.js 代表 Data Driven Document，是一个用于实时交互的大数据可视化 JS 库。这个 JS 库以 SVG 和 HTML 5 格式呈现数据，所以必须有一定编程基础，并且熟悉 JavaScript 语言才能驾驭。

上面提到的 4 种可视化工具只是大量在线或独立的数据可视化解决方案和工具中的一部分,还有很多其他工具,如 Python、R 语言、Adobe Illustrator 等,用户可以根据自己的需求选择一款合适的可视化工具来分析大数据。

1.2　人工智能

1. 人工智能的定义和特征

人工智能(Artificial Intelligence,AI)是研究、开发用于模拟、延伸和扩展人的智能的理论、方法、技术及应用系统的一门新的技术科学[①],也是当今新一轮科技革命和产业变革的重要前沿和热点。

人工智能的定义有很多。如著名的美国斯坦福大学人工智能研究中心的尼尔逊教授这样定义:"人工智能是关于知识的学科——怎样表示知识以及怎样获得知识并使用知识的科学。"而美国麻省理工学院的温斯顿教授则认为:"人工智能就是研究如何使计算机去做过去只有人才能做的智能工作。"但无论是哪种定义,人工智能都有认知、自我学习、推理、决策、交流等特征。

2017 年 7 月 21 日,科技部副部长李萌指出,新一代人工智能具有以下 5 个特点:一是从人工知识表达到大数据驱动的知识学习技术。二是从分类型处理的多媒体数据转向跨媒体的认知、学习、推理,这里讲的"媒体"不是新闻媒体,而是界面或者环境。三是从追求智能机器到高水平的人机、脑机相互协同和融合。四是从聚焦个体智能到基于互联网和大数据的群体智能,它可以把很多人的智能集聚融合起来变成群体智能。五是从拟人化的机器人转向更加广阔的智能自主系统,比如智能工厂、智能无人机系统等[②]。

从这五大特征可以看出,人工智能越来越接近人类大脑的技能,甚至在某些方面已超越了人类的智能范畴。

2. 专家系统的应用

专家系统实际上是人工智能研究者针对某一个特定的领域,集成该领域内专家的知识而开发的一套系统,目的是模拟人类专家来解决该领域内的问题。专家系统是现今人工智能应用成功的方面。专家系统主要依赖知识库实现。知识库中不仅存放该领域的知识,而且还包含这些知识间的关系创建、推理规则、决策制定等。创建知识库,首先要从该领域专家那里获取知识和经验,然后将获取的知识和经验组织成数据结构,存入数据库,和知识库中存储的规则的 if-then 规则部分相匹配,最终形成知识库。所以一个专家系统是否是可用、确实、完善的知识库,是专家系统分析问题能力的关键,也是开发的重点。

目前,专家系统在某些特定领域应用效果非常好。比较典型的如阿尔法围棋(AlphaGo)人工智能机器人,由谷歌(Google)旗下 DeepMind 公司戴密斯·哈萨比斯领衔的团队开发。2016 年 3 月,阿尔法围棋以 4∶1 战胜围棋世界冠军、职业九段棋手李世石;2017 年 5 月,在中国乌镇围棋峰会上,它以 3∶0 战胜当时排名世界第一的世界围棋冠军柯洁。围棋界

---

① https://baike.baidu.com/item/人工智能/9180.

② http://www.scio.gov.cn/32344/32345/35889/36946/zy36950/Document/1559026/1559026.htm.

公认阿尔法围棋的棋力已经超过人类职业围棋顶尖水平。

除了阿尔法围棋外，专家系统还广泛应用于发动机维护、计划和调度，特定设备的诊断和故障排除、财务决策、地质勘探等各个应用领域，且都取得了满意的效果。

1.3 虚拟现实技术

1. 什么是虚拟现实技术

VR 是近几年来国内外科技界关注的一个热点，简单地说，虚拟现实（Virtual Reality，VR）就是借助计算机技术及硬件设备，实现视听触嗅等手段可以感受到的三维环境。比如，计算机模拟开汽车的虚拟环境，用户可以通过各种传感装置来开动这辆汽车，包括开门、启动、加速、减速、打方向盘等各种操作，就如同处在现实中开车。对新手来说，这是个练车的绝好场所。在虚拟环境中，人们感受到的最突出的特点是沉浸感、交互性和构想性。沉浸感是指用户在虚拟环境中产生身临其境的真实感，不仅可以看到，而且可以听到、触到及嗅到这个虚拟环境中所发生的一切；交互性意在达到人机和谐，用户可以像现实生活中那样操作虚拟环境中的物体，并能得到相应的信息反馈；构想性是指在沉浸感和交互性的作用下，用户在虚拟环境中会产生丰富的联想，有利于扩展认知与感知能力，激发其创造性思维。

实现 VR 的特点离不开 VR 技术的支撑。VR 技术主要包括模拟环境、感知、自然技能和传感设备等方面。模拟环境是由计算机生成的、实时动态的三维立体逼真图像；感知是指理想的 VR 应该具有一切人所具有的感知，除计算机图形技术所生成的视觉感知外，还有听觉、触觉、力觉、运动等感知，甚至还包括嗅觉和味觉等，也称为多感知；自然技能是指人的头部转动，眼睛、手势或其他人体行为动作，由计算机来处理与参与者的动作相适应的数据，并对用户的输入作出实时响应，分别反馈到用户的五官；传感设备是指三维交互设备[①]。

2. 虚拟现实设备

很多 VR 专家认为，如果没有 VR 设备，用户就体会不到在虚拟环境中的沉浸感、交互性和构思性，那么 VR 就不是真正的虚拟环境，在现阶段，确实如此。现阶段 VR 中常用到的硬件设备，大致可以分为 4 类：

（1）建模设备　比较典型的是 3D 扫描仪。主要用于获取物体外表面的三维坐标及物体的三维数字化模型，几乎可以完美地复制现实世界中的任何物体，以数字化的形式逼真地重现到现实世界中。

（2）显示设备　比较典型的是头盔式显示器（HMD），它利用人的左右眼获取信息差异，引导用户产生一种身在虚拟环境中的感觉。如在单个显示器系统中，一只眼睛只能看到奇数帧图像，另一只眼睛只能看到偶数帧图像，这种视差会在脑海中产生立体感。另外 HMD 具有小巧和封闭性强的特点，它能将使用者的听觉视觉功能完全置于虚拟的环境之中并切断了外界信息，以保证用户良好的沉浸感。

（3）声音设备　比较典型是语音识别系统。要求虚拟环境能听懂人的语言，并能进行人机交互。这也是 VR 技术实现中最难的一点。因为语音识别不仅要考虑到自然语言中存在

---

① http://baike.so.com/doc/2620688-2767199.html.

语义性、复杂性、多变性甚至无规律性,还是考虑到人的声调、发音等,所以很难保证语音识别的正确性。

(4) 交互设备 比较典型的是数据手套。它是虚拟环境中最常用的交互工具。数据手套里设有弯曲传感器,通过手的运动来感应,实现虚拟环境与用户之间的信息反馈。这使用户可以以更加直接、真实、有效的方式与虚拟环境进行交互,从而增强沉浸感。

3. 虚拟现实技术应用

VR 技术发展日新月异,正在逐渐成为一种改变我们生活方式的新突破。借助 VR 设备,人们可以"穿越"到硝烟弥漫的古战场,融入浩瀚无边的太空旅行,参与到风驰电掣的赛车比赛中……VR 已经广泛应用到军事训练、教育培训、医疗健康、游戏娱乐、城市规划建设等众多领域。

2016 年 5 月 8 日,在英国苏塞克斯郡隐秘山谷中,上演了一场 FPV 无人机竞技大赛。选手们借助虚拟现实头盔,通过安装在无人机上的摄像头,可以看到无人机前方的实时景象,从而像职业飞行员一样驾驶着自己的无人机在山谷中飞行。除了能够获得逼真的飞行体验,这项虚拟现实无人机竞赛最大的乐趣在于通过 VR 技术,向每个普通人都打开了驾驶飞机的大门,无论是否是职业飞行员,无论男女老少,所有人都有机会驾驶着自己的飞机冲上云霄。

VR 技术也为教育领域带来了全新的教育方式。美国凯斯西储大学与微软 HoloLens 合作,将 VR 技术应用到了医学教育领域。只需用相应的医学软件,带上虚拟现实头盔,老师和学生就可以看到飘浮在空中的人体肌肉、骨骼、器官的解剖结构,以及跳动的心脏等,在虚拟空间中一览无余。这是传统解剖课堂无法做到的,也是 2D 的书本和黑板无法比拟的。VR 技术能够为学生提供生动、逼真的学习环境,提供无限的虚拟体验,让学生亲身去经历、感受知识,远比空洞抽象的说教更具有说服力。因此当前国内外许多高校都在积极研究 VR 技术,以期应用到教育教学中。

VR 发展前景十分诱人,但还只是一门年轻的科学技术,尚存在不少问题有待解决,技术需要完善。但不管怎样,VR 技术正在迅速开辟着各行各业的新领域,它会随着时间的推移日臻完善,在各行各业中发挥重要作用。

1.4 无线射频识别技术

1. 什么是无线射频识别技术

无线射频识别(Radio Frequency Identification,RFID)是一种无线通信技术的智能应用,具有非接触式的自动识别功能。它主要由 3 部分组成:

(1) 电子标签(tag) 嵌入在产品里面(如外包装、吊牌等),是一块带有内存的集成电路芯片,芯片里包含了产品的信息和传输产品信息的射频转发器。每个 RFID 电子标签都具有唯一的电子编码,用来标志产品。

(2) 阅读器(reader) 用来读取(有时还可以写入)RFID 电子标签信息的设备,可设计为手持式或固定式。阅读器里有两个重要的组件,天线(antenna)和信号处理模块。阅读器依靠天线在标签和阅读器间传递射频信号,依靠信息处理模块对信息解调和解码。

（3）计算机系统 用来控制阅读器，鉴别、处理电子标签的编码、产品信息等。

RFID工作原理如图1-2所示。阅读器通过天线发送特定频率的射频信号，当RFID电子标签进入这个信号范围后，电子标签被激活，它会将自身编码信息通过内置的射频转发器发送出去；阅读器中的天线接收到从电子标签发送来的调制信号，经天线调节器传送到阅读器信号处理模块，经解调和解码后将有效信息送至后台计算机系统；计算机系统将接收到的信息跟原有数据库里的信息匹配、鉴定，并作出相应的数据处理，最终发出指令信号控制阅读器完成相应的读写操作。

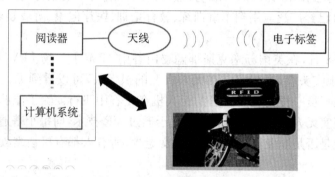

图1-2 RFID工作原理

图1-3 条形码与RFID

2. 无线射频识别与条形码的PK

在学习RFID内容时，很多初学者往往会将RFID跟条形码等同，因为两者都具有非接触式的自动识别功能。但是事实上，它们在很多方面都有明显的差异。首先从外观上就可以一目了然地分辨出不同，如图1-3所示。其次，从功能上来看，RFID有很多优于条形码的地方：

（1）读取范围 RFID目前最多可读取到100多平方米内的电子标签信号，无需面对面读取，有很强的穿透能力；而条形码只能在$1 m^2$左右的范围内近距离读取，不能有遮挡物。

（2）读取速度 扫描时无须直线对准电子标签，可识别高速运动物体，并可同时识别多个，速度是条形码的15～20倍；而条形码一次只能识别一个物体。

（3）耐用性 RFID电子标签寿命长、抗恶劣环境；而条形码的耐用性差，脏的、受损的条形码都不能被读取。

（4）读写功能 RFID电子标签既可读也可写。RFID阅读器能与电子标签交流信息，在标签允许范围内修改所存信息；而条形码不具备写功能，不能在印好的条形码上再添加信息。

（5）安全性 RFID电子标签使用的是专用芯片，具有唯一的电子编码，很难复制，这在一定程度上杜绝了造假，所以现在很多领域都用它跟踪、追溯产品。而在条形码中，同一类产品的编码都是一致的，所以无法确保每个产品的唯一性。

虽然在很多方面RFID优于条形码，但是也不能完全取而代之，条形码也有它自身的优势。条码符号识别设备结构简单，较RFID设备价格要低很多；而且容易操作，无须专门训练，与其他自动化技术相比，推广应用条码技术所需成本较低，所以在当下，条形码对很多厂商来说，还是很受欢迎的。

3. 无线射频识别技术的应用

RFID电子标签作为数据载体，能起到产品识别、信息采集、物品跟踪等一系列作用，给人们的生活带来了很多便利，已广泛地应用在了很多领域，如仓储管理、动物管理、航空行李识别、产品防伪、运动计时、文档追踪管理、畜牧业、车辆防盗系统、医疗系统等。

对命悬一线的病人来说，时间就是生命，因此医生及时了解病人的历史就诊记录，对救治病人会起到事半功倍的作用。美国新泽西州的一家大医院，在医疗系统中就应用了RFID技术。医生将RFID电子标签植入到病人手臂的表皮下，电子标签里包含了病人的个人信息。病人每次就诊时，医生只要用RFID阅读器往病人手臂上扫描，病人的信息就会直接显示在计算机系统里，而医生也会将每次的就诊记录输入到电子标签里。碰到突然进院救治的危急病人，医生立马可以根据就诊记录对症下药。

以往，体育运动中的计时通过人工操作实现，这很容易造成误差。为了解决这个问题，比赛计时中广泛应用了基于RFID技术的运动计时系统。运动员将带有RFID电子标签的计时环绑在踝关节上，经过起跑线上的天线时，计时环就进入到运动计时系统的信号范围内，计时环被激活，计时环内的射频转换器就会将电子标签内标志运动员信息的唯一编码发送到阅读器；当带有计时环的脚跨过终点线上的天线时，整个计时结束。

第二章

计算机网络基础

因特网(Internet)的诞生和广泛的应用引领人们进入了前所未有的信息化社会,为人们的生活和工作带来了极大的便利,人们通过网络进行资源共享、信息获取、电子商务、社交等。本章主要介绍计算机网络的基础知识,包括计算机网络的分类、局域网的组成部分、网络上的客户机和服务器;因特网的工作原理包括体系结构、因特网地址;最后是因特网上的信息服务和信息检索。

2.1 计算机网络介绍

1. 什么是计算机网络

网络将各种具有交互功能的设备连接在了一起。今天,移动电话、卫星电视、计算机等网络纵横交错地分布在全球各地,实现了各种资源空前的"零距离"接触。

计算机网络是指将地理位置不同且具有独立功能的 2 台或 2 台以上的计算机及其外部设备通过通信线路连接起来,实现计算机间的信息传递、软硬件资源共享。可以使用个人电脑、PDA、移动电话等网络数字设备访问计算机网络。数据从一台网络设备传递到另一台网络设备就需要通信协议的管理和协调。通信协议为传输数据指定了一系列的规则,允许各种不同的网络数字设备通信。打个比方,规定在中国只能讲中文才能交流,不会讲中文的人必须将其语言翻译成中文才能交流。这里"规定"就是通信协议。另外,通信协议也是划分不同网络标准的重要因素之一,例如可以分为以太网、Wi-Fi、蓝牙等。

以太网最早是由 Xerox(施乐)公司创建的,1980 年由 DEC、Intel 和 Xerox 三家公司联合开发,是目前企业、学校、家庭网络中应用最广泛的网络标准。它是一种有线网络技术,需要用双绞线或光纤来连接各个网络设备。最开始以太网只有 10 Mbps 的吞吐量,但随着以太网技术的深入应用和发展,用户对网络连接速度的要求越来越高,衍生出快速以太网(100 Mbps)、千兆以太网(1000 Mbps)和 10 G 以太网,以满足日益增长的网络数据流量速度需求。

Wi-Fi 是目前非常流行的无线网络,依靠无线电波(也可以称为射频信号)进行网络设备间的数据传输。现在很多公共场所如公共汽车、地铁、机场、商店等,都会提供免费的 Wi-Fi。Wi-Fi 和以太网是可以同时存在的,所以很多网络都包含无线和有线设备,以便 Wi-Fi 和以太网之间随时切换。

蓝牙是另一种无线网络技术,可同时连接多个设备,如移动电话与耳机之间、计算机与游戏手柄等其他外围设备之间,实现短距离数据传输。蓝牙技术在低带宽条件下,对临近的两个或多个设备间的信息传输十分有用,克服了数据同步的难题。图2-1所示是蓝牙标志。

图2-1

一个计算机网络可以小至由两台电脑组成,大至全球互联网。所以按覆盖范围大小分类,可以大致分为局域网 LAN(local area network)和广域网 WAN(wide area network)。局域网通常指分布在有限地理范围内的、由多台计算机互联成的网络系统,如家庭网络、一栋独立建筑、计算机实验室、同一个大学等,可以实现文件管理、打印机共享等功能。相对局域网,广域网覆盖的地理范围非常大,如一个城市、一个国家、国际间建立的网络,因特网(Internet)就是全世界最大的广域网。

现在在企事业单位里经常还会用到另一种网络,叫做内联网(Intranet)。内联网是用因特网技术建立的私有局域网,是企事业内部专用网络,面向内部员工开放,外部的因特网用户不能通过因特网访问。内联网主要用来传输内部文档、信息发布、管理业务系统等服务项目,提高企事业内部办公效率。另外,为了满足不同单位间频繁交换业务信息以及数据传输的安全性、快捷性,内联网也可以扩展为外联网。它是基于互联网或其他公网设施构建的单位间专用网络通道,如网上报税系统、人大代表联网办公、海关电子报关等。

2. 局域网组成部分

网络主要由网络终端设备、服务器、处理数据通信的网络设备、管理网络协议的通信软件等部分组成。其实网络就像一个互相交叉的蜘蛛网,映射到网络上,每个交叉点就是一个网络节点。这个节点可能是一台电脑,也可能是一台外围设备、网络通信设备或者网络打印机等。图2-2是典型的局域网结构。

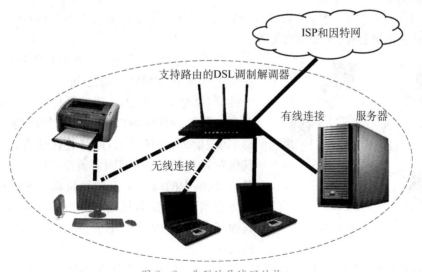

图2-2 典型的局域网结构

计算机要连接到网络,必须要有网卡或者是无线网卡。判断一台计算机是否具有网卡以及是否连接到网络,只要在计算机的控制面板里查看网络连接即可。图2-3所示是一台

图 2-3 控制面板中的网络连接

笔记本的网络硬件配置情况：Realtek PCIe GBE Family Controller 是网卡，用来连接网线；Intel（R）Dual Band Wireless-N 7256 是无线网卡，利用内置的天线来收发无线信号。

计算机具有网络功能后，就可以依靠局域网中的路由器非常方便地与互联网进行数据交换。路由器主要有两个作用：一是将一个网络中的两个以上的各节点连接起来；二是与其他网络交换数据，所有网络上的数据都要先经过路由器，进行路由选择，然后才能到达目的地，因此路由器也称为互联网络的枢纽——交通警察。

3. 网络上客户机和服务器的作用

计算机按功能性质划分可以分为服务器（server）和客户机（client）。服务器和客户机都是独立的计算机，只是在性能方面，服务器具有更快的运算能力，更可靠的运行时间，更强大的外部数据吞吐能力。服务器作为网络的节点，是一种为客户机提供各种服务（如数据、文件的共享等）的高性能计算机，存储、处理着网络上 80％的数据和信息，因此也称为网络的灵魂。而那些用于访问服务器上资料的计算机则叫做客户机。例如，用个人电脑（即客户机）访问校园网上的文件服务器，下载各种资料；访问邮件服务器去收发邮件；也可以访问应用程序服务器去浏览各种在线课程；等等。

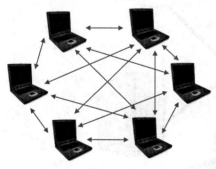

图 2-4 P2P 资源共享模式

当然，要注意一点的是，并不是所有的数据交换都发生在服务器和客户机之间。如 Peer-to-Peer（对等计算，简称 P2P）技术，打破了传统的 client/server（C/S）模式。网络中的节点共享它们所拥有的部分资源（处理能力、存储能力、网络连接能力、打印机等），其他对等节点直接访问而无需经过中间实体（如服务器）。网络中的每个节点的地位都是对等的，一个节点既充当服务器，为其他节点提供服务，同时也享用其他节点提供的服务。图 2-4 所示是 P2P 资源共享模式。

目前，因特网上各种 P2P 应用软件层出不穷，有基于文件内容共享和下载类型的（如 eMule、Gnutella、BT），有基本计算能力和存储共享的（如 SETI@home、Avaki、Popular Power），有基于 P2P 技术的网络电视的（如 PPStream、PPLive、QQLive）等。

2.2 因特网是如何工作的

1. 因特网体系结构简介

因特网又称国际计算机互联网,是目前世界上影响最大的国际性计算机网络。它是分布式网状拓扑结构的分组交换网络,使用 TCP/IP 通信协议实现不同设备间的数据交换。TCP/IP 协议将各种信息分解成一个个标准的数据包,以分组的形式通过多个路由器传送到终端设备。由于网状拓扑结构提供了冗余链路,所以即使某个链路出现故障,分组会避开此链路按其他路径重新选择路由,确保信息送达目的地。

因特网有时也称为骨干网,但这是误导,因为因特网实际上是由许多相互连接在一起形成网状的骨干网组成的,而骨干网是用来连接多个区域或地区的高效通信链路,采用分层结构模型,如图 2-5 所示。因特网由大量独立的服务提供商管理,包括网络服务提供商、因特网服务提供商和网络交换点。网络服务提供商(network service providers,NSP),诸如 AT&T、Sprint、Verizon、中国电信等运营商,构建全国或全球性的网络并向区域性的 NSP 出售带宽,区域性的 NSP 接着向本地服务提供商(Internet service provider,ISP)转售带宽,本地 ISP 则向终端用户提供服务方面的销售与管理。而网络接入点(network access points,NAP)将不同的 NSP 设备和链路连接在了一起,实现不同骨干网之间的通信。但如果所有骨干网之间的数据交换都需要通过网络交换点的话,网络交换点的承载压力就会非常大,有时会严重影响到数据传输效率,所以有些区域性 NSP 和本地 ISP 为了业务的需求,区域性网络直接连接接入骨干网,或者区域性网络间、本地网络间通过专有对等链路,避开骨干网络直接交换通信。

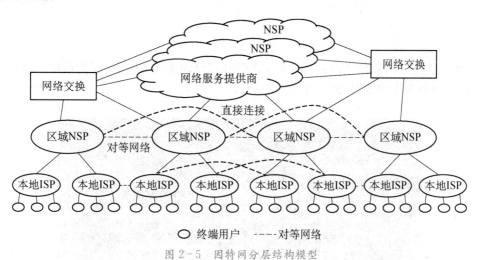

图 2-5 因特网分层结构模型

2. 因特网地址

网络上的两台计算机 A 和 B 要通信,要确保 A 的信息能发送到目的地 B,就需要为每台电脑分配一个独一无二的 IP 地址(也称为因特网地址),就像每栋房子都有唯一的地址(国家+省+市+区+街道+门牌号)。A 发送的每个数据包都会包含发送者和接收者的 IP 地址,以保证信息送达计算机 B。总之,IP 地址是唯一标识互联网上计算机的逻辑地址,网络上的每台计算机都依靠 IP 地址来标识自己。

最广泛应用的 IP 版本还是 IPv4(Internet protocol version 4),如 202.127.129.64,由 32 位即 4 个字节组成。但在网络迅速扩大和计算机急剧增加的今天,32 位的 IP 地址已不够分配,再加上不断涌现的新的网络应用对网络层协议提出了新的要求,IPv6 应运而生了。IPv6 将 IP 地址增加到了 128 位,如 2001:0db8:85a3:0000:0000:8a2e:0370:7334。IPv6 能够向后兼容,包括了 IPv4 的功能,任何支持 IPv6 信息包的服务器同样也支持 IPv4 信息包。

计算机的 IP 地址一般由网络管理员、ISP 或者是 DHCP(dynamic host configuration protocol,动态主机配置协议)服务器来分配,分为静态 IP 地址和动态 IP 地址,像 ISP、网站、虚拟主机、E-mail 服务器等由于业务需要,要求保持 IP 地址不变,所以使用静态 IP 地址,如图 2-6(a)所示。但大多数网络用户使用的是动态 IP 地址,如图 2-6(b)所示,一般选择“自动获得 IP 地址”来获取 IP 地址。

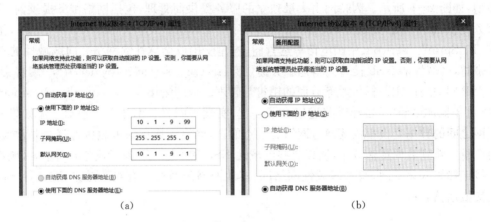

(a)　　　　　　　　　　(b)

图 2-6　本机 IP 地址

另外,也可以在 DOS(Win 8 系统中单击“开始”启动按钮,找到命令提示符)界面下执行 ipconfig 命令得到本机的 IP 地址等信息,如图 2-7 所示。

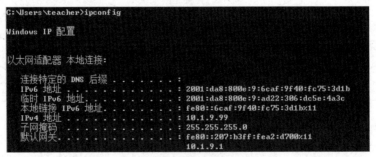

图 2-7　ipconfig 命令

3. 域名及 DSN

用户通过输入 IP 地址访问网站无疑是痛苦的,因为 IP 地址冗长而无规律,不容易记住,所以用域名(即含有意义的英文字母)来代替 IP 地址便于人们记忆就显得非常有必要。但计算机在互相通信时只认识 IP 地址。

DNS(domain name system),即域名解析系统,专门用来进行域名与 IP 的相互转换。每个域名对应的 IP 地址在 DNS 服务器上都有记载,当用户输入域名后,DNS 服务器会解析域名并转化为 IP 地址,浏览器自动转到 DNS 服务器给出的 IP 上,打开相应的网页。所以 DNS 就像域名与 IP 地址之间的翻译机。图 2-8 是 DNS 解析域名流程。

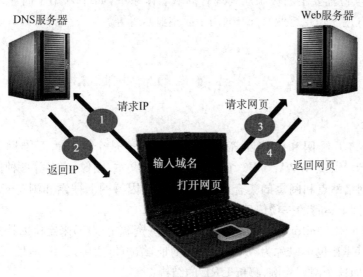

图 2-8 DNS 解析域名流程

域名之所以能被解析,是因为它有规范的层次结构。域名从右到左可以划分为 3 个层次:顶级域名(top-level)、次级域名(second-level)和一系列子域(sub-domain)。例如 www.shisu.edu.cn 这个域名,最右边的.cn 是顶级域名,.edu 是次级域名,.shisu 处在第三层,是子域,也是真正的域名,当然还可以有第四、五层等。

目前互联网上的域名体系中主要有两类顶级域名:一类是国家顶级域名,如.cn 代表中国,.jp 代表日本,.uk 代表英国.au 代表澳大利亚等;另一类是类别顶级域名,表 2-1 中列出了常见的类别顶级域名。

表 2-1 常见的类别顶级域名

域名	说　　明
.com	商业性的机构或公司,没有地理限制
.net	从事因特网相关的网络服务的机构或公司,没有地理限制
.edu	只限于美国教育类网站
.gov	只限于美国政府部门
.org	非营利的团体、组织机构,没有地理限制
.int	只限于国际组织
.mil	只限于美国军事部门

由于最初的域名体系是在美国建立起来，.edu、.gov、.mil 虽然都是顶级域名，但仅限于美国使用，只有.com、.net、.org 成了供全球使用的顶级域名。当然，在这些顶级域名下，根据需要还可以再定义次级域名，如在我国的顶级域名.cn 下又设立了.com、.net、.org、.gov、.edu，以及我国各个行政区划的字母代表（如.bj 代表北京、.sh 代表上海）。所以，整个域名体系从左到右的层次类似于一个倒立的树形结构。随着互联网的不断发展，新的顶级域名也在根据实际需要不断被添加到现有的域名体系中，如.biz（用于商业）、.coop（用于合作公司）、.info（用于信息行业）、.aero（用于航空业），等等。

2.3 因特网上的信息服务

1. 什么是万维网

很多人往往将万维网和因特网等同，其实不然，这是个误区。万维网（World Wide Web），可以简称为 Web、WWW、W3，它将因特网上的文本、图像、声音等各种信息链接到了一起，是无数个网络站点和网页的集合，以方便用户在因特网上搜索和浏览多媒体信息，所以万维网是因特网上运行的一项信息服务系统。

万维网使用 URL（uniform resource locator，统一资源定位符）来定位因特网上的信息资源和访问方法。URL 也可以称为 Web 地址或网址，结构包括协议、IP 地址、路径和文件名等。接下来以下面这个网址为例，解析 URL 的结构：

http://news.shisu.edu.cn/lecture/2016/lecture.html

（1）http http（hypertext transfer protocol，超文本传输协议）是最常用的网络访问协议，告诉浏览器如何处理将要打开的文件。除了 http 之外，还有对网络安全性要求高的安全套接字层 https 协议、文件传输协议 FTP 等。

（2）news.shisu.edu.cn 这是服务器域名，也就是要访问文件的服务器 IP 地址。

（3）lecture/2016/lecture.html 要访问文件在服务器上的具体路径和文件本身的名称。

（4）冒号与// 这个没有实际意义，主要是用来分隔 URL 协议和服务器域名，是域名的一种识别符号。

（5）斜线（/） 用来划分路径中包含的层次结构，不同层次之间以斜线（/）分隔。

通过分析 URL 的结构，我们可以得出结论：各个资源在因特网范围内具有唯一的 URL。URL 也为万维网指明了网络访问协议以及各种各样的资源定位。

2. 信息检索服务

在网络上查找信息最受欢迎的方式便是搜索引擎，为用户提供检索服务。当用户输入检索信息时，搜索引擎按程序员事先编制好的策略，理解、提取、组织和处理信息，最后把搜索结果反馈给用户。当然，这个搜索结果并不是客户最终所需要的信息，而是相关信息网页的超链接，告诉用户去哪里找所需要的信息。

目前，因特网上著名的搜索引擎有 Google、Ask.com、Bing、百度等。掌握搜索引擎的使用技巧，对提高搜索效率是非常有帮助的。下面，就以目前在国内使用最广泛的百度搜索引擎为例（见图 2-9），介绍搜索技巧。

（1）在一般的情况下，提供的关键字越多，搜索结果就会越接近目标，所以比较好的办法是不断地从搜索到的摘录中提炼关键字搜索。

（2）很多搜索引擎都会提供高级搜索功能，该功能会根据输入或选择的条件进行布尔运算、筛选日期和文件格式等，进一步提炼搜索结果，如图 2-9 中的第二个箭头所指处。

（3）如果要搜索固定的词组或者专业术语，可以给这个词加上双引号，这样搜索结果中会大大减少这个词被拆分的搜索结果。

（4）如果要求搜索结果中不包含某个关键词，则设置搜索条件时在该关键字前使用减号"－"连接。如图 2-9 中，搜索"计算机应用基础"，但结果中不想包含计算机应用基础教程，可以这样来写输入条件：计算机应用基础－教程。

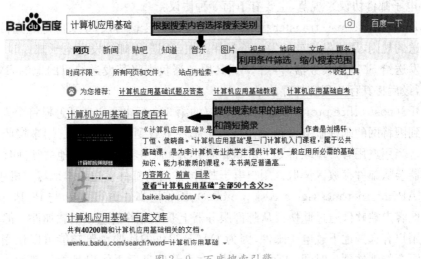

图 2-9　百度搜索引擎

通过搜索引擎可以发现，网络上存储着大量的、令人眼花缭乱的信息，但并不是所有的信息都是精确的、可信赖的，所以一般可以从以下几方面来判断网站上信息的可信度：

（1）网页是否列出了提供该信息的作者或机构，以及他们的联系方式。

（2）信息所在网页的域名，一般.edu、.gov 网站上的信息可信度、权威性比较高。

（3）网页上信息的更新频率。

（4）网页上的信息是否存在拼写或语法错误。

（5）类似于 Blogs 的网站上的信息，可能会存在个人偏见因素，所以可信度不高，应再参考其他权威信息佐证。

3. 电子邮件服务

电子邮件服务是目前最常见、应用最广泛的一种因特网服务。通过电子邮件系统可以跟世界上任何有网络的地方的电子邮件用户通信，进行文字、声音、图像、视频等各种形式的信息传递。

用户使用电子邮件服务，首先需要申请电子邮箱，申请成功后，会分配电子邮箱的地址。电子邮箱地址的格式为：用户名@邮箱所在服务器的域名。如 zhangsan@126.com 这个电子邮箱地址，表示邮件服务器 126.com 上的一个账号为 zhangsan 的用户。因特网上每一个人的电子邮箱地址都是唯一的，因为邮件服务器域名在因特网上是唯一的，并且用户名在此服务器中也是唯一的。

电子邮件系统采用客户机/服务器的工作模式,有 3 个主要组成部分:

(1) 用户代理 UA(user agent)　即使用本地计算机上的客户端软件与电子邮件系统接口处理邮件。通过用户代理,用户可以在一个客户端软件里建立和管理多个电子邮件账户,方便撰写、编辑、收发邮件等。常见的客户端软件有 Outlook 和 Foxmail 等。

(2) 传输代理 MTA(message transfer agent)　也称为邮件服务器,是提供电子邮件服务的服务器端软件。它将寄件方的邮件传送到收件方的服务器,并将邮件存放在用户邮箱里,类似于现实生活中的邮局。目前,大多数网络用户都采用这种模式来收发邮件。

(3) 电子邮件协议　电子邮件要在因特网上的不同的操作平台、不同的程序间实现互通,就需要电子邮件协议来规范,主要有下面 3 种协议:

≺ SMTP(simple mail transfer protocol):简单邮件传输协议,定义源地址到目的地地址传送的规则,用来发送或转发电子邮件。如当用户用邮箱发送电子邮件时,此邮件先被发送给 SMTP 服务器,再由 SMTP 服务器负责将其发送给目的地的 SMTP 服务器,最后将其存放到邮件存放区。

≺ POP3(post office protocol 3):邮局协议的第 3 个版本。定义了怎样将个人计算机连接到因特网的邮件服务器和怎样将电子邮件下载到本地客户机,用来接收和存储邮件。当用户用客户端软件如 Outlook 向 POP3 服务器索取属于他的邮件时,POP3 服务器会从邮件存放区读取该用户电子邮件,然后将邮件发送给本地客户机用户。

≺ IMAP(internet message access protocol):因特网邮件访问协议,与 POP3 协议类似,本地客户端软件通过此协议从邮件服务器上获取邮件信息和下载邮件。但 IMAP 允许用户有选择地下载电子邮件,因为 IMAP 提供的摘要浏览功能可以让用户在阅读完所有的邮件到达时间、主题、发件人、大小等信息后再作出是否下载的决定。假如一封邮件里含有大大小小共 4 个附件,而只需要 1 个附件,就可以只下载这一个附件,大大节省了邮件下载时间。而 POP3 不支持筛选邮件下载,也就是说,用户只有下载完所有的邮件后,才能查看邮件内容。

随着电子邮件的高效率、便捷性等,很多网络用户根据各种需要,会申请多个电子邮箱账户。但通过登录邮件服务器来收发多个电子邮箱的信件,又给这些用户带来了诸多不便,所以这里以 Microsoft Outlook 2013 为例,介绍如何在一个客户端软件里建立和管理多个电子邮件账户。

第一步:在配置 Outlook 之前,首先要登录邮箱开启 POP3 和 SMTP 服务。这里以 QQ邮箱为例。在邮箱的"设置"菜单→"账户"中,开启 POP3 和 SMTP 服务,如图 2 - 10 所示,并单击"生成授权码",复制该授权码,以备后用。

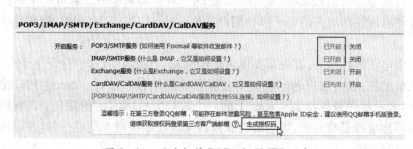

图 2-10　开启邮箱 POP3 和 SMTP 服务

  第二步：启动 Outlook 后，单击"文件"选项卡→"信息"→"添加账户"命令，弹出"添加账户"对话框，输入添加到 Outlook 中的邮箱，在高级选项中勾选"让我手动设置我的账户"，单击【连接】按钮，如图 2-11 所示。

  第三步：在弹出的"选择账户类型"对话框，单击"POP"或者"IMAP"（以 IMAP 为例），弹出 IMAP 账户设置对话框，输入接受服务器和发送服务器信息，如图 2-12 所示。然后单击【下一步】按钮。

图 2-11 Outlook 中添加账户   图 2-12 设置 IMAP 账户

  第四步：此时弹出账户登录对话框。注意这个对话框中输入的密码是邮箱里的授权码（即第一步操作），如图 2-13 所示。单击【连接】按钮。如前面配置都正确的话，Outlook 与配置的邮箱账户的连接成功，配置的邮箱的邮件会自动同步 Outlook 中，用户可以用 Outlook 来收发此邮箱账户的邮件了。

图 2-13 输入邮箱的授权码并连接

  重复第一～四步，可以将多个邮件账户配置到 Outlook 中。

第二篇 Office 基础及高级应用

第三章

Word 2019 文字处理及技巧精粹

很多人认为 Word 很简单，不值得学习，但其实不然。请看以下问题：

◀ 怎样让文档自动生成目录？

◀ 怎样设置奇偶页有不同的页眉？

◀ 怎样自动生成参考文献？

◀ 怎样批量生成电子邮件并自动发给 100 个用户？

◀ 怎样多人同时修改一个文档？

诸如此类，有不少人在完成这些功能时，从头到尾纯手工完成，结果显得不尽如意。所以本章以技巧的方式，从常用功能、图文混排、文档合并、长文档编辑等这几个方面进阶式介绍学习 Word 的必要性。掌握 Word 的一些技巧后，在制作文档时才能化繁为简、批量处理，从而制作出专业、精美的文档。

3.1 Word 2019 新增功能

相较于 Office 2016 版，Office 2019 在界面上没有做太多调整，但新增了许多智能功能。在 Word 方面主要有以下方面的改进。

3.1.1 阅读方面改进

1. 横式翻页

单击"视图"选项卡→"页面移动"组→"翻页"按钮，开启横式翻页的功能（默认为垂直），模拟翻书的阅读体验。如图 3-1 所示，再次单击"垂直"按钮可以退出横式翻页模式。

图 3-1 横式翻页

横式阅读虽然提升了阅读体验，但竖直的排版会让版面缩小，且无法调整画面的缩放比例。如果文字本身就比较小，反而会变得难以阅读。可用学习工具解决这一问题。

2. 学习工具

在 Word 2019 的新功能里，学习工具是一大亮点。单击"视图"选项卡→"沉浸式"组→"学习工具"按钮，开启学习工具模式，如图 3-2 所示。

图 3-2　学习工具

进入"学习工具"模式后，可以调整"列宽""页面颜色""文字间距""音节"和"朗读"来提升阅读感。

（1）列宽　文字内容占整体版面的范围。

（2）页面颜色　改变背景底色，甚至可以反转为黑底白字。

（3）文字间距　字与字之间的距离。

（4）音节　在音节之间显示分隔符，只针对西文显示。

（5）朗读　将文字内容转为语音朗读出来。

这些调整并不影响 Word 原本的内容格式。单击"关闭学习工具"按钮就可以退出此模式。

3. 语音朗读

除了在"学习工具"模式可以将文字转为语音朗读以外，也可以直接在"审阅"选项卡→"语音"组→"朗读"，开启"语音朗读"功能。

开启"语音朗读"后，在页面右上角会出现播放工具栏。点"播放"，由鼠标所在位置的文字内容开始朗读；点"上/下一个"来跳转上下一行朗读；也可以开启"设置"调整阅读速度或选择不同声音的语音，如图 3-3 所示。

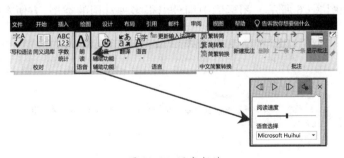

图 3-3　语音朗读

3.1.2　墨迹书写

墨迹书写功能多见于智能手机，在 Office 2019 的 Word 和 PowerPoint 中加入了这个功能，可以使用多种笔刷在编辑区域中随意书写和绘制，画出来的图案可以直接转换为图形，供后期使用。除此之外,还可以将墨迹转化为数学公式,如图 3-4 所示。

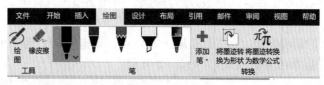

图 3-4 墨迹书写

3.1.3 3D 模型

单击"插入"选项卡就可以中看到"3D 模型"这个新功能,在 Word 中插入 3D 模型。目前 Office 系列所支持的 3D 格式为 fbx、obj、3mf、ply、stl、glb 这几种,插入后就能直接使用。

在插入"3D 模型"后,可以搭配鼠标拖曳,来改变大小与角度,如图 3-5 所示。

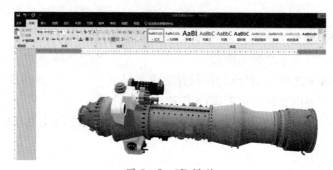

图 3-5 3D 模型

3.1.4 图标

很多情况下,图像化表达比纯文本能更快、更好地展示信息。因此,图标使用一直是设计中不可或缺的一环。单击"插入"选项卡→"插图"组→"图标"按钮,可以看到 Office 2019 提供的图标库,如图 3-6 所示。图标库中细分出很多种常用的类型,方便查找。

图 3-6 图标

用图形工具中的"转换为形状"可以将图标拆解开来,分别编辑各部分的大小、形状和颜色,如图 3-7 所示。具体操作如下:

① 单击"插入"选项卡→"插图"组→"图标"按钮。选择"分析"栏目中的第一个图标,单击【插入】按钮。此时页面光标定位的地方出现了插入的图标。

② 选中图标,依次单击"图形工具"→"格式"选项卡→"更改"组→"转换为形状按钮"。在弹出的对话框中点击【是】。

③ 继续选中图标并右键,在弹出的菜单中选择"组合"→"取消组合"。

至此,可以编辑图标中的各个部分。

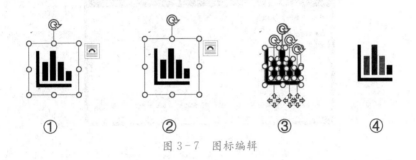

① ② ③ ④

图 3-7 图标编辑

3.2 Word 基本操作

1. 常见不规范操作和注意事项

很多人在编辑文档时会存在以下不规范的操作,影响文档的完成效率和效果。

(1) 靠空格来控制字符间距、缩进和位置 控制字符间距应使用"开始"选项卡→"字体"对话框按钮→"高级"中的间距调整。控制字符缩进和位置应使用"开始"选项卡→"段落"对话框按钮→"缩进和间距"选项卡中的缩进和特殊格式调整。

(2) 增加空行来调整段落间距或换页 调整段落间距应使用"开始"选项卡→"段落"对话框按钮→"缩进和间距"中的间距进行调整。换页只需使用"页面布局"选项卡→"页面设置"→"分隔符"中的分页符即可实现。

(3) 靠空格对齐文本 当大量文本需要垂直对齐时,很多用户会使用空格来对齐上下文本,但最后往往事倍功半。其实问题在于用户没有理解 Word 对齐的几种方式,不能正确使用制表符、网格对齐等功能。

(4) [Insert]键对输入文本的影响 在激活[Insert]键的情况下,用户插入文本时,就会"吃掉"光标插入点后面的文本,如想避免此种情况,可以再按下[Insert]键,即"改写"状态转变为"插入"状态。

(5) 忽视即点即输 当需要在页面某个空白处输入内容时,传统的做法是按[Enter]键或者空格键来实现光标达到指定的位置。这种方法在文档排版时会非常不方便。但利用即点即输的功能,可以准确又快捷地定位光标,只需在任意空白区域里双击鼠标左键,光标即可定位于双击的位置。

2. 查找和替换

(1) 查找 单击"开始"选项卡→"编辑"功能区→"查找"右侧的小三角下拉按钮→"高级

查找"命令,弹出如图3-8所示的对话框。在"查找内容"处输入需要查找的内容,如"PC",单击【查找下一处】按钮,开始查找,并定位到查找到的第一个目标,再次单击此按钮,会继续查找。单击【阅读突出显示】按钮,则查找到的内容就会全部突出显示。如果要取消文档中的突出显示效果,则单击【清除突出显示】命令即可。单击【更多】按钮后,下部分窗口会自动显示出来。

图3-8 查找界面

(2) 替换 单击"开始"选项卡→"编辑"组→"替换"命令或者在图3-8中切换到"替换"选项卡,弹出图3-9所示的对话框。现通过4个常见案例来具体说明替换功能的应用。

案例1 将文档中所有的大写PC替换为personal computer。

① 如图3-9所示,在"查找内容"处输入需要查找的内容"PC"。

② 为了确保查找的内容是大写形式,在"搜索"选项处勾选"区分大小写"。

③ 在"替换为"处输入"personal computer"。

④ 单击【全部替换】按钮,将自动替换整个文档中查找到的内容。如果是在选定范围内替换,则还会出现对话框提示"是否搜索其余部分内容"。

⑤ 替换完毕后,单击右上角的关闭按钮或按键盘上的[Esc]键即可退出。

图3-9 案例1的替换操作

案例2 将文档中 predict 单词加粗斜体，包括它的所有形式（predicts、predicting、predicted）。

① 如图 3-10 所示对话框，在"查找内容"处输入需要查找的内容"predict"。

② 为了将 predict 单词的所有形式都替换掉，在"搜索"选项处勾选"查找单词的所有形式（英文）"。

③ 将鼠标定位在"替换为"处，但不输入任何内容，单击对话框底部的"格式"按钮→"字体"，设置字形为"加粗　倾斜"。单击【确定】按钮，"替换为"下面就会出现"字体：加粗，倾斜"的格式。

④ 单击【全部替换】按钮，整个文档中的 predict、predicts、predicting、predicted 都会变成加粗倾斜。

▶▶ **注** 单击"替换"对话框底部的【不限定格式】按钮，可以删除"替换为"中设定的格式。

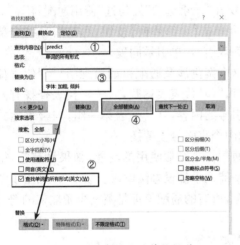
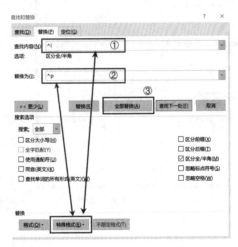

图 3-10　案例 2 的替换操作　　　　图 3-11　案例 3 的替换操作

案例3 将文档中软回车符替换为硬回车符。

硬回车符是按下［Enter］键生成的段落符号，也叫段落标记↵。软回车符是按下［Shift］＋［Enter］键生成的换行符号，也叫换行符↓。有时网页上下载的文本资源粘贴到文档中时，会出现大量的换行符。

① 如图 3-11 所示，鼠标定位在"查找内容"处，单击对话框底部的【特殊格式】按钮，在弹出的下拉菜单中选择"手动换行符"，文本框处会出现对应的"^l"代码。

② 将鼠标定位在"替换为"处，单击对话框底部的【特殊格式】按钮，在弹出的下拉菜单中选择"段落标记"，文本框处会出现对应的"^p"代码。

③ 最后单击【全部替换】按钮，整个文档中的软回车符全部替换成了硬回车符。

案例4 将弯双引号（""或""）替换为直双引号（""）。

① 首先单击"文件"选项卡→"选项"打开"Word 选项"对话框。如图 3-12 所示，依次单击"校对"栏→【自动更正选项】按钮，打开自动更正对话框，选择"键入时自动套用格式"，取

消勾选"直引号替换为弯引号"复选框,单击【确定】按钮。此步骤必须设置,否则替换时会出错。

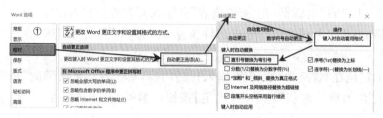

图 3-12 取消勾选"直引号替换为弯引号"复选框

图 3-13 案例 4 的替换操作

② 打开"查找和替换"对话框,如图 3-13 所示设置对话框,在"查找内容"处输入""("*")""。

③ 在"替换为"处输入""\1""。

④ 在"搜索选项"处勾选"使用通配符"。

⑤ 单击【全部替换】按钮,弯双引号将全部替换为直双引号,单引号同理。

这个案例涉及通配符的概念。"*"代表任意个字符,"()"代表表达式,"("*")"代表查找有两个弯双引号的内容,"\1"代表第一组,与()表达式对应,用两个直引号去替换。

通配符是经常使用的功能,如果没有它,很多替换功能几乎都没办法解决。表 3-1 列出了常用通配符,所有的通配符都是英文半角输入的符号。

表 3-1 常用通配符

序号	目标内容	通配符	示　　例
1	任意单个字符	?	例如:p? t 查找 pet、put 等
2	任意字符串	*	例如:p * n 查找 pen、person 等
3	表达式	(n)	例如:(123)查找 123
4	单词的开头	〈	例如:〈(un)查找 under、universe 等,但不能查找 blunt
5	单词的结尾	〉	例如:(t)〉查找 blunt、eat 等,但不能查找 eating
6	指定字符之一	[]	例如:p[eu]t 查找 pet 和 put
7	中括号内指定字符范围以外的任意单个字符	[! x-z]	例如:[! a-k]ear 查找 pear、tear 等,但不能查找 bear、hear 等
8	n 到 m 个前一个字符或表达式	{n, m}	例如:10{1, 3}查找 10,100,1000

3. 字符和段落格式

如果输入的文本需要美化,设置字符和段落格式是必不可少的。字符格式设置包括字体、字号、字体效果、拼音、字符间距、位置、颜色、下划线、上下标等;段落格式设置包括对齐方式、段间距、行间距、缩进方式、项目列表和编号、边框底纹、制表位等。

案例5 按图3-14所示设置字符和段落格式。

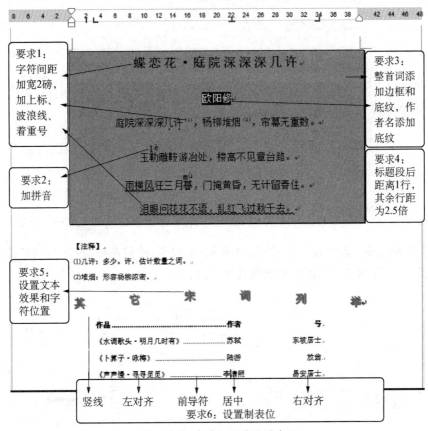

图3-14 字符和段落设置案例

要求1:标题字符间距加宽2磅,给文中相应字加上标、波浪线、着重号。

① 选中需要设置的文本,在"开始"选项卡→"字体"组中可以直接设置上标、波浪线,如图3-15所示。

图3-15 设置上标和波浪线

② 单击"字体"右下角按钮,打开"字体"对话框,如图3-16所示,进一步设置,如着重号。切换到"高级"选项卡,可以设置字符的间距、缩放、位置等。

要求2:给相应的字加拼音。

选中需要添加拼音的文字,点击"字体"组中的"拼音指南",会弹出"拼音指南"对话框,如图 3-17 所示,设置拼音的对齐方式、字号大小、字体,以及拼音与文字间距的偏移量等。

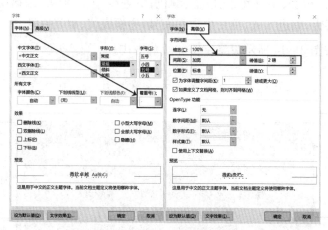

图 3-16 "字体"对话框设置

默认情况下,拼音是加在文字上方的(如勒),如果想将拼音放在文字旁(如勒(lè)),需要通过选择性粘贴完成:复制"勒",依次单击"开始"选项卡→"剪贴板"组→"粘贴"按钮下方的下三角按钮→"只保留文本"命令,就会转化为"勒(lè)"。

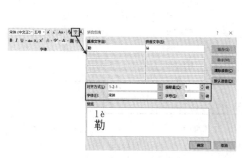

图 3-17 拼音指南设置

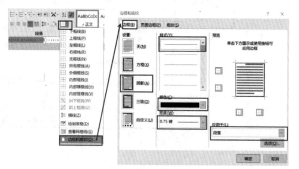

图 3-18 设置边框

要求 3:给整首词添加阴影边框和底纹,并单独给作者名添加底纹。

① 选中整首词,依次单击"开始"选项卡→"段落"组中的边框按钮 右侧的下三角→"边框和底纹"命令,弹出相应对话框,如图 3-18 左所示。

② 在"边框"选项卡中,设置边框的样式、颜色和宽度,并选择应用于"段落",如图 3-18 右所示。

③ 切换到"底纹"选项卡,设置整个段落的底纹填充色。这里需要注意的是:"应用于"下拉列表中应选择"段落",如图 3-19 所示。

④ 选中作者"欧阳修",单击"段落"组中的底纹按钮 右侧的下三角,如图 3-20 所示,选择相应颜色填充。或者在图 3-19 左的"底纹"选项卡→"应用于"下拉列表中应选

"文字"。

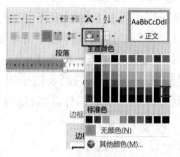

图 3-19 段落底纹设置   图 3-20 文字底纹设置

▶▶ **注** 为对象添加个性化边框时,应先设置边框样式、颜色或宽度,然后再添加边框,否则可能无法显示边框设置效果。

要求 4:设置标题段后距离 1 行,其余内容行距为 2.5 倍行距。

① 选中所有内容,单击"段落"组中的行和段落间距按钮 ⬍☰▾ ,如图 3-21 左所示。选择 2.5,即设置了 2.5 倍行距。

② 选中标题,选择如图 3-21 左中的"行距选项"。弹出段落对话框,如图 3-21 右所示,在"段后"中设置 1 行,即设置了段后距离 1 行。

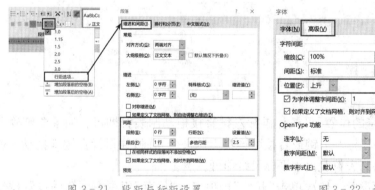

图 3-21 段距与行距设置

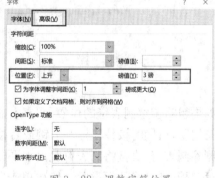

图 3-22 调整字符位置

要求 5:为"其他宋词列举"设置文本效果和字符位置。

① 设置文本效果。选中文本,单击"字体"中的按钮 🅰▾ 右侧的下三角,选择相应文本效果,如对系统预设效果不满意的话,还可以在预设效果下方的轮廓、阴影、发光等处设置。

② 调整字符位置。接着,选中需要调整位置的文字,在"字体"对话框→"高级"选项卡→"位置"中设置字符的位置,如图 3-22 所示。

要求 6:制表位设置。

制表位是指水平标尺上放置制表符的位置,往往用来垂直对齐文本,对于 Word 排版非常重要。设置制表位有两种方法:

第一种：在标尺栏上设置　在水平标尺最左端有一个制表位选择按钮，默认出现的左对齐制表符，如图 3-23 所示。如果 Word 页面中没有出现水平标尺线，在"视图"选项卡→"显示"组中勾选"标尺"复选框即可。

单击该按钮可以在 5 种制表符（左对齐、居中式、右对齐、小数点对齐和竖线对齐）和 2 种缩进符（首行缩进和悬挂缩进）之间循环切换。具体操作步骤如下：

① 选中需要设置制表位的文本。

② 单击图 3-23 所示的制表位按钮，切换到竖线对齐制表符，在水平标尺第 2 个字符的位置单击就会出现竖线制表符，同时每行文字的前面会出现一条竖线，如图 3-24 所示。

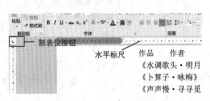

图 3-23　制表位按钮

图 3-24　设置竖线对齐制表位

③ 再次单击制表位按钮切换到左对齐制表位，在水平标尺线第 3 字符位置单击，出现左对齐制表位，同时"作品"这一列内容自动在第 3 个字符的位置左对齐。依次类推，在第 22、34 字符的位置处分别设置居中对齐、右对齐制表符。"作者"和"号"列内容也会自动在相应位置进行对齐，如图 3-25 所示。

图 3-25　手动设置制表位

如果粗略调整制表符的位置，可按住鼠标左键直接拖动制表符即可。如果要精确调整制表符位置，可同时按住鼠标左右键或者按下键盘上的［Alt］并按住鼠标左键来拖动。如果需要删除制表符，直接将制表符脱离水平标尺线即可。

第二种：通过对话框设置　依次单击"开始"选项卡→"段落"组中右下角的设置按钮→"缩进和间距"选项卡→"制表位"按钮，打开"制表位"对话框，如图 3-26 所示。如果水平标尺上已有制表符，双击制表符也可以打开"制表位"对话框。在此对话框中可以设置前导符和制表符的精确位置。

① 选中需要设置制表位文本内容。

② 打开"制表位"对话框，在"制表位位置"处输入 2 字符，"对齐方式"处选择竖线对齐，单击【设置】按钮，第一个制表位就设置好了。接着依此类推，分别在第 3 个字符处设置左对齐，第 22 个字符处设置居中对齐并选择"5…….（5）"前导符，第 34 个字符处设置右对齐。全部设置完成后，单击【确定】按钮，如图 3-27 所示。此时水平标尺线上就依次有竖线对齐、左对齐、居中对齐和右对齐 4 个制表符了。文本内容也根据制表位的设置自动对齐。

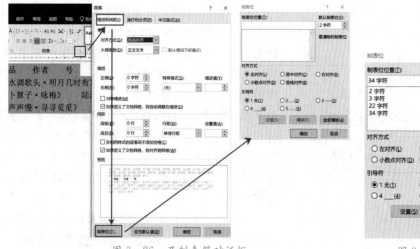
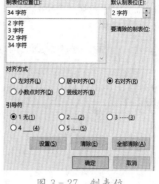

图 3-26　开制表符对话框　　　　　　　　　　图 3-27　制表位

▶▶ **注**　上面两种方法都是先输入文本,文本用空格间隔,则全部选中文本再设置制表位。如果先设置制表位再输入内容,操作上略有不同:

① 将光标定位在新起一行处。

② 设置好所需要的制表位。

③ 按[Tab]键将光标定位于第一个制表符位置,输入文本。再按下[Tab]键,跳转到第二个制表符位置,输入文本。依次类推,完成所有文本设置。

4. 页面布局设置

文档页面设置在"页面"选项卡中,包括设置页边距、纸张方向、纸张大小、分页、稿纸格式等。

(1) 页边距　用于设置文档上、下、左、右的页边距,装订线位置,纸张方向等。Word 空白文档的默认页面设置为 A4 纸纵向,上下页边距为 2.54 厘米,左右页边距为 3.17 厘米,如图 3-28 所示。有时为了充分利用编辑区域,会缩小或增大页边距。单击"页面设置"组→"页边距"的下三角按钮,可以选择系统预设的页边距,如需重新设置页边距参数,单击菜单底部的"自定义边距",弹出图 3-29 所示的对话框。

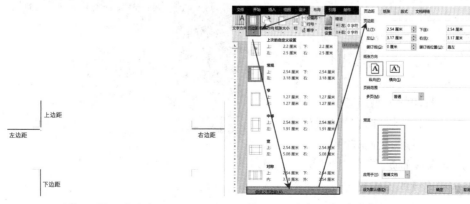

图 3-28　页面边距　　　　　　　　　　图 3-29　自定义页面边距

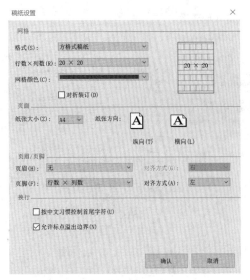

图 3-30 "稿纸"对话框设置

（2）纸张大小　用于设置纸张类型和纸张来源。单击"页面设置"组→"纸张大小"的下三角按钮,弹出系统预设的各种纸张类型大小菜单,单击菜单底部的"其他页面大小",设置宽度和高度可以自定义纸张的大小。

（3）分页　包括自动分页和手动分页。自动分页往往由页面内容决定,自动跳到下一页或者连续按下[Enter]键进入下一页;手动分页则是通过插入分页符或者分节符的方式强制 Word 分页。

① 将光标定位在需新起一页内容的段前（或者定位在新起一页内容的上一个段落的段尾）。

② 单击"页面设置"组→"分隔符"右侧的下三角按钮→"分页符"命令。

（4）稿纸　用于设置纸张网格格式。单击"稿纸设置"按钮,弹出图 3-30 所示对话框。Word 空白文档默认为非稿纸设置,在格式中可以选择方格式稿纸、行线式稿纸、方框式稿纸。在页眉/页脚中可以选择页眉页脚的呈现形式。

5. 各种打印设置

在 Word 中,有多种打印方式,如双面打印、部分页面打印、所选内容打印、书籍小册打印、精确套打等。

（1）打印全部　依次单击"文件"选项卡→"打印"选项,在右侧选择好"打印机型号""打印所有页",再单击【打印】按钮。

（2）打印当前页面、选定区域和自定义打印范围

① 打印当前页面：将光标定位在需要打印的页面,依次单击"文件"选项卡→"打印"选项→右侧"打印所有页"下拉拉钮,选择"打印当前页面",如图 3-31 所示。

② 打印选定区域：打印选中的内容。

③ 自定义打印范围：在"页数"文本框中,键入需要打印的页码或者页码范围。例如,输入"1-5",表示打印文档的前 5 页,这里的"—"表示连续的页码;输入"1,3,5",表示打印文档的第 1 页、第 3 页和第 5 页,这里","表示不连续的页码或者页码范围。

（3）双面打印　双面打印有两种常用方法。

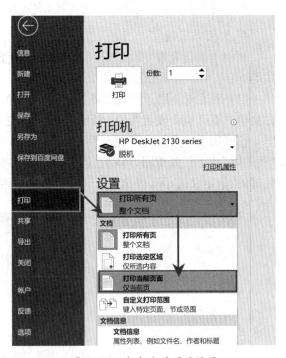

图 3-31　打印当前页面设置

① 选择奇偶页打印：依次单击"文件"选项卡→"打印"选项→"打印所有页"→"仅打印奇数页"，Word 将打印当前文档的所有奇数页。将打印机出纸器中已打印好一面的纸取出，根据打印机进纸实际情况将其放回到送纸器中。再依次单击"文件"选项卡→"打印"选项→"打印所有页"→"仅打印偶数页"，Word 会打印当前文档的所有偶数页。

② 手动双面打印：依次单击"文件"选项卡→"打印"选项→"单面打印"→"手动双面打印"。将打印机出纸器中已打印好一面的纸取出，根据打印机进纸实际情况将其放回到送纸器中，在弹出的询问对话框中单击【确定】按钮，Word 将完成另一面的打印。

（4）纸张类型切换打印　默认情况下，Word 页面大小为 A4，打印机的纸张尺寸也是 A4。在不更改当前文档页面纸张大小的情况下，通过 Word 的缩放打印功能可以轻松地将 A4 页面的文档打印到其他纸张上，如 16 开的纸张上。

依次单击"文件"选项卡→"打印"选项→"每版打印 1 页"→"缩放至纸张大小"→"16 开 (18.4 厘米×26 厘米)"→【打印】按钮，如图 3-32 所示，即可将文档缩放至 16 开纸大小通过当前打印机输出。

在图 3-32 中，如选择"每版打印 4 页"，即可将当前文档每 4 页缩放到一页上进行打印，其他选项依此类推。

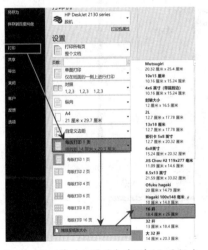
图 3-32　将 A4 页面打印到 16 开纸上

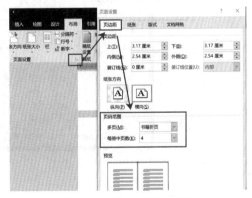
图 3-33　打印书籍小册子

（5）打印书籍小册子　通过 Word 的书籍折页功能能轻松打印书籍小册子，比较典型的如将 A4 纸（21 厘米×29.7 厘米）的文档打印成 A5（14.8 厘米×21 厘米）的小册子（一张纸分正反两面 4 页）。

① 单击"页面布局"选项卡→"页面设置"组右下角页面设置按钮→"页边距"选项卡。

② 在"多页"中选择"书籍折页"，在"每册中页数"中选择"4"，如图 3-33 所示。

③ 单击【确定】按钮，按照双面打印的方法打印即可。

（6）套打奖状、发票、明信片等　套打是指将文字等内容打印到已有固定格式的纸质印刷物上，比如奖状、证书、发票、明信片等。这里以奖状为例，介绍套打步骤。

① 测量奖状的宽度、高度，精确到毫米。

② 用扫描仪将奖状扫描为图片，用图片处理软件将扫描后的图片裁剪为奖状实际大小。

③ 新建 Word 文档,设置页面纸张大小为奖状实际大小。

④ 为页面添加奖状水印。依次单击"设计"选项卡→"页面背景"组→"水印"按钮→"自定义水印"命令,在弹出的对话框中,如图 3-34 所示,选择"图片水印",单击"选择图片"按钮,将处理好的奖状图片作为水印,在"缩放"中选择"100%",取消勾选"冲蚀"复选框,单击【确定】按钮。

⑤ 根据水印,在需要套打文字的地方,插入文本框,输入套打文字,并将文本框移至合适位置。

⑥ 去除文本框填充色和边框。选中文本框,依次单击"绘图工具-格式"选项卡→"形状样式"组→"形状填充"按钮→"无填充颜色"命令,再单击"形状轮廓"→"无轮廓"命令。

⑦ 去除水印。依次单击"设计"选项卡→"页面背景"组→"水印"按钮→"删除水印"命令。

⑧ 最后,将奖状置于打印机送纸器中进行打印即可完成。

图 3-34　水印设置

3.3　表格、图形与图文混排

在很多情况下,大量的文字呈现会让整个文档显得枯燥乏味。在文档中加入适当的图表,不仅能让文档图文并茂、丰富多彩,而且也能将一些文字无法说清楚的内容表达清楚。

3.3.1　表格的各种应用

1. 插入表格

依次单击"插入"选项卡→"表格"组→"表格"按钮,会弹出下拉列表,在方格区中移动鼠标指针,当左上角提示的行列数达到自己要的值后单击鼠标,即可生成表格,如图 3-35 所示。

图 3-35　创建表格

此外,还可以通过"插入表格""绘制表格"、插入"Excel 电子表格"和插入"快速表格"等方法来制作表格。

2. 编辑表格

(1) 全选表格　全选表格主要有以下 3 种常用方法:

① 单击表格左上角控制柄 ⊞ 。

② 将光标定于表格内,依次单击"表格工具"→"布局"选项卡→"表"组→"选择"下拉列表中的"选择表格"。

③ 鼠标指针位于页面左侧(即页边距处),当鼠标指针变为 ⬗ 后,在表格外按住鼠标左键拖动即可选中多行。

(2) 删除表格、行/列、单元格　用键盘上的[Delete]键并不能删除表格,只能清除表格内的内容。常用删除表格的方法有:

① 全选表格,按键盘上的[Backspace]键。如需删除行/列、单元格,则选中它们再按[Backspace]键。

② 将光标定于表格内,依次单击"表格工具"→"布局"选项卡→"行和列"组→"删除"下拉列表中的"删除表格"。如需删除行/列、单元格,则在下拉列表中选择"删除行""删除列"和"删除单元格"。

(3) 添加行和列　将光标定于表格内某行,依次单击"表格工具"→"布局"选项卡→"行和列"组的"在上方插入"或"在下方插入"增加行,"在左侧插入"或"在右侧插入"增加列。如果只需增加一行,也可通过快捷方式实现:将光标定位在表格右线框之外的某行回车符前,按[Enter]键即可增加一行。

(4) 调整行高/列宽　有时根据表格内的内容,需要调整表格的行高货列宽,常用方法有:

① 移动鼠标指针到需要调整行(列)的下(右)框线上,当鼠标指针变为 ⇕ (或者 ◄|►)形状时,按住鼠标左键不放,向上或向下(向左或向右)拖动至合适距离后松开鼠标左键,即可调整行高(列宽)。

② 在"表格工具"→"布局"选项卡→"单元格大小"组中,设置高度和宽度中调整行高和列宽。

需要单独对某个或某几个单元格的列宽进行局部调整,如实现图 3-36 所示效果,操作方法如下:

① 将鼠标指针移至目标单元格的左侧框线附近,当出现右上角方向箭头 ➚ 时,单击鼠标

左键选中目标单元格。

② 将鼠标指针移到目标单元格右框线上，当鼠标指针变为◂╫▸形状时，按住鼠标左键向左或向右拖动即可实现单元格列宽调整。

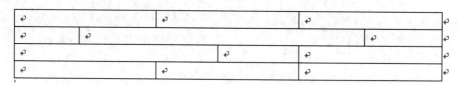

图 3-36 局部调整某个单元格的列宽

▶▶ 注 精确调整行高或列宽，可在上述操作的同时，配合键盘上的[Alt]键来实现。

(5) 表格跨页不断行 当表格单元格内容比较多且一页显示不下时，单元格所在行就会跨页显示。如图 3-37 中的第二列，一个单元格的内容呈现在了两页中。如果希望此跨页内容只显示在一个页面上，可进行如下设置：

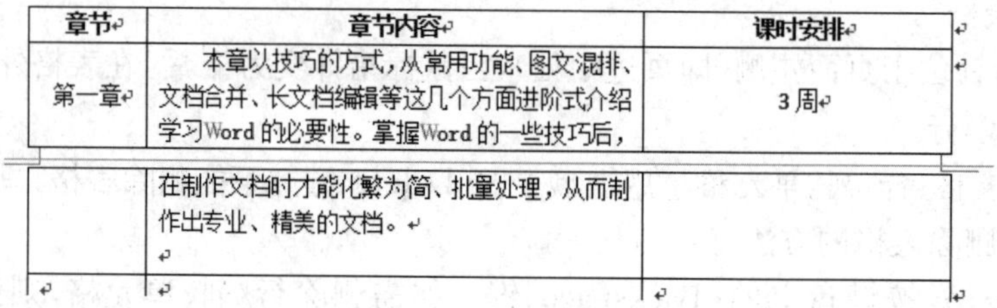

章节
章节内容
课时安排
第一章
本章以技巧的方式，从常用功能、图文混排、文档合并、长文档编辑等这几个方面进阶式介绍学习Word的必要性。掌握Word的一些技巧后，
3周
在制作文档时才能化繁为简、批量处理，从而制作出专业、精美的文档。

图 3-37 表格跨页断行示例

① 将鼠标光标定位在跨页行内或全选表格，然后单击“表格工具”→“布局”选项卡→“表”组→“属性”。

② 在弹出的表格属性对话框中单击“行”选项卡，取消勾选“允许跨页断行”复选框，如图 3-38 所示。然后点击【确定】按钮即可。

表格工具
文件
开始
插入
绘图
设计
布局
引用
邮件
审阅
视图
帮助
设计
布局
选择
查看网格线
属性
绘制表格
表
绘图
表格属性
表格(T)
行(R)
列(U)
单元格(E)
可选文字(A)
行
尺寸
指定高度(S):
0 厘米
行高值是(I):
最小值
选项(O)
允许跨页断行(K)
在各页顶端以标题行形式重复出现(H)
上一行(P)
下一行(N)
自动调

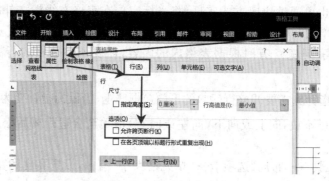

图 3-38 取消表格跨页断行

▶▶ 注 如果允许表格跨页断行，且实现标题行自动重复，可以勾选“在各页顶端以标题行形式重复出现”复选框。

（6）**拆分表格**　如果想要上下拆分表格（至少2行）：将光标放在需要成为第二个表格首行的行内，依次单击"表格工具"→"布局"选项卡→"合并"组→"拆分表格"。

如果想要左右拆分表格（至少2列）：首先确保该表格下方至少有两个回车符，然后选中要拆分的右半部分表格，拖放到第2个回车符的前面，此时表格左右被分成两个独立的表格。最后将生成的第2个表格拖到第一个表格的右边，第2个表格会自动变为环绕类型，如图3-39所示。

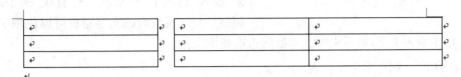

图3-39　左右拆分表格

（7）**表格与文本转换**　在Word中，表格和文本可以互相转换，以对文本进行快速布局。

① 表格转化为文本：将光标定位于表格，依次单击"表格工具"→"布局"选项卡→"数据"组→"转换为文本"按钮，会弹出"表格转换成文本"对话框，如图3-40所示，默认文字分隔符为制表符，用户也可以根据实际需求，选择其他分隔符。最后单击【确定】按钮完成。

② 文本转化成表格：选中要转化成表格的文本，依次单击"插入"选项卡→"表格"下拉列表→"文本转换成表格命令"，会弹出"将文本转换成表格"对话框，如图3-41所示。默认情况下，Word会自动根据"文字分隔位置"，显示表格的"列数"。当然，也可以根据实际需要修改文字分隔位置和列数。

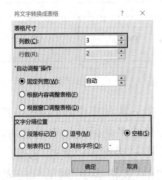

图3-40　表格转换为文本　　　　　图3-41　文本转换为表格

（8）**美化表格**　Word中内置了很多漂亮实用的表格样式，用户可以根据自己的需求，直接套用这些样式。将光标定位到表格中，依次单击"表格工具"→"设计"选项卡→"表格样式"组中的其中一款样式即可。

3.3.2　表格实践应用

案例6　制作斜线表头。

从Word 2010开始，表格中就没有"斜线表头"命令。在这些版本中，要制作斜线表头，

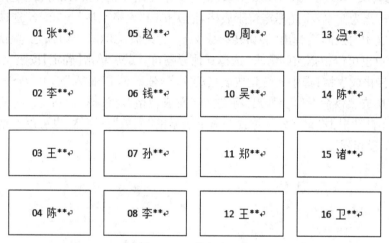

图 3-42 制作表格的斜线表头

可通过"边框"→"斜下框线"来实现,如图 3-42 所示。

① 将光标定位于要制作斜线的单元格内。

② 依次单击"表格工具"→"设计"选项卡→"边框"组→"边框"下拉列表,选择"斜下框线"。

如果要制作两条或两条以上的斜线,可以单击"插入"选项卡→"形状"→"直线"来手动绘制调整。斜线表头内的文字定位可以使用文本框,在文本框中输入文字,然后去掉文本框的边框和填充色。

案例7 制作学生座位表。

主要通过表格边框设置和单元格间距设置来实现,如图 3-43 所示,但默认情况下,单元格间距是 0.4 厘米,所以表格中单元格与单元格的间距看起来就是一条实线。

01 张**	05 赵**	09 周**	13 冯**
02 李**	06 钱**	10 吴**	14 陈**
03 王**	07 孙**	11 郑**	15 诸**
04 陈**	08 李**	12 王**	16 卫**

图 3-43 学生座位表

① 根据学生人数和座位数,创建一张表格,输入座位表内容。

② 选中表格或将光标定位于表格内,依次单击"表格工具"→"布局"选项卡→"表"组→"属性"按钮。

③ 在弹出的"表格选项"对话框的表格选项卡中,单击"选项"按钮,弹出如图 3-44 所示对话框。勾选"允许调整单元格间距"复选框,并设置单元格间距,样张中的单元格间距为 0.5 厘米,单击【确定】按钮。

④ 不显示表格外边框。单击"表格工具"→"设计"选项卡→"边框"组→"边框"下拉列表,依次去除上、下、左、右框线,保留表格内框线。

图 3-44 设置单元格间距

▶▶ **注** 利用上述方法,还可以批量制作带方框的标签等。

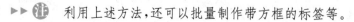

3.3.3 自选图形

1. 绘制图形

单击"插入"选项卡→"插图"组→"形状"命令,可以看到很多系统自带的图形。单击其中的一个图形后,鼠标指针就会变为➕形状,按住鼠标左键在 Word 编辑区拖动,就会生成对应的图形。

如果想要自己绘制图形,可选择"任意多边形⌐⊐"和"曲线⌇"这两种图形。

默认情况下,两个图形之间的连接线是没有"智能"连接功能的,即拖动用相连线连接的两个图形中的一个图形时,它们之间的连接线不会跟着调整。所以如果想要保持先前的连接状态,必须把图形放置在"绘图画布"里。具体操作如下:单击"插入"选项卡→"插图"组→"形状"命令→"新建绘图画布",此时 Word 编辑区就会出现一个白色框。

添加任意两个图形到画布中,选择线条(如直线、箭头等),然后将光标靠近其中一个图形边缘处。图形四周会出现黑色圆圈控制点,鼠标左键按住某个控制点,拖动至第二个图形的某个控制点,松开鼠标即可实现智能连接。

2. 编辑图形

调整图形上的控制点,可以对绘制出来的图形进行进一步精确操作。白色带箭头的圆形 ↻ 为旋转控制点,用以在原地旋转图形;白色矩形 ▢ 为尺寸控制点,用以调整图形的大小;黄色矩形 ▢ 为样式控制点,用以改变图形的形状样式。

例如,在"形状"命令中选择"空心弧 ⌒"形状并绘制,将鼠标指针移到右边的黄色矩形控制点,当鼠标指针变为白色箭头 ⬱ 时,按住鼠标左键,往左水平拖动黄色矩形控制点至圆心位置,此时空心弧就会变成半圆。也可以调整左边的黄色矩形控制点得到各种角度的环形,如图 3-45 所示。

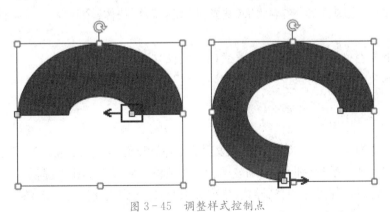

图 3-45 调整样式控制点

3.3.4 SmartArt 图

单击"插入"选项卡→"插图"组→"SmartArt"命令,可以看到很多系统自带的 SmartArt 图形,如列表类、流程类、循环类、层次结构类等。利用这些 SmartArt 图形,可以快速地创建出即美观又思路清晰的图形。

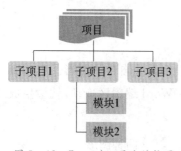

图 3-46　SmartArt 层次结构图

想要清晰描述某个项目的模块组成情况,用层次结构图是比较好的选择,如图 3-46 所示。可以根据需求,删除形状(选中形状→按[Delete]键)、增加更改形状(选中形状→点击右键选择更改、添加形状命令)。

要美化 SmartArt 图,选中绘图画布,单击"SmartArt 工具"→"设计"选项卡,在"布局""SmartArt 样式"等组中可以更改布局和样式;单击"SmartArt 工具"→"格式"选项卡,在"形状""SmartArt 样式"等组中,可以进行形状、形状大小、形状颜色、形状效果等相关设置。

3.3.5　艺术字设置

艺术字是经过专业的字体设计师艺术加工的变形字体,字体特点符合文字含义,具有美观有趣、易认易识、醒目张扬等特性。添加一些艺术字的标题能给文档增色不少,通常通过"文本效果"或"艺术字"功能来实现。

(1)添加文本效果　选中要添加艺术效果的文本。依次单击"开始"选项卡→"字体"组→文本效果和版式按钮 Ⓐ。在弹出的列表中选中某个样式即可应用于文字。也可以根据需要,单击此列表中的"轮廓""阴影""发光"等进一步美化文本。

(2)添加艺术字　依次单击"插入"选项卡→"文本"组→"艺术字"按钮,在下列表中选择某个样式。添加文本,艺术字就制作完成了。如果需要进一步美化艺术字,可以在"形状样式""艺术字样式"组中设置。如需对艺术字变形,可以在"艺术字样式"组→"文本效果"→"转换"中设置,如图 3-47 所示,应用了艺术字

图 3-47　艺术字设置

样式(填充:橙色,主题色 2)、文本效果(发光:18 磅,蓝色;映像:全映像,4 磅偏移量;转换:拱形)。

▶▶注　如果要去掉文本已设置好的格式(如颜色、字体、样书艺术字等),可选中文本,依次单击"开始"选项卡→"样式"组的下拉按钮,在弹出的列表中选择"清除格式"命令即可。

3.3.6　图文混排功能

在文本中适当插入图片,能使文档图文并茂、生动形象。但如果插入的图片都是四角方方且文字与图片孤立呈现,那么文档也会显得很呆板。所以 Word 中提供了图片工具选项卡,可设置各种效果,如图片调整、样式、排列和大小,以达到美化图片的效果。

1. 将图片裁剪为形状

选中图片,依次单击"图片工具"→"格式"选项卡→"大小"组→"裁剪"下拉列表,选择"裁剪"命令,拖动黑色控制条,如图 3-48(a)所示,按[Enter]键,即可以裁剪成任意矩形;选择"裁剪为形状"命令,在子菜单中选择某个形状,即可应用于图,如图 3-48(b)所示。如果需要再美化图片,如添加边框、阴影、发光、艺术效果等,可以在"图片样式"组中的"图片边框"和"图片效果"中设置,或者在"调整"组中设置,如图 3-48(c)所示。

另外,用户选中图片后,也可以直接应用"图片样式"组中的样式,以达到裁剪加美化的效果。

(a)　　　　　　　　　(b)　　　　　　　　　(c)

图 3-48　图片裁剪为形状

2. 图文混排

默认情况下,大多数图片是以"嵌入式"插入到文档中的,图片占据一行的空间,如图 3-49(a)所示。如果想要图片和文本在布局上充分利用空间,可以通过文字环绕功能实现,如图 3-49(b)所示。

选中图片,依次单击"图片工具"→"格式"选项卡→"排列"组→"环绕文字"下拉列表,也可以单击图片右上角的 ⊠ 按钮,如图 3-49(b)所示。此列表中有多种图文混排版式:四周型环绕、紧密型环绕、穿越型环绕、上下型环绕、衬于文字上方、衬于文字下方、编辑环绕顶点,选择其中一种版式即可实现。

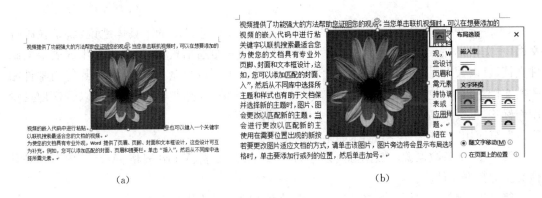

(a)　　　　　　　　　　　　　　　　　　(b)

图 3-49　图文混排

图片在"嵌入式"版式下,"编辑环绕顶点"版式是不可用的。必须先将图片转化为四周型环绕、紧密型环绕、穿越型环绕、上下型环绕、衬于文字上方、衬于文字下方这些版式其中的一种,"编辑环绕顶点"版式才被激活。如图 3-50 所示:

① 在文档任意位置插入图片。

② 选中图片,依次单击"图片工具"→"格式"选项卡→"调整"组→"颜色"下拉列表→"设置透明色"命令。

③ 此时鼠标会变成一支笔的形状,在图片背景上单击,就可以去除纯色背景。

④ 将图片转换版式为"四周型环绕"版式。

⑤ 在"环绕文字"下拉列表中选择"编辑环绕顶点"命令,此时图片四周会出现黑色环绕顶点。调整顶点时,文字会根据环绕顶点的形状来环绕。

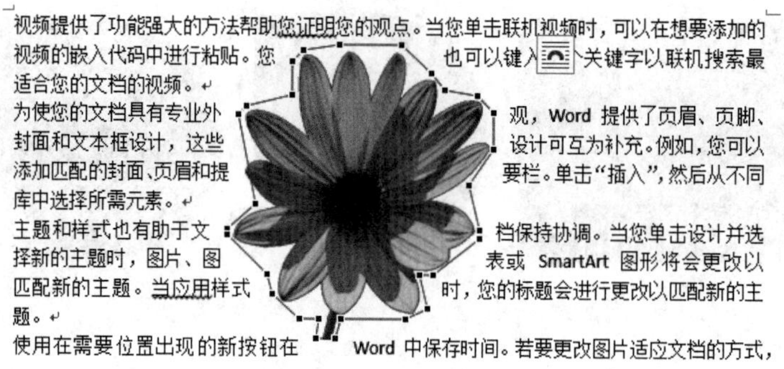

图 3-50 编辑环绕顶点

▶▶ 注 删除图片背景,还可以通过下面这种方法实现:选中图片,依次单击"图片工具"→"格式"选项卡→"调整"组→"删除背景"按钮,此时图片背景部分会被紫色区域选中。如果默认选中的不合适,可以单击"标记要删除的区域"或"标记要保留的区域"命令进行选择范围调整。最后单击【保留更改】按钮即可。

3.4 邮件合并

"邮件合并"这个名称最初是在批量处理"邮件文档"里提出的。具体地说,就是在邮件文档(主文档)的固定内容中,合并与发送信息相关的一组通信资料,最后批量生成需要的邮件文档,可以大大提高工作效率。"邮件合并"功能除了可以批量处理信函、信封等与邮件相关的文档外,在其他任何需要大量制作模板化文档的场合,都非常有用,如可以轻松地批量制作标签、工资条、成绩单、准考证、学生证、邀请函等。

完整使用"邮件合并"功能,通常需要 3 个步骤:

第一步:准备数据源。数据源可以存储在 Excel 工作表、Word 表格、Access 数据库等其他类型的数据文件。

第二步:制作主文档。主文档即需要批量完成的文档的共同模板。

第三步:执行邮件合并操作,批量生成新文档。

3.4.1 批量制作录取通知书

(1)首先制作"数据源" 在 Excel 中输入如图 3-51 所示的内容,保存为"录取名单数据源.xlsx"。注意:在制作数据源表格时,必须制作为标准的数据列表,由字段标题和若干条"记录"组成,且数据行中间不能有空行。

(2)制作主文档 新建一个 Word 文档,输入模板内容,如图 3-52 所示。划线部分数据需来源于数据源图 3-51。

图 3-51　录取名单数据源

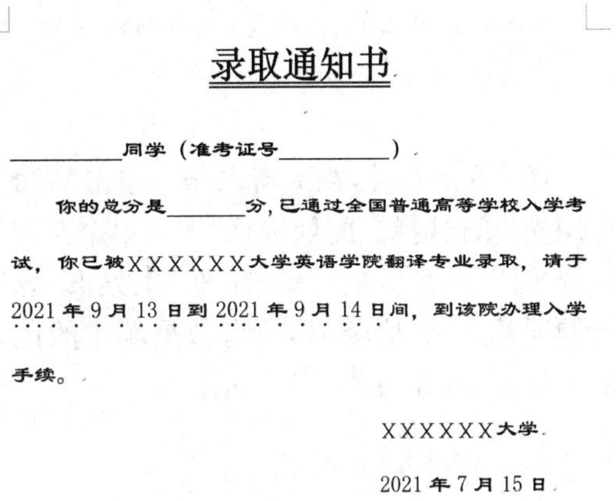

录取通知书

_____同学（准考证号_____）

你的总分是_____分，已通过全国普通高等学校入学考试，你已被ＸＸＸＸＸＸ大学英语学院翻译专业录取，请于2021年9月13日到2021年9月14日间，到该院办理入学手续。

ＸＸＸＸＸＸ大学

2021年7月15日

图 3-52　制作主文档模板

（3）选择主文档版式　依次单击"邮件"选项卡→"开始邮件合并"组→"开始邮件合并"下拉列表→"普通 Word 文档"，如图 3-53 所示。

图 3-53 中显示的是主文档的版式。除了信函、电子邮件、信封、标签的版式外，还有目录和普通 Word 文档版式。目录版式指在最后新生成文档中，每条记录间的分节符是"连续"的，比较节省版面。普通 Word 文档指每条记录间的分节符是"下一页"，即每条记录都是从新的一页开始。

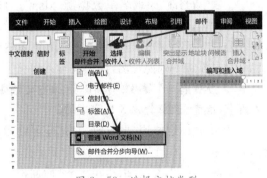

图 3-53　选择文档类型

（4）插入数据源　依次单击"邮件"选项卡→"开始邮件合并"组→"选择收件人"下拉列表→"使用现有列表"，在弹出的对话框中选择"数据源"（此案例的数据源放在"录取名单数据源.xlsx"的 sheet1 表中）。执行完此操作后，可以发现"邮件"选项卡中的多个按钮都被激活了。

（5）插入合并域　将光标定位于主文档的第一处下划线，依次单击"编写和插入域"组→"插入合并域"下拉列表→"姓名"域，此时《姓名》就会插入。依次类推，重复此操作，将"准考证"域和"总分"域插入到下划线处。最后效果如图 3-54 所示。

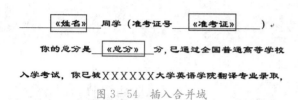

图 3-54　插入合并域

图 3-55　批量生成的新文档

（6）完成合并，生成新文档　单击"完成并合并"按钮，在弹出的下拉列表中，用户可以根据用途进行选择。此处选择"编辑单个文档"命令，在弹出的"合并到新文档"对话框中，单击单选按钮"全部"，最后单击【确定】按钮。这时，Word 会生成一个合并后的新文档，新文档的标题通常显示"信函 1"，所有数据源中的记录都会呈现在此文档中，且每一条记录都是从新的一页开始，如图 3-55 所示。

3.4.2　带照片的录取通知书

在录取通知书上，再批量插入照片，处理的方法有所不同，需要域编辑操作。具体操作如下：

① 重新修改"录取名单数据源.xlsx"。打开工作簿，在 sheet1 表中再添加两列：照片格式和照片名。"照片格式"列（D 列）：输入照片的后缀名；"照片名"列（E 列）：在 E2 单元格内输入公式"=B2&D2"，拖动填充柄，填充满整列，如图 3-56 所示。当然，用户在数据源表中也可以只添加一列照片名，即手动输入每张照片的名称（包括后缀名）。

② 按照前一个案例的操作，选择主文档版式（此案例选"目录"做示范），导入数据源，插入姓名、准考证、总分这 3 个字段域。

③ 将光标定位到"录取通知书"标题后面，按回车键。

④ 按下［Ctrl］＋［F9］组合键，会出现一对域符号（即 {} 括号），在其内输入"includepicture"，在"includepicture"后面按一个空格键，如图 3-57 所示。然后在光标处插入"照片名"字段域。此时插入照片的地方会变成一片空白。

图 3-56　新增"照片格式"和"照片名"两列

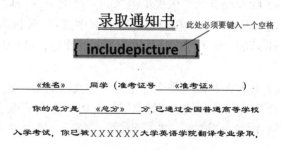

图 3-57　插入"照片名"域

図 3-58 批量生成的新文档

⑤ 单击"完成并合并"按钮→"编辑单个文档",生成新文档"目录 1"。这时插入照片的地方仍然什么也没有(或者提示"错误！未指定文件名"),暂时不要处理,继续做下一步即可。

⑥ 保存"目录 1"文档,并且保存到照片的同一目录下。全选([Ctrl]+[A]组合键)此文档内容,按下[F9]键更新域,最后效果如图 3-58 所示。

因为主文档选择的版式是"目录",所以生成的新文档中记录间都是连续显示的,不像"普通 Word 文档"版式,每条记录都从新的一页开始。

▶▶ 注 此案例中的"录取名单数据源.xlsx"中的 E 列虽然显示的是照片名,但实际上是照片相对于数据源的相对路径。因为案例中照片和数据源放在了一个目录下,所以直对路径的呈现跟照片名一样。这也就是将生成的"目录 1"文档存储在照片所在目录下的原因。

3.4.3 群发电子邮件

有时用户需要把信息群发给其他用户,但是每个用户的信息又有所不同,且每个用户只能看到自己的信息,这可以通过邮件合并功能实现。具体操作步骤如下(仍然以录取通知书为例):

① 配置好 Outlook 2019 的邮件账户(具体参照第二章中的电子邮件服务)。

② 在"录取名单数据源.xlsx"的 sheet1 表中新增两列"E_mail 地址",如图 3-59 所示。

③ 按照第一个案例的步骤:选择主文档版式(此案例选择"普通 Word 文档"),导入数据源,在下划线处插入字段域。

	A	B	C	D	E	F	G
1	准考证	姓名	总分	照片格式	照片名	性别	E_mail地址
2	1000123	张某某	652	.jpg	张某某.jpg	女	fengguier@126.com
3	1000124	李某某	623	.jpg	李某某.jpg	女	ligmoumou@126.com
4	1000125	赵某某	645	.jpg	赵某某.jpg	男	zhaomoumou@163.com
5	1000126	钱某某	633	.jpg	钱某某.jpg	女	qianmoumou@163.com

图 3-59 更改数据源

④ 判断用户性别,如果是女,则在通知中显示"女士",否则显示"男士"。将光标定位到"《姓名》"字段域后,键入空格,然后依次单击"邮件"选项卡→"规则"下拉列表→"如果…那么…否则"命令。在弹出的对话框中,"域名"选择"性别","比较条件"选择"等于",比较对象输入"女","则插入此文字"处输入"女士","否则插入此文字"处输入"男士",如图 3-60 所示。

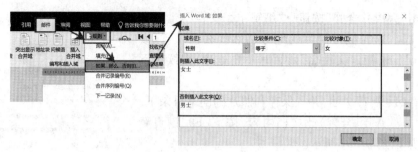

图 3-60 规则设定

⑤ 单击"完成并合并"按钮的下拉列表→"发送电子邮件"命令。在弹出的"合并到电子邮件"对话框中,进行相关设置,如图 3-61 所示。收件人:E_mail 地址;主题行:录取通知书;邮件格式:如 HTML;发送记录:全部。最后单击【确定】按钮。

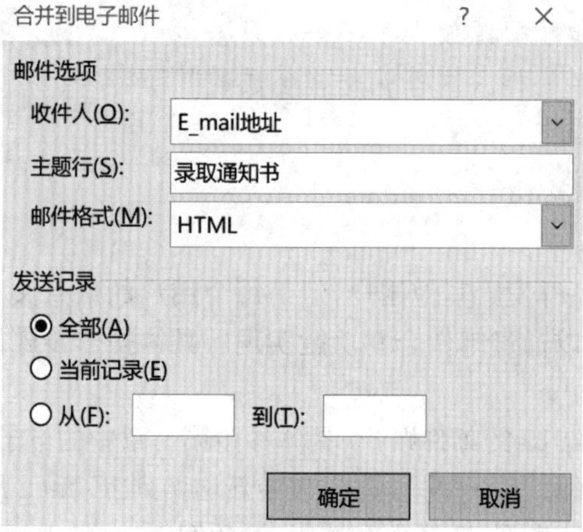

图 3-61 合并到电子邮件

至此,所有邮件都已发送出去。用户可以打开 Outlook 2019,到发件箱里查看,所有邮件都已发送完毕,如图 3-62 所示。用户收到的邮件样张如图 3-63 所示,每个用户只收到自己的信息。

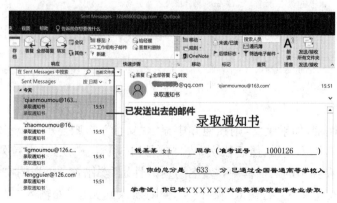

图 3-62 发送电子邮件样张

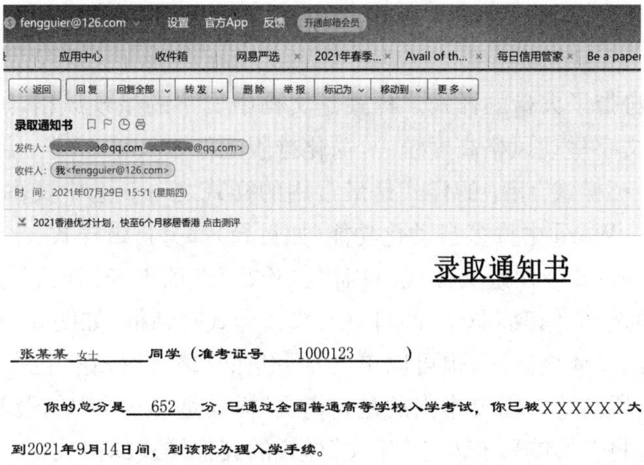

图 3 - 63 用户收到的电子邮件样张

3.5 长文档编辑

在写作长篇文档的时候,经常需要根据特定的格式要求排版,使文章更加的规范、整洁、美观。Word 是广为使用的文档排版软件,使用 Word 能够对文章进行专业排版,并且操作简单,易于使用。

Word 长篇文档排版的一般步骤为:

① 设置页面布局;

② 定义样式;

③ 生成目录和索引;

④ 设置页眉页脚;

⑤ 参考文献的标注及引用。

3.5.1 制作长文档的基本知识

要想制作出具有专业水准的长文档,首先必须了解一些长文档编辑、制作、出版方面的基本知识,以及长文档编排中的一些特殊规定,才能保证在接下来的工作中,按照这些要求和规定来编辑制作出符合标准规范的文档。

(1) 开本 开本是指拿整张印书纸裁开的若干等分的数目做标准来表明书刊的大小。如某本书是 16 开本、32 开本等,即是将整张印书纸裁开 16 等分、32 等分。

(2) 扉页 在书籍中,一般都有扉页。扉页是指在书刊封面之内印着书名、著者等项的一页,或者是封面后或封底前与书皮相连的空白页。

(3) 版心 版心是指书刊幅面除去周围白边,剩余的正文和图版部分,也就是排版范围。

(4) 版面 版面是指书刊每一页上文字图画的编排方式。

(5) 书籍内容 必须为自己的文档收集丰富的材料,以使文章生动有趣;此外还必须根据目标读者的定位,设计出符合读者阅读习惯的具有特色的版面,以方便读者阅读。

3.5.2　使用和编辑样式

Word 2019 中自带了大量的样式。样式是文档中文字的呈现风格,通过套用常用样式,可以使相同类型的文字呈现风格高度统一,简化排版工作。

"开始"选项卡→"样式"组中的样式是最常用的样式之一。选中文本、标题或段落,单击所需样式即可应用。Word 中许多自动化功能(如目录)都有自带样式。

如果需要修改 Word 中预定义样式,只需在"开始"选项卡→"样式"组中,右键单击样式名,在弹出的菜单中选择"修改"命令,即可进入修改样式对话框,如图 3-64 所示。可以修改样式名称、样式基准、字体格式等,也可以单击左下角的"格式"按钮,在弹出的列表中进一步设置该样式的字体、段落等。需要指出的是,"正文"样式是 Word 中的最基础的样式,不要轻易修改它。改变它,将会影响所有基于"正文"样式的其他样式的格式。

除了应用现成的样式之外,用户也可以自己创建样式。单击"样式"组中的下拉按钮|▼|,在弹出的菜单中选择"创建样式",出现"根据格式设置创建新样式"对话框,如图 3-65 所示。如果不满意现成的预览效果,可以单击【修改】按钮,出现如图 3-64 所示的界面,进行相关设置。完成后,单击【确定】按钮,新生成的样式就会出现在"样式"组中。

图 3-64　修改样式

图 3-65　创建新样式

3.5.3　创建目录

目录中包含文档的标题以及标题的页码,给长文档设置目录,可以使读者一目了然地了解该文档的结构。Word 提供了方便地生成目录的功能。

在建立目录之前,必须定义各标题的大纲级别。定义大纲级别常用的一般有以下 3 种:在大纲视图中定义各标题的大纲级别,给标题指定标题(标题 1、标题 2、……)样式,通过在多级列表中指定标题样式。

1. 通过大纲视图定义

① 选中需要生成目录的一级标题,单击"视图"选项卡→"视图"组→"大纲视图",即进入大纲视图。

② 单击"大纲工具"→"正文文本"下拉列表→"1 级"命令。此时标题"Travel and Local

Knowledge"前面会出现一个带圈加号 ⊕，双击它，可以折叠和展开下面的内容，如图 3 - 66 所示。

③ 选中二级标题文本（如图 3 - 66 中的"Trapster"），选择"正文文本"下拉列表→"2 级"命令，同样"Trapster"前面也会出现 ⊕ 符号。

④ 依此类推，为其他标题文本设置大纲级别的标题。

⑤ 将光标定位到需要插入目录的地方（一般在正文的前面）。

⑥ 依次单击"引用"→"目录"组→"目录"按钮下拉列表→"自定义目录"命令（也可以直接选择目录内置样式），弹出"目录"对话框，如图 3 - 67 所示。在对话框中可以设置页码格式、目录模板、标题级别数，也可以单击【修改】按钮，进一步格式设置。完成后，单击【确定】按钮。

⑦ 目录自动生成，如图 3 - 68 所示。按住[Ctrl]键，鼠标左键单击目录中的标题，可以跳转到正文中该标题对应的内容。

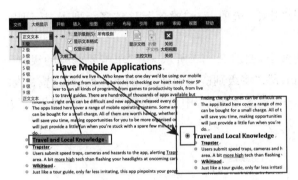

图 3 - 66　应用大纲级别

图 3 - 67　"自定义目录"对话框

2. 通过指定标题样式定义

① 选中需要生成目录的一级标题文本，单击"开始"选项卡→"样式"组→"标题 1"样式，标题就会应用系统预设好的"标题 1"样式，如图 3 - 69 所示。

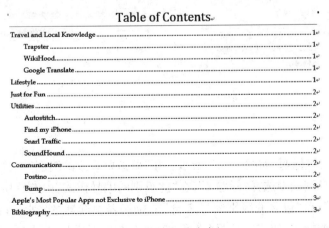

图 3 - 68　目录生成

图 3-69 应用"标题 1"样式

② 选中二级标题,应用"标题 2"样式。依次类推,根据预定好的标题级别来设置标题级别样式。

③ 将光标定位到需要插入目录的地方,之后操作同"通过大纲视图定义"中的步骤⑥。

3. 通过多级列表指定标题样式

在前面两种方法中,在给标题定义大纲级别的样式时,不能自动为标题产生连续的编号。如果标题需要编号,需再添加多级列表才能实现。

通过多级列表指定标题样式的方式,可以将编号与标题级别关联起来,同时实现编号和标题级别设置。

① 选中需要生成目录的一级标题,单击"开始"选项卡→"段落"组→"多级列表"按钮下拉列表→"定义新的多级列表"。

② 在弹出的"定义新的多级列表"对话框中,如图 3-70 所示。在"单击要修改的级别"中单击"1";"输入编号的格式"中输入"Chapter";"将级别链接到样式"的下拉列表中选择"标题 1";"此级别的编号样式"中选择"1,2,3,…";"起始编号"中可以根据需求设置,这里设置从 1 开始。

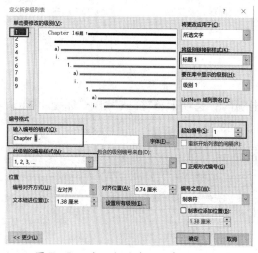

图 3-70 定义新的多级列表(级别 1)

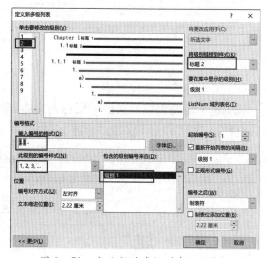

图 3-71 定义新的多级列表(级别 2)

③ 继续设置二级标题,如图 3-71 所示。在"单击要修改的级别"中单击"2";在"将级别链接到样式"的下拉列表中选择"标题 2";在"此级别的编号样式"中选择所需编号样式,这里仍然选"1,2,3,…";在"包含的级别编号来自"下拉列表中选择"级别 1";在"输入编号的格式"设置所需呈现的格式,如在序号两个"1"之间加一个点形成"1.1"。

④ 余下级别关联依此类推。最后单击【确定】按钮,完成设置。

⑤ 默认情况下,一级标题会自动应用设置好的多级列表,但其他标题级别不会自动应用,需要手动设置。选中二级标题文本,在"多级列表"下拉列表中,单击刚设置好的多级列表样式,再选择"多级列表"下拉列表→"更改列表级别"→"2 级列表",如图 3 - 72 所示。其余标题做相同设置即可。

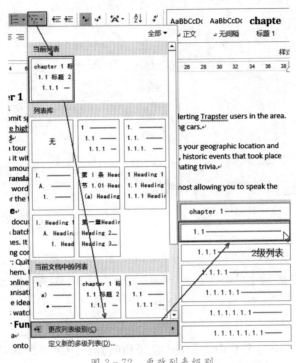

图 3 - 72　更改列表级别

⑥ 将光标定位到需要插入目录的地方,之后操作同"通过大纲视图定义"中的步骤⑥。

3.5.4　生成索引

索引是一篇文档中的重要关键字、主题以及它们出现的页码列表。决定索引转至何处是一个长期而艰巨的过程。但在 Word 中创建索引的过程,相对来说比较简单。这个过程包括两个部分:标记索引项,然后生成索引。

第一步:标记索引项　选中要标记为索引的文本,依次单击"引用"选项卡→"索引"组→"标记条目"按钮,弹出"标记索引项"对话框,如图 3 - 73 所示,其中"主索引项"中会自动出现刚选中的文本。如果主索引项中还包含次索引项,在"次索引项"中输入相应文本,如果需要第三级索引,在"次索引项"中输入的文本后键入冒号,输入第三级索引项。若要把文档中的这些文本都进行索引标记,单击【标记全部】按钮。

第二步:生成索引　标记索引项之后,就可以将索引插入到文档中。将光标定位到需要添加索引的位置,单击"引用"选项卡→"索引"组→【插入索引】按钮。在"索引"对话框中,可以设置页码、前导符、排序等格式,如图 3 - 74 所示。单击【确定】按钮,会生成类似于目录结构的索引表。

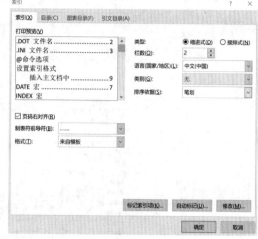

图 3-73　标记索引项　　　　　　　　图 3-74　生成索引设置

▶▶ 注　标记索引后,文档中会出现类似于 **XE"Trapster"** 这样的索引标记。用户如果想要隐藏文中索引标记,可以单击"开始"选项卡→"段落"组→显示/隐藏编辑标记 ¶。

3.5.5　设置页眉页脚

页眉和页脚是文档中每个页面的顶部、底部和两侧页边距中的区域。在页眉和页脚中可以添加标题、页码或日期等文档信息。

依次单击"插入"选项卡→"页眉和页脚"组→"页眉"按钮→"编辑页眉"命令,或者双击页面的页眉区域,都可以进入页眉编辑区域,如图 3-75 所示。接着在页眉编辑区域中输入文档相应信息,文档中的所有页面都会自动添加相同的信息。进入页脚区域的操作与页眉相同。如果要退出页眉编辑,可以单击图中的"关闭页眉和页脚"按钮。

图 3-75　页眉编辑区域

1. 分节符

在文档中插入一个分节符,能将文档分成 2 节,这样可以实现每节应用不同的页面格式。

所以分节是很多其他操作的基础，如纵向版面与横向版面混排、指定页加页边框、指定页插入特定的页眉页脚等。

如 Word 中的某一页横向内容太多，无法在纵向版面中放下，该页需要切换成横向版面，操作过程如下：

① 光标定位到该页内容的最前边，单击"布局"选项卡→"页面设置"组→"分隔符"下拉列表→"下一页"命令，即插入"下一页"分节符。如果用户想要看到分节符，单击"开始"选项卡→"段落"组→"显示/隐藏编辑标记"按钮即可，如图 3-76 所示。

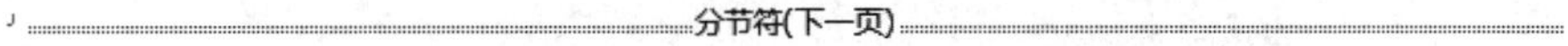

===============分节符(下一页)===============

图 3-76　分节符

② 将光标定位到该页内容的末尾，重复步骤①插入分节符操作。

③ 单击"页面布局"选项卡→"页面设置"组→"纸张方向"下拉列表中的"横向"命令。此时只有页面纸张方向是横向的，其余页面保持纵向。

2. 自定义页眉页脚

如果文档中没有插入分节符，所有页面的页眉页脚都是统一的，所以要实现自定义页眉页脚，一般情况下都要先通过分节才能实现。

案例8　有一长文档，由封面、目录页、正文组成。要求：封面没有页眉和页脚信息；目录页不需要页眉，但页脚要有页码，格式为罗马字符；正文每一章的页眉需要有对应的标题，页码要求从阿拉伯数字 1 开始；页码分奇偶页（奇数页页码右对齐，偶数页页码左对齐）。

第一步：在文档适当位置插入分节符。

将光标分别定位到目录页最开始的地方、正文每一章节最开始的地方，插入分节符（下一页）。

第二步：为每一章设定特定的页眉。

① 双击"Chapter 1"所在页面的页眉，进入页眉编辑区，单击"页眉和页脚工具"→"设计"选项卡→"导航"组→"链接到前一条页眉"命令，即取消选中该命令（深灰色），避免节与节之间页眉相同，如图 3-77 所示。

② 将光标依次定位到每一章所在的页眉处，取消选中"链接到前一条页眉"命令。

图 3-77　取消选中"链接到前一条页眉"命令

③ 再次将光标定位到 Chapter 页面的页眉，准备插入章标题。一般通过"交叉引用"的方式实现。依次单击"引用"选项卡→"题注"组→"交叉引用"按钮，弹出"交叉引用"对话框，如图 3-78 所示。"引用类型"选择"标题"，"引用内容"选择"标题文字"，"引用哪一个编号

项"中选择对应的章标题。接着,单击【插入】按钮,页眉处就会有章标题生成。依此类推,完成其他章页眉的插入。当然这一步也可以手动输入章标题。

图 3-78 "交叉引用"插入标题

至此,封面和目录页没有页眉,正文每一章对应相应章标题,页眉设置完成。

第三步:根据页面的不同需求,设置奇偶页码。

① 单击"页眉和页脚"组→"页码"下拉列表→"设置页码格式"命令。在弹出的对话框中,"编号格式"选择"罗马字符","页码编号"选择"起始页码"并从"Ⅰ"开始,如图 3-79所示。

图 3-79 设置页码格式

② 光标定位到目录页页脚处,取消选中"链接到前一条页眉"命令,并勾选"奇偶页不同"复选框。

③ 单击"页码"下拉列表→"页面底端"命令→"普通数字3"样式,罗马字符"Ⅰ"会插入到页脚的右侧。

④ 如果目录有两页,则将光标定位到目录页第二页页脚处,取消选中"链接到前一条页眉"命令,单击"页码"下拉列表→"页面底端"命令→"普通数字1"样式,罗马字符"Ⅱ"会插入到页脚的左侧。

⑤ 正文处的页码设置同目录页。

第四步:单击"关闭页眉和页脚"按钮,案例的所有要求都已设置完毕。

▶▶ 注　有的页面的页眉有一条横线,这条横线实际是页眉文字的下边框。虽然删除了文字,段落符号还在,所以横线还在。去除的方法是:选中页眉中的段落标记,选择"开始"选项卡→"段落"组→"边框"下拉列表→"无框线"或者"下框线"命令。

3.5.6　参考文献的标注和引用

1. 脚注和尾注的使用

添加脚注或者尾注,可以补充说明或引用说明文档内容。脚注在脚注所在页面的底部,可以作为文档某处的注释;而尾注在整个文档的最后一个回车符的后面,常用于标记参考文献等引文的出处等。

插入脚注的方法是:

① 将光标定位到需要引用说明的内容后面(或者选中内容),单击"引用"选项卡→"脚注"组→【插入脚注】按钮。

② 此时,光标会自动定位到当前页面的文档底部,并且产生一个阿拉伯数字的脚注序号。同时,引用说明的内容的上标处也会有一个相同的阿拉伯数字序号,如图3-80所示。

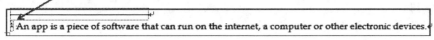

图3-80　脚注的使用

③ 在阿拉伯数字后面输入参考文献信息即可。

插入尾注的方法同脚注。

2. 交叉引用的使用

交叉引用就是把Word中插入的或自动生成的编辑引用到文档中,前提是被引用的对象必须是Word中标准的相关编号,如Word的多级编号生成的章节号,插入题注的表格号、图表编号等。

利用交叉引用的方式可以快捷地创建参考文献页,操作步骤如下:

① 在正文最后一个回车符的后面插入分节符(下一页),新建一页,作为参考文献列表页。在参考文献列表页输入参考文献信息,如作者、书名、出版社、出版日期等相关文献信息。

② 选中参考文献列表内容,为参考文献自定义编号。依次单击"开始"选项卡→"段落"组→"编号"下拉列表→"定义新编号格式"。弹出对话框,"编号样式"中选择"1,2,3,…",在"编号格式"中的编号前后输入中括号,或按要求输入其他符号,如图 3-81 所示。单击【确定】按钮后,参考文献列表中就会有序号"[1]""[2]",依此类推。

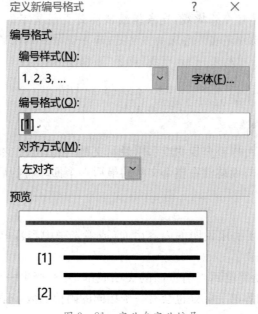

图 3-81 定义自定义编号

③ 将光标定位到文中引用参考文献的内容后,单击"引用"选项卡→"题注"组→"交叉引用"按钮。在弹出的对话框中,"引用类型"选择"编号项","引用内容"选择"段落编号","引用哪一个编号项"中选择对应的参考文献。单击【确定】按钮后,即可将参考文献编号插入到引用内容中。

④ 按住[Ctrl]键,鼠标左键单击参考文献编号,会自动跳转到参考文献列表页中对应的参考文献信息。

3. 引文和书目的使用

在交叉引用的过程中,参考文献信息是用户自己输入的,格式容易出错,而通过插入引文的方式,参考文献信息的格式是由系统自动产生的,方便快捷。具体操作如下:

① 将光标定位到文中引用参考文献的位置。

② 单击"引用"选项卡→"引文与书目"组→"插入引文"下拉列表→"添加新源"命令。在弹出的"编辑源"对话框中,如图 3-82 所示,设置相关参数。其中,"源类型"指参考文献的来源,如书籍、杂志、期刊、网站等。勾选"显示所有书目域"复选框,可以展开某一源类型对应的所有 APA 的书目域。

③ 单击【确定】按钮,引用参考文献的位置旁就会出现简略的参考文献信息,如图 3-83 所示。想要修改参考文献信息,可以单击下拉按钮选择"编辑源"。

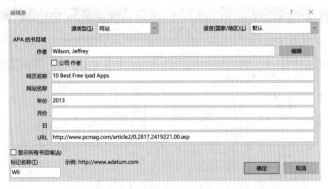

编辑源
源类型(S) 网站
语言(国家/地区)(L) 默认
APA 的书目域
作者 Wilson, Jeffrey
编辑
公司 作者
网页名称 10 Best Free ipad Apps
网站名称
年份 2013
月份
日
URL http://www.pcmag.com/article2/0,2817,2419221,00.asp
显示所有书目域(A)
标记名称(I)
示例: http://www.adatum.com
Wil
确定
取消

图 3-82 插入引文

charge. All of them are worth having, whether because they will save you time, making opportunities for you to be more organised or because they will just provide a little fun when you're stuck with a spare few minutes and nothing to d
(Wilson, 2013)
编辑引文(E)
编辑源(T)
将引文转换为静态文本(C)
更新引文和书目
Chapter 1
Knowledge
1.1 Trapste
Users submit speed trap
pp, alerting Trapster users in the area. A bit

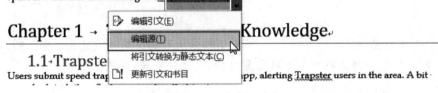

图 3-83 生成的引文

④ 接下来需要生成参考文献列表了。在正文的最后一个回车符的后面插入分节符(下一页),新建一页,作为参考文献列表页。

⑤ 单击"引文与书目"组→"书目"下拉列表→"插入书目"(或者直接选择书目内置样式)命令,此时在参考文献列表页,自动生成了一条参考文献信息,如图 3-84 所示。

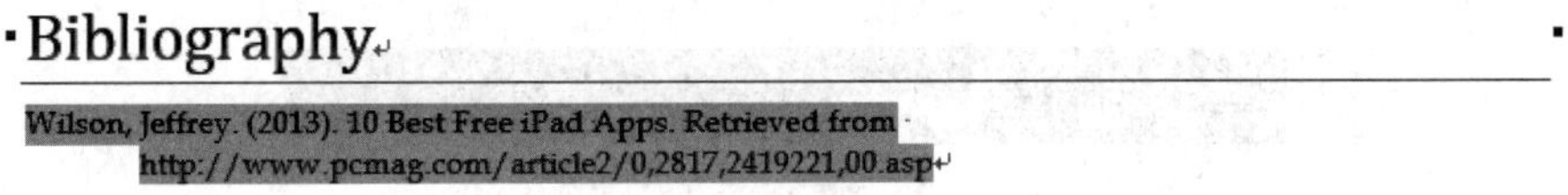
Bibliography
Wilson, Jeffrey. (2013). 10 Best Free iPad Apps. Retrieved from http://www.pcmag.com/article2/0,2817,2419221,00.asp

图 3-84 自动生成的参考文献信息

3.6 多文档操作和审阅

1. 多个文档合并

将一个文档的内容合并到另一个文档,用户最常用的操作是复制、粘贴。但当多个文档合并时,用插入文件法会更快捷方便。

打开主文档,将光标定位到需要插入其他文档的地方。单击"插入"选项卡→"文本"组→"对象"下拉列表→"文件中的文字",打开"插入文件"对话框,如图 3-85 所示。选中需要合并的文档,单击【插入】按钮,即可将所有选中的文件插入到当前文档中。

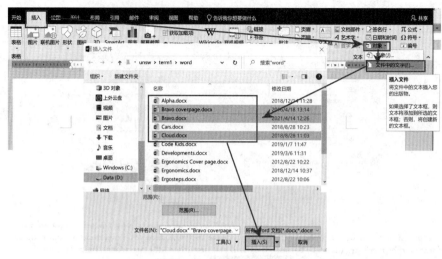

图 3-85 合并多个文档

▶▶ **注** 插入多个文档插入时,"插入文件"对话框最上面的文档会被最先合并。插入内容仍然保留原有格式,但如果目标文档中有页眉页脚、页面设置等,都将被忽略。

2. 两个文档间的并排比较

有时需要比较两份文档内容,使用并排查看功能,可以实现同步滚动比较,迅速分辨文档之间的内容区别。

打开需要比较的两个文档,依次单击"视图"选项卡→"窗口"组→"并排查看"按钮。如果打开的文档只有两个,那么 Word 就会自动将两个文档并排。如果 Word 打开的文档不止两个,此时会弹出"并排比较"对话框,如图 3-86 所示,选择需比较的那个文档。单击【确定】按钮后,两个文档立即以并排模式呈现。

图 3-86 并排查看

拖动其中一个文档的垂直滚动条或水平滚动条,另一个文档会同步滚动,以便用户浏览、比较。若只想动态浏览其中一个,可以取消"窗口"组→"同步滚动"功能,就可以实现单一文档的动态浏览。

想要取消文档间的并排,再次单击"并排查看"按钮,取消操作。

3. 修订文档

在修订模式下,文档会记录用户的当前操作(如插入、删除、修改、格式设置等),并使用一种特殊的标记来记录所作的修改,这样作者可以根据实际情况决定是否接受这些修订。批注是审阅者对文档中的部分内容所加的注解和说明,在打印和预览中不会出现。

单击"审阅"选项卡→"修订"组→"修订"按钮,此时按钮呈高亮显示,如图3-87所示,表示当前文档已进入修订模式。再次单击"修订"按钮,退出修订模式。

图3-87 修订功能区

在图3-87中,"显示以供审阅"默认显示状态是"简单标记",只显示修订后的结果,不显示修改痕迹。如果想要显示修改痕迹,可以将"简单标记"更换为"所有标记"。如果同时还想要在批注框里显示修订,单击"显示标记"下拉列表→"批注框"→"在批注框中显示修订",如图3-88所示。如果选择"以嵌入方式显示所有修订",将在源文件上直接显示修改痕迹。

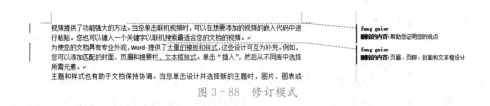

图3-88 修订模式

将光标定位在某个修订位置或者批注框中,单击"更改"组中的"接受"按钮,表示接受修订结果;单击"拒绝"按钮,表示删除该修订。如果需要接受或拒绝所有修订,单击"接受"或"拒绝"下拉列表中的"所有修订"。

单击"修订"下拉列表→"锁定修订"命令,在弹出的对话框中输入密码,单击【确定】按钮后,"修订"按钮变为灰色且不可用,以防止他人关闭或启用修订功能。

▶▶注 在"显示以供审阅"框中选择"无标记"可帮助查看最终文档,但只会暂时隐藏修订。这些修订不会被删除,下次当任何用户打开该文档时,这些修订将再次显示。若要永久删除修订,单击"接受"或"拒绝"修订按钮。

4. 精确比较文档

前面讲到两个文档并排查看可以比较两个文档的异同,但只能通过目视比较,精确率和效率都很低。因此Word提供了另一种方法:以修订的方式来精确比较两个文档的功能。具体操作方法如下:

① 依次单击"审阅"选项卡→"比较"组→"比较"下拉列表→"比较"命令,弹出"比较文档"对话框,如图 3-89 所示。

② 在"原文档"中,选择原始文件,然后在"修订的文档"中选择修改后的文件,单击【确定】按钮后,将自动生成精确对比后的 Word 文档。如果想要更清晰地查看修改痕迹,一定要选择"修订"组→"显示以供审阅"→"所有标记"。

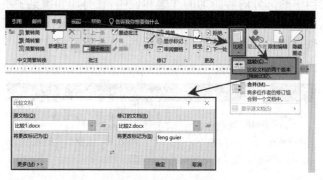

图 3-89　精确比较文档

5. 多人同时修改一个文档

有时同一个文档需要分发给多个审阅者修订,修订完后,还需要将所有审阅者的修订组合到一个文档中方便最终审阅。具体操作如下:

① 每个审阅者必须在修订模式下保存修订好的文档。

② 将所有审阅者的修订文档放在一个文件夹中。

③ 新建一个空白 Word 文档。

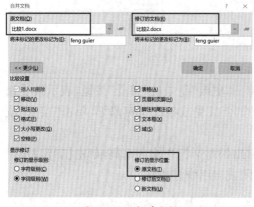

图 3-90　合并文档

④ 依次单击"审阅"选项卡→"比较"组→"比较"按钮下拉列表→"合并"命令,弹出"合并文档"对话框,如图 3-90 所示。在"原文档"中,选择原始文档,在"修订的文档"中选择一个修订后的文档,单击【更多】按钮展开选项,在"修订的显示位置"中选择"原文件"单选按钮,最后单击【确定】按钮。此时,原文档中会显示两文档合并修订后的结果。

⑤ 保存原文档。

⑥ 重复步骤④和步骤⑤,将所有审阅者的修订结果都合并到原文档中。

⑦ 最后,逐一审阅原文档的所有修订。

第四章

PowerPoint 2019 演示文稿制作精粹

Microsoft PowerPoint 演示文稿是美国微软公司出品的 Office 办公软件系列重要组件之一,能制作出集文字、图形、图像、声音、视频及动画等多媒体元素于一体的演示文稿,将所要表达的信息组织在一组图文并茂的画面中。由于 Microsoft PowerPoint 制作方法简单,功能效果强大,得到了越来越多用户的青睐,无论是教学授课、产品演示、广告宣传、论文答辩及汇报演讲等,演示文稿已被越来越广泛地应用。本章以 Microsoft PowerPoint 2019 为学习平台,介绍演示文稿的设计与制作技巧。

4.1 PowerPoint 基础知识

4.1.1 初识 PowerPoint 2019

在深入学习 PowerPoint 之前,先来了了解下 PowerPoint 2019 软件的工作界面。图 4-1 所示是 PowerPoint 的普通视图,主要分为四大块:

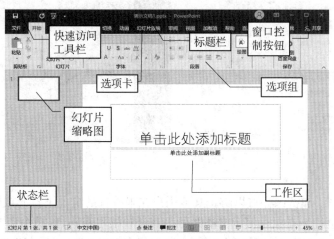

图 4-1　PowerPoint 2019 的工作界面

(1) 选项卡　默认有"文件""开始""插入""设计""切换""动画""幻灯片放映""审阅""视

图"这 9 个选项卡。每个选项卡有不同功能的组,每组之间用竖线隔开。

（2）幻灯片缩略图窗格　在"普通"视图下呈现,包含了演示文稿中的所有幻灯片。单击"视图"选项卡→"演示文稿视图"组→"大纲视图",可以切换到大纲窗格。

（3）幻灯片工作区　具体编辑幻灯片的内容。

（4）"备注"窗格　给每张幻灯片的内容作注释,对演讲者非常有用。通过设置,备注内容只能自己（演讲者）看到,而其他人看不到,也就是不会被显示到投影幕布上,具体操作可参见"放映时独享备注的设置"这一节内容。

4.1.2　演示文稿的基本操作

1. 创建演示文稿

创建演示文稿的方式有多种,单击"文件"选项卡→"新建"按钮,根据需要可创建空白演示文稿、样本模板或主题等。默认情况下,PowerPoint 2019 的幻灯片大小为 16∶9 的宽屏,这是为了更好地与移动设备配套而量身打造的。当然,也可以单击"设计"选项卡→"自定义"组→"幻灯片大小"下拉列表,选择需要的大小比例或自定义大小。

2. 保存演示文稿及几种常用文件格式

在处理演示文稿的过程中,保存演示文稿也是非常重要的一步,及时保存工作成果,可以避免数据的意外丢失。

（1）常规保存　常规保存时,可通过"文件"选项卡中"保存"或"另存为"主动保存演示文稿。默认情况下,系统将每间隔 10 分钟自动保存该演示文稿。如果需要修改自动保存时间,单击"文件"选项卡→"选项"命令,打开"PowerPoint 选项"对话框,单击左侧的"保存"项,如图 4-2 所示,可以根据需要调整系统自动保存文件的时间间隔。在此对话框中,也可以将文件中的字体嵌入文件,以保证文件中的字体在任何环境下都能正常显示。

图 4-2　调整系统自动保存文件和嵌入字体

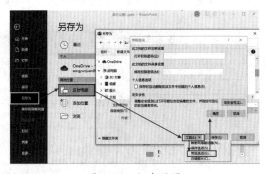

图 4-3　加密设置

（2）加密保存　加密保存可以防止其他用户在未授权的情况下打开或修改演示文稿,以此加强文档的安全性。在保存演示文稿时可为其设置权限密码,其操作步骤如下。

① 单击"文件"选项卡→"另存为"命令,选择保存路径,弹出"另存为"对话框,在对话框下方单击"工具"按钮下拉列表→"常规选项"命令。

② 在弹出的"常规选项"对话框中,设置"打开权限密码"和"修改权限密码",如图 4-3

所示。在这两文本框中,可以设置相同的密码,也可以设置为不同的密码,分别作用于打开权限和修改权限。之后,用户只有在输入正确密码的情况下才能打开或修改该演示文稿。

（3）演示文稿常用文件格式

① pptx:演示文稿格式,打开可直接编辑。

② ppsx:放映格式,双击该文件可直接放映演示文稿。

③ potx:演示文稿的设计模板格式。

④ rtf:保存该格式可导出演示文稿中的文本。

⑤ wmv:将演示文稿保存为 Windows Media 视频格式。

⑥ jpg:可以将幻灯片存储为图片格式.

⑦ pdf:Portable Document Format 文件格式因其安全可靠,已成为电子文档分发和交换的出版规范。

4.1.3　演示文档视图

PowerPoint 2019 视图有演示文稿视图和母版视图两大类。演示文稿视图包括普通视图、幻灯片浏览、备注页和阅读视图;母版视图包括幻灯片母版、讲义母版和备注母版。

1. 演示文稿视图

单击"视图"选项卡→"演示文稿视图"组里的命令,或单击图 4-1 所示的界面底部"状态栏"上的视图按钮,可快速实现演示文稿视图间的切换。

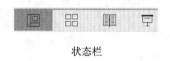

图 4-4　演示文稿视图

普通视图是默认视图方式,在该视图下可以对幻灯片逐张添加信息,并对幻灯片的内容进行格式化、添加动画特效等各种操作。

幻灯片浏览视图可以浏览演示文稿中所有幻灯片的整体效果,可以快速调整幻灯片的顺序,并且可以整体调整,如调整演示文稿的背景、移动或复制幻灯片等,但不能编辑幻灯片中的具体内容。

备注页视图用于幻灯片添加相关的备注信息。

幻灯片放映视图是从当前幻灯片开始以全屏形式动态放映,除了可以浏览每张幻灯片的放映情况外,还可以测试其中插入的动画和音效等。如果希望从第一张幻灯片开始放映,除了单击"幻灯片放映"选项卡→"开始放映幻灯片"组→"从当前幻灯片开始"按钮外,可以按[F5]键,也可以单击图 4-4 中状态栏中的最后一个类似杯子的按钮 。要退出幻灯片放映,可按键盘左上角的[Esc]键或单击右键通过快捷菜单。

2. 母版视图

幻灯片母版是幻灯片基本样式的集合,包括字形、占位符的大小位置、背景设计和配色方案等信息。幻灯片的修改是一对一的修改,针对当前幻灯片有效;而幻灯片母版的修改是

所示。在这两文本框中,可以设置相同的密码,也可以设置为不同的密码,分别作用于打开权限和修改权限。之后,用户只有在输入正确密码的情况下才能打开或修改该演示文稿。

（3）演示文稿常用文件格式

① pptx:演示文稿格式,打开可直接编辑。

② ppsx:放映格式,双击该文件可直接放映演示文稿。

③ potx:演示文稿的设计模板格式。

④ rtf:保存该格式可导出演示文稿中的文本。

⑤ wmv:将演示文稿保存为 Windows Media 视频格式。

⑥ jpg:可以将幻灯片存储为图片格式.

⑦ pdf:Portable Document Format 文件格式因其安全可靠,已成为电子文档分发和交换的出版规范。

4.1.3　演示文档视图

PowerPoint 2019 视图有演示文稿视图和母版视图两大类。演示文稿视图包括普通视图、幻灯片浏览、备注页和阅读视图;母版视图包括幻灯片母版、讲义母版和备注母版。

1. 演示文稿视图

单击"视图"选项卡→"演示文稿视图"组里的命令,或单击图 4-1 所示的界面底部"状态栏"上的视图按钮,可快速实现演示文稿视图间的切换。

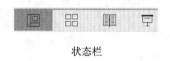

图 4-4　演示文稿视图

普通视图是默认视图方式,在该视图下可以对幻灯片逐张添加信息,并对幻灯片的内容进行格式化、添加动画特效等各种操作。

幻灯片浏览视图可以浏览演示文稿中所有幻灯片的整体效果,可以快速调整幻灯片的顺序,并且可以整体调整,如调整演示文稿的背景、移动或复制幻灯片等,但不能编辑幻灯片中的具体内容。

备注页视图用于幻灯片添加相关的备注信息。

幻灯片放映视图是从当前幻灯片开始以全屏形式动态放映,除了可以浏览每张幻灯片的放映情况外,还可以测试其中插入的动画和音效等。如果希望从第一张幻灯片开始放映,除了单击"幻灯片放映"选项卡→"开始放映幻灯片"组→"从当前幻灯片开始"按钮外,可以按[F5]键,也可以单击图 4-4 中状态栏中的最后一个类似杯子的按钮 。要退出幻灯片放映,可按键盘左上角的[Esc]键或单击右键通过快捷菜单。

2. 母版视图

幻灯片母版是幻灯片基本样式的集合,包括字形、占位符的大小位置、背景设计和配色方案等信息。幻灯片的修改是一对一的修改,针对当前幻灯片有效;而幻灯片母版的修改是

一对多的修改，修改了母版，所有应用了该母版的幻灯片都会相应变动，大大提高了编辑的效率。

备注母版只对幻灯片的备注起作用，制作备注页的公共信息，包括页眉、页脚、日期、页码等信息。

讲义母版包括页眉、页脚、日期、页码等信息设置。只有选讲义打印时，才会以讲义母版的样式打印。

4.2 编辑多媒体演示文稿

4.2.1 输入和编辑文本

与 Word 中输入文本不同的是，在幻灯片中常常可以看见包含"单击此处添加标题""单击此处添加文本"等文字的文本框，这些文本框被称为占位符。将光标定位到占位符中，即可以输入文本。

要在幻灯片占位符以外的区域输入文本，可以借助文本框或自选图形等工具来辅助完成，如图 4-5 所示。

图 4-5 通过文本框和自选图形输入文本

如果文本需要添加项目符号或编号，可先选定文本，然后单击"开始"选项卡→"段落"组→"项目符号"或"编号"。通过该组中的"降低列表级别"或"提高列表级别"调整文本的级别。

4.2.2 插入图形图像

为了让幻灯片中的内容更加丰富，常在幻灯片中插入图片、自选图形、艺术字和 SmartArt 等对象。

1. 插入图片

为幻灯片插入图形图像时，可以通过占位符插入，也可以通过"插入"选项卡→"图像"组→"图片"按钮完成操作，还可以利用"复制"和"粘贴"命令来插入图片。选中插入的图片，通过"图片工具"→"格式"选项卡设置图片格式，如图 4-6 所示。

图 4-6 设置图片格式

（1）调整图片大小　选中图片，当光标变为双向箭头形状时，鼠标左键拖动图片控制点，可粗略设置大小，也可以在"大小"组中精确设置，如图 4-6 中①所示。

（2）裁剪图片　选中图片，单击"大小"组→"裁剪"下拉列表，可以自由裁剪图片、按形状裁剪图片，也可以按纵横比裁剪图片，如图 4-6 中②所示。

（3）设置图片的叠放次序　选中图片，单击"排列"组→"上移一层"或"下移一层"，调整图片叠放次序，如图 4-6 中③所示。

（4）调整图片样式和效果　选中图片，单击"图片样式"组或"调整"组，可以更改图片外观、色彩、明暗度、效果等。PowerPoint 2019 提供了较为丰富的样式，可以根据个人喜好选用，如图 4-6 中④所示。

▶▶ 注　选中图片，单击"调整"组→"颜色"下拉列表→"设置透明色"命令，可以删除图片的纯色。如果要删除图片中简单的渐变色，可以单击"调整"组→"删除背景"，通过调整控制点、添加\删除标记来移除渐变色。

2. 插入艺术字

在幻灯片中通过插入艺术字，可以将普通文本变成效果更为丰富美观的对象。单击"插入"选项卡→"文本"组→"艺术字"按钮，选择个人喜欢的艺术字样式，如图 4-7 所示。

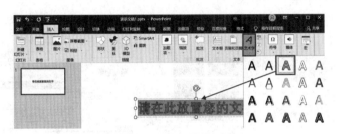

图 4-7　插入艺术字

输入文本完后，可进一步设置艺术字的格式。选中艺术字，单击"绘图工具"→"格式"选项卡，可在"形状样式"组和"艺术字样式"组中设置艺术字的各种效果。

3. 插入形状

PowerPoint 中的形状类型与 Word 类似，但除了 Word 中包括的 8 大类型（包括线条、矩形、基本形状、箭头汇总、公式形状、流程图、星与旗帜、标注）之外，还有动作按钮这一类型，主要实现幻灯片间跳转及超链接功能。

单击"插入"选项卡→"插图"组→"形状"下拉列表中的一个形状（除按钮类型外），鼠标变成十字形后，按住鼠标左键在幻灯片中拖曳出形状。选中形状，在"绘图工具"→"格式"选项卡→"形状样式"组中，设置形状的填充、轮廓、效果。右键单击形状，在弹出的快捷菜单中选择"编辑文字"命令，为形状添加文本，在"艺术字样式"组中，可为文字设置显示效果，如图 4-8 所示。

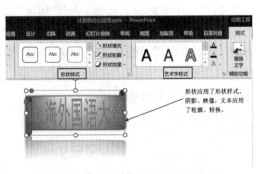

形状应用了形状样式、阴影、映像，文本应用了轮廓、转换。

图 4-8　插入形状并设置格式

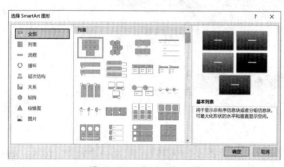
图 4-9　插入动作按钮

"形状"下拉列表中最下面一排形状即动作按钮,有跳转到前进、后退、开始、结束等类型。选择并绘制其中的一个按钮(如前进▷),弹出"操作设置"对话框,如图 4-9 所示,默认情况下,链接到"下一张幻灯片",可以根据需求,链接到其他幻灯片或者其他文件。单击【确定】按钮,设置完毕。在幻灯片放映视图下,单击该按钮,就会跳转到相应的幻灯片或打开相应的文件。

▶▶注　通过给文字、形状等对象插入超链接,亦可实现动作按钮的功能。

4. 插入 SmartArt

SmartArt 图形是信息和观点的视觉表示形式,包括"列表""流程""层次结构""循环"和"关系"等多种布局,从而快速、轻松、有效地传达信息。单击"插入"选项卡→"插图"组→"SmartArt"按钮,弹出"选择 SmartArt 图形"对话框,如图 4-10 所示,根据内容选择需要的图形布局来排版内容,具体操作方法同 Word。

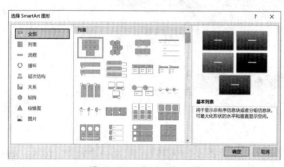

图 4-10　SmartArt 图

图 4-11　插入相册

5. 插入相册

在 PowerPoint 2019 中还可以插入相册对象,它实际上是一个演示文稿,专为承载图片而设计。使用该功能,用户能够快捷地实现批量导入图片。

新建一个空白演示文稿,单击"插入"选项卡→"插图"组→"相册"按钮,弹出如图 4-11 所示的"相册"对话框。单击"文件/磁盘"按钮,从磁盘中选择所需插入的图片。在"相册中的图片"列表中可对图片进行上移、下移、删除及方向、明暗度调整等操作,还可以勾选"所有图片以黑白方式显示"。在"图片版式"中,可以选择每张幻灯片放几张图片。单击【创建】按钮,即可完成相册的创建。

4.2.3　插入音视频文件

1. 插入视频

在演示过程中,不仅需要文字和图片,有时也需要动态的视频来增强视觉效果。支持的视频格式较多,包括 avi、mpg、wmv、mp4、mov、swf(Flash 动画)等,可以插入 PC 上的视频文件,也可以联机视频。

单击"插入"选项卡→"媒体"组→"视频"下拉列表→"PC 上的视频"按钮,在幻灯片中插入视频。选中视频,单击"视频工具"→"格式"选项卡,可以设置视频画面的大小和样式等,这与图片的格式调整非常类似。单击"视频工具"→"播放"选项卡,如图 4 - 12 所示,可以设置视频裁剪、淡入淡出、全屏播放、单击时播放(或自动播放)等。

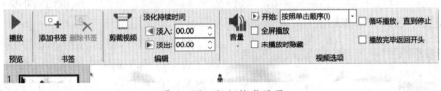

图 4 - 12　视频格式设置

▶▶ 注　PowerPoint 不支持 FLV 视频格式,所以在幻灯片中插入 FLV 视频,必须安装 FLV 插件工具。

2. 插入音频

在演示文稿中,常会配上一些背景音乐来增强画面的感染力和表现力。大多数常用的声音文件都能在 PowerPoint 中正常使用,包括 mp3、mp4、wav、mid、wma、au 和 aiff 等。为幻灯片插入音频文件时,可以插入 PC 上的音频文件,也可以联机音频或录制音频。插入方法同视频。

默认设置下,幻灯片放映时音频需要鼠标单击才能播放,且仅在当前幻灯片中播放。如果需要自动播放且跨越多张幻灯片播放,可如下设置:选中声音图标,在"音频工具"→"播放"选项卡→"音频选项"组中,单击"开始"下拉列表中"自动"命令,勾选"跨幻灯片播放"复选框即可实现,如图 4 - 13 所示。

图 4 - 13　声音播放设置

4.3 美化演示文稿

演示文稿的主题和母版不仅可以快速统一演示文稿的内容、文字格式、形状样式以及幻灯片配色,还能起到影响整个演示文稿风格的作用。

4.3.1 设置演示文稿主题

主题是展现演示文稿风格的主要因素,设置主题时,可通过主题样式、颜色、字体、效果几方面来完成。

1. 使用的演示文稿主题

在 PowerPoint 自带了暗香、跋涉等很多主题和主题颜色,这些主题相当于演示文稿的模板,省去了自己设计模板的麻烦。单击"设计"选项卡→"主题"组的下拉按钮,即可看到系统自带的主题。选择一个主题应用后,所有幻灯片都会立即应用所选主题。

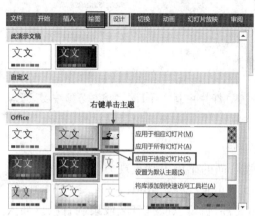

图 4-14 演示文稿主题

默认情况下,鼠标左键单击主题样式后,该样式会应用于所有幻灯片。如果只想应用于当前幻灯片,鼠标右键单击主题样式,在弹出的菜单中选择"应用于选定幻灯片"命令,如图 4-14 所示。

2. 修改主题

演示文稿应用主题后,可根据需要更改主题的配色、字体、效果和背景样式。单击"设计"选项卡→"变体"选项组中的下三角按钮,就可以看到这 4 个命令:颜色、字体、效果和背景样式。

每个主题都有四十几种不同的主题配色可供选择。单击应用一种主题颜色后,如图4-15 所示,幻灯片中的配色会改为该主题的颜色。

除了修改幻灯片颜色之外,也可以更改字体、效果和背景样式,使幻灯片更具特色。如设置幻灯片的背景样式,在图 4-15 中单击"背景样式"→"设置背景格式"命令,界面右侧会打开"设置背景格式"窗格,如图 4-16 所示。可选择纯色、渐变、纹理、图片或图案作为背景。如果所有幻灯片都要更换背景,则只需单击窗格底部的【全部应用】按钮即可。

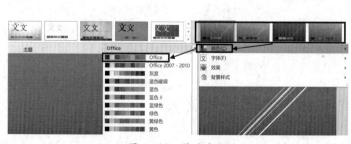

图 4-15 修改主题

图 4-16 背景格式设置

4.3.2　应用母版设计幻灯片

1. 幻灯片母版类型

幻灯片版式是 PowerPoint 中的一种常规排版格式，使文字、图片、图表等媒体对象更加合理高效地完成布局。单击"开始"选项卡→"幻灯片"选项组→"版式"下拉列表，可以看到 12 种内置幻灯片版式：标题幻灯片、标题和内容、节标题、两栏内容、空白等。

单击"视图"选项卡→"母版视图"组→"幻灯片母版"按钮，可进入到幻灯片母版视图编辑界面，如图 4-17 所示。在该幻灯片窗格中有 12 张母版幻灯片，包括了所有幻灯片版式，以方便统一设置各张幻灯片中的文字格式、图片格式以及背景效果等。

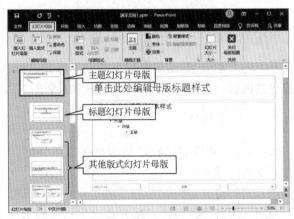

图 4-17　幻灯片母版视图

幻灯片母版主要分为三大类：

（1）主题幻灯片母版　除标题幻灯片母版之外，在主题母版幻灯片中的各种操作将实时应用到其他版式的幻灯片中。

（2）标题幻灯片母版　一般情况下，标题幻灯片的格式与其他幻灯片的格式有所区别。所以，在制作幻灯片母版时，通常会单独设置标题幻灯片母版的格式。

（3）其他版式幻灯片母版　实现个性化版式设计，如在"两栏内容"母版版式中设置格式，此格式将会自动应用到普通视图下的"两栏内容"版式的幻灯片中。

2. 设置幻灯片母版中文本占位符的格式

母版视图中提供了文本、图片、图表、媒体等 10 种占位符（图 4-17 中幻灯片中的虚线框即为占位符）。一般情况下，除了文本占位符格式可在幻灯片母版视图中设置外，其他占位符的格式都是在普通视图中根据实际情况设置的。

在幻灯片母版视图下，只需选中文本占位符，即可设置文本的字体、颜色等各种格式。如需插入新的占位符，单击"幻灯片母版"选项卡→"母版版式"组→"插入占位符"下拉列表中的占位符，当鼠标光标为十字形时，按住鼠标左键直接绘制即可。注意，在主题幻灯片母版中不能插入占位符。

3. 添加幻灯片母版

一个演示文稿中可以设置多套不同风格的母版，使不同的内容间有所区分。单击"幻灯片母版"选项卡→"编辑母版"组→"插入幻灯片母版"命令，在第 1 套母版下面会插入第 2 套新母版。

为第 2 套新母版设置区别于第 1 套的格式后,单击"幻灯片母版"选项卡→"关闭母版视图"按钮,会自动切回到普通视图。此时,所有幻灯片应用的都是第 1 套母版的设置和效果。可以在"设计"选项卡→"主题"组下拉列表→"此演示文档"栏中查看母版视图里设置好的两套母版。如果希望其中部分幻灯片应用第 2 套母版的效果,首先选中相应幻灯片,用鼠标右键单击"此演示文档"栏中的第 2 套母版,在弹出的快捷菜单中选择"应用于选定幻灯片"命令,选中的幻灯片会立即应用第 2 套母版。用这种方法可以在一个演示文稿中轻松地实现不同的幻灯片风格。

4.4 演示文稿的动画效果

为了创建更加活泼有趣的互动效果,给观众留下深刻的印象,可以为演示文稿设置动画效果。常见的动画效果包括两种:幻灯片之间的切换动画效果和幻灯片中对象的动画效果。

4.4.1 为幻灯片添加切换动画效果

PowerPoint 2019 中的幻灯片切换效果较以前版本丰富了许多,3D 动态效果也非常生动、逼真,增强了幻灯片间的转场效果。

选中需要添加切换效果的幻灯片,单击"切换"选项卡→"切换到此幻灯片"组下拉按钮中的一种切换效果即可应用。幻灯片的每种切换方式都包括多种切换方向,在"切换到此幻灯片"组→"效果选项"下拉列表中,可更改,如图 4-18 所示。为了使幻灯片切换时更有意境,可在切换时配上音效。演示文稿中预设了爆炸、抽气、打字机等多种声音,用户可根据幻灯片的内容选择适当的声音。如果所有的幻灯片都要应用设置好的效果,可单击"全部应用"按钮。

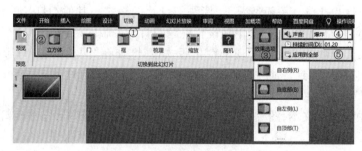

图 4-18 幻灯片切换效果设置

4.4.2 为幻灯片对象添加动画效果

为使画面更具动感,可以为幻灯片中的各对象添加不同的动画效果:进入动画、强调动画、退出动画、触发器控制、动作路径动画。

1. 设置对象进入、强调、退出、动作路径动画

单击"动画"选项卡→"动画"组下拉按钮,可以看到多种动画效果,如图 4-19 所示。单

击其中的"更多进入动画""更多强调动画""更多退出动画""其他动作路径"命令,会罗列出更多的动画效果。用户也可以单击"自定义路径"命令,自己绘制动画路径效果。

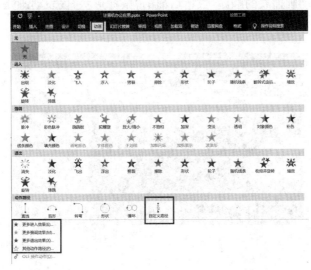

图 4-19　动画效果

当然,为了使幻灯片中的动画起到画龙点睛的效果,并不是随便添加些动画效果就可以实现的,必须搞明白各种动画的原理。

(1)对象进入动画　对象从无到有,即幻灯片放映时,还没有这个对象,然后利用一种进入动画效果让对象进来。当幻灯片中的内容需要一条一条呈现时,这种动画效果用得比较多。

(2)对象强调动画　从幻灯片放映时开始,对象始终在幻灯片中,它会按照设定的动画动一下,起到强调、吸引观众的目的。所以一般对幻灯片中最重要的文字设置这种效果。

(3)对象退出动画　对象从有到无。幻灯片放映时,对象就会按照指定的退出方式从幻灯片中消失。所以利用这一特性,在同一张幻灯片中可以实现多个内容的连续播放。如给前边的对象设置退出动画,再给新的对象设置进入动画,无需新建幻灯片。

(4)对象动作路径动画　动作路径用于定义动画运动的路线及方向,让对象沿着事先设定好的路径运动。除了应用预设好的路径之外,也可以选择"动作路径"栏→"自定义路径"命令。当鼠标呈十字形时,可在幻灯片上自行绘制对象的动作路径,双击鼠标左键即可结束动作路径的绘制。每条路径都有起点和终点,对象从起始点向终点移动。由于路径线可以随意绘制,因此路径动画能做出很多有创意的动画效果,如落叶随机飘落、一闪而过的流星、各种运动等。

选中应用好动画的对象,单击"动画"组→"效果选项"下拉列表,可以更改每个动画效果的默认属性。如"飞入"动画效果,默认是"自底部"飞入窗口,通过"效果选项"下拉列表,可以更改飞入方向,如图 4-20 中①所示。

如果一个对象需要添加两次动画,添加第二次动画时就不能再选择"动画"组下拉按钮中的动画了,因为会覆盖第一次添加的动画。需单击"高级动画"组→"添加动画"下拉按钮来添加第二次动画,如图 4-20 中②所示。

为了能清晰地看到所有添加的动画,经常需要打开"高级动画"组→"动画窗格",窗口右侧会出现"动画窗格"任务面板,设置好的对象动画都会显示在此处,如图4-20中③所示。数字"1""2""3"代表动画播放的顺序,数字后面的"鼠标形状"代表动画是通过鼠标单击来触发播放的。

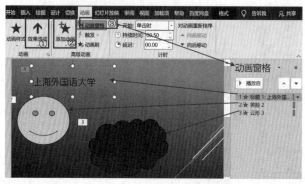

图4-20 给对象添加动画

2. 调整对象动画的播放时间

为幻灯片中各对象添加动画效果后,往往还需要为对象动画设置播放形式、播放时间等效果,否则在放映演示文稿时,动画会显得杂乱无章。默认情况下,"计时"组→"开始"选项中的值是"单击时",如图4-20所示,即对象的动画都是用鼠标单击或键盘控制开始的。若希望对象动画自动播放,免除单击的麻烦,可以将"开始"选项中的值设置为"与上一动画同时"或"上一动画之后"。

(1)与上一动画同时　与上一个对象的动画同时开始播放。

(2)上一动画之后　上一个对象动画播放完之后,立即自动开始播放这个对象的动画。在任务窗格中,对象名称前会有一个时钟形状。

若希望个性化设置每个对象动画的开始播放时间、结束时间、运行时间,可以按住鼠标左键直接拖拉"动画窗格"任务面板中的高级日程表,即拖拉图4-21中条形图。实现的动画效果是:在幻灯片放映视图下,鼠标单击幻灯片,触发对象"标题1";当对象"标题1"运行到0.7s时,对象"笑脸2"开始自动运行;当对象"笑脸2"运行到1.3s时,对象"云形3"开始自动运行;当对象"云形3"运行结束后,对象"太阳形4"开始运行直至结束。具体参数设置见表4-1。

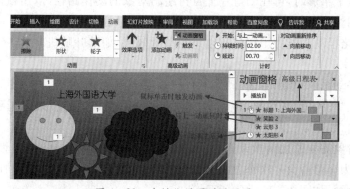

图4-21 个性化设置动画效果

表4-1 高级日程表中动画参数设置

动画对象	开始选项	开始时间/s	结束时间/s	运行时间/s
标题1	单击时	0	2	2
笑脸2	与上一动画同时	0.7	2.7	2
云形3	与上一动画同时	1.3	3.3	2
太阳形4	上一动画之后	3.3	5.3	2

通过设置"开始"选项中的参数和拖曳动画日程,可以制作出各种丰富的类似于Flash的动画效果。

▶▶ 注 有时对象的动画需要重复执行,可以通过以下设置实现:在动画窗格中,鼠标右键单击该对象,在弹出的快捷菜单中选择"计时",打开对话框,"重复"选项中可以设置重复的次数。

3. 触发器控制动画

触发器可以控制幻灯片中的对象动画,制作出带有交互效果的幻灯片动画。所谓交互,是指放映时根据需要来触发对象,像超链接一样单击哪个,便激发出相应的动画。触发器可以是幻灯片中的文本框、图片、各种形状图形,用于启动对象动画。带有触发器的幻灯片动画通常用在抽奖、答题、产品展示、培训等互动性强的演示文稿中。

案例1 实现答题的互动效果。当用户单击正确答案,显示"答对了";当用户单击错误答案,显示"答错了"。最后制作结果如图4-22所示。

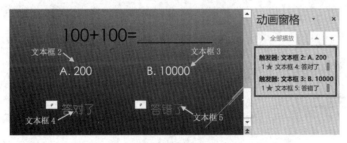

图4-22 触发器使用案例

① 布置好界面:输入题目、选项和判断结果,如图4-22(a)所示。

② 给判断结果"答对了""答错了"设置动画,如"飞入"效果。

③ 选中"答对了"(即文本框4),单击"动画"选项卡→"高级动画"组→"触发"下拉列表→"单击"→"文本框2"命令。同样操作,设置"答错了"的触发动作。

④ 切换到放映视图,可以预览效果。单击"B. 10000",飞入"答错了";单击"A. 200",飞入"答对了"。

▶▶ 注 默认情况下,"触发"按钮是没有激活的,所以首先要为被触发对象添加动画效果(如上例中为"答对了"添加"飞入"),才能设置触发对象。

4. 添加超链接

超链接是一个对象跳转到另一对象的快捷途径。为对象添加超链接或动作,可以实现对象间的交互。设置超链接和动作的对象可以是文本、图形或图片,也可以是表格或图示等。

在幻灯片中,首先选中要设置超链接的对象,单击"插入"选项卡→"链接"组→"超链接"按钮(也可以在右键菜单中选择),弹出如图 4-23 所示对话框。在对话框的左侧有 4 个链接目标分类:原有文件或网页、本文档中的位置、新建文档和电子邮件地址。用户也可以直接在"地址"框中输入外部网址。

(1) 原有文件或网页　链接的是外部文件。只要是计算机中的文件,都能和幻灯片中的对象进行超链接,所以当有些图片、文档或是可执行程序文件不方便插入到幻灯片中时,就可以考虑使用超链接的方法来操作。

(2) 本文档中的位置　链接到本演示文稿中的其他幻灯片,实现幻灯片间自如地跳转。

(3) 新建文档　超链接到新创建的文档。

(4) 电子邮件地址　超链接到电子邮箱地址。

如果设置超链接的对象是文字,设置好后,文字会变成主题预先设定好的颜色,并出现下划线。选择"设计"选项卡→"变体"组下拉按钮→"颜色"→"自定义颜色"命令,打开"新建主题颜色"对话框,如图 4-24 所示。在这个对话框中可以更改主题的配色方案,包括超链接的颜色。

图 4-23　插入超链接

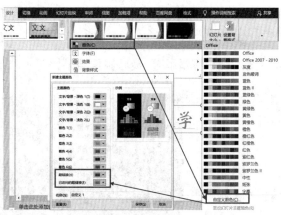

图 4-24　超链接颜色更改

4.5　演示文稿的放映设置

优秀的演示文稿加上完美的放映,才能算是一个成功的演示文稿。在幻灯片放映时,可以设置自定义放映、排练计时、放映时独享备注等。

4.5.1　自定义幻灯片放映设置

要在演示文稿中指定放映某些幻灯片,只需设置"自定义幻灯片"就可轻松实现。选择

"幻灯片放映"选项卡→"开始放映幻灯片"组→"自定义幻灯片放映"下拉列表→"自定义放映"命令,打开"自定义放映"对话框。单击右上角的"新建"按钮,打开"定义自定义放映"对话框,如图 4-25 所示,对话框上方的名称栏中可以定义放映名称。左侧列表中罗列了所有演示文稿幻灯片,若希望只放映指定的幻灯片,就选中标题前面的复选框,单击中间的【添加】按钮,添加到右侧框中即可。最右侧的上下箭头可以调整幻灯片播放的顺序。单击【确定】按钮,返回到"自定义放映"对话框,单击"放映"按钮就可以放映刚添加好的幻灯片了。下次需要再次放映时,在"自定义幻灯片放映"下拉列表中放映名称即可。

图 4-25　设置自定义幻灯片放映

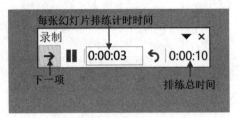
图 4-26　排练计时框

4.5.2　排练计时设置

在创建自运行演示文稿时,排练计时功能是一个理想的选择。使用排练计时功能手动换片,记录演示每个幻灯片所需的时间,然后真正放映时使用记录的时间自动播放幻灯片。

单击"幻灯片放映"选项卡→"设置"组→"排练计时"按钮,演示文稿立即变成放映状态,在幻灯片左上角会出现时间栏,且开始对演示文稿计时,如图 4-26 所示。时间栏中有两个时间,左侧是这张幻灯片排练的时间,右侧是所有幻灯片排练的总时间。在单击"下一项"按钮换片时,要充分考虑真正演讲时的时间。

当所有幻灯片排练完后,会出现一个提示框,如图 4-27 所示,显示了放映幻灯片的总时间,并询问是否要保留这个排练计时。若单击【是】按钮,排练的时间就会被记录下来,并自动切换到"幻灯片浏览"视图,此时每张幻灯片的左下角都会显示排练的时间。至此,幻灯片可根据刚排练的时间自动放映了。若单击【否】按钮,代表取消刚才做的排练计时。

如果希望修改某张幻灯片的排练计时时间,可以在"切换"选项卡→"计时"组→"设置自动换片时间"中修改。

如果希望恢复到最初的手动切换幻灯片,单击"幻灯片放映"选项卡→"设置"组→"设置幻灯片放映"按钮,打开"设置幻灯片放映"对话框,如图 4-28 所示,在"换片方式"栏中,选择"手动"单选按钮即可。

如果不仅要实现排练计时功能,还想录制旁白和激光笔,那么单击"幻灯片放映"选项卡→"设置"组→"录制幻灯片演示"下拉列表→"从头开始录制"命令,在弹出的"录制幻灯片演示"对话框中单击"开始录制"按钮,就会进入到跟排练计时一样的界面。单击鼠标右键,在弹出的快捷菜单中选择"激光指针",边录制声音边用"激光指针"划出讲解重点。如果要继续讲解下一张幻灯片,单击图 4-26 中的"下一项"按钮,想要结束录制,则单击图 4-26 中的"×"符号。结束录制后,幻灯片右下角就会出现声音图标。放映幻灯片时就会看到类似录屏的效果,不仅有声音,还有激光指针的移动。

图 4-27　是否保留幻灯片计时　　　　　　　图 4-28　更改换片方式

4.5.3　放映时独享备注的设置

在幻灯片普通视图下,窗口下方处是备注窗格,如图4-1中工作界面,演讲者可以将幻灯片的重要注释写在此处,以便放映幻灯片时查看。但往往这些备注信息是不让观众看到的,要求演讲者显示器上同时显示幻灯片及其备注,而观众看到的投影仪或其他外部连接的显示器屏幕上只显示幻灯片。此功能可以通过设置演讲者独享备注来实现。

在 Windows 桌面空白处单击鼠标右键→选择"屏幕分辨率",打开"屏幕分辨率"对话框,如图4-29所示。首先在"多显示器"选项中选择"扩展这些显示器",这个操作可以让投影大屏幕成为演讲者电脑显示的扩展。然后,确保对话框上方的两个显示器处于激活状态,标号为"1"的显示器是演讲者电脑显示器,标号"2"的显示器是通用非即插即用监视器即投影大屏幕。单击【确定】按钮后,若 Windows 和投影仪的状态都是正常的,此时连接电脑的投影仪只会显示电脑的桌面背景。

▶▶ 注　不同的 Windows 系统,右键选择的命令有可能会不一样,用户只要调出显示器设置对话框即可。

接着,回到 PowerPoint 窗口界面,找到"幻灯片放映"选项卡→"监视器"组,在监视器选项中选择"自动"或"监视器2",并选中"使用演示者视图"复选框,如图4-30所示。

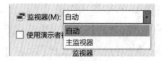

图 4-29　"屏幕分辨率"对话框　　　　　　图 4-30　监视器设置

现在可以直接放映幻灯片了。此时可以看到不再显示全屏放映，而是进入演讲者视图，如图 4-31 所示，左侧是幻灯片放映的监视画面即投影仪上播放的画面（观众看到的），右侧则是幻灯片内的备注文字信息，即演讲者独享备注内容。

图 4-31 下方还有一排幻灯片的缩略图，有幻灯片切换按钮、绘图笔功能等，可以选择激光笔或荧光笔在幻灯片中勾画突出重点或添加标注。

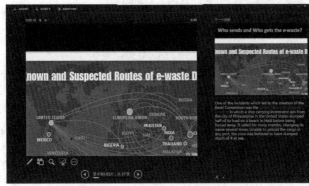

图 4-31　演讲者视图　　　　　　　　　图 4-32　演示文档打包

4.5.4　演示文稿打包

若制作完成的演示文稿中包含了特殊字体和链接的文件，在其他计算机中播放这个演示文稿时，可能会出现字体显示不正常、链接的文件打不开的情况。为了解决这些问题，PowerPoint 提供了演示文稿打包功能，可以将字体、链接文件跟演示文稿一起打包成一个文件夹。

选择"文件"选项卡→"导出"→"将演示文稿打包成 CD"命令→"打包成 CD"按钮，打开"打包成 CD"对话框，如图 4-32 所示。

（1）单击"选项"按钮，在"选项"对话框中勾选"链接的文件"和"嵌入的 True Type 字体"选项，可以将链接到这个演示文稿的所有目标文件和特殊字体全部复制到这个包中。在此处也可设置密码。

（2）单击"复制到文件夹"按钮，在"复制到文件夹"对话框中，设置好文件夹名称和存储路径，单击【确定】按钮，即可完成演示文稿打包操作。

打开打包好的文件夹，可以看到 PowerPoint 演示文稿文档和该文档中链接的所有文件（如声音、视频、文档等）。

Excel 电子表格处理

Excel 是微软公司的办公软件 Office 系列组件之一，是一款专用于数据计算、统计分析的软件。它可以进行各种数据的处理、统计分析和辅助决策操作，广泛地应用于管理、统计、财经、金融等众多领域，为用户在日常办公中从事一般的数据统计和分析提供了简易快捷的平台。本章以 Excel 2019 为平台，介绍 Excel 的基础知识和基本功能，以及运用公式及函数进行数据统计分析、图表制作，和诸如排序、筛选、汇总等各种数据管理操作。

5.1 Excel 2019 基本操作

5.1.1　Excel 2019 的窗口组成

启动 Excel 后，进入如图 5-1 所示的工作窗口，该窗口主要包含快速访问工具栏、各选项卡、功能区、工作区等。

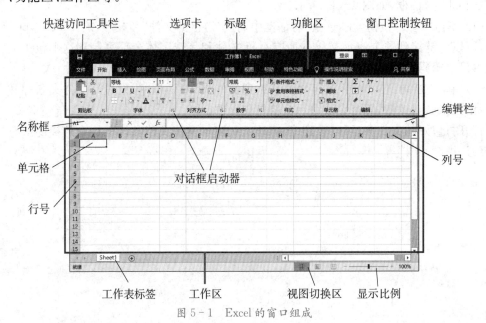

图 5-1　Excel 的窗口组成

5.1.2　Excel 2019 新功能

Excel 2019 中,最容易用到以下功能。

1. 图表更加多样化

(1) 漏斗图　以往需要对条形图设置特别的公式,才能呈现左右对称的漏斗状。而在 Excel 2019 中,只需要选中已输入好的数值,单击"插入"选项卡→"图表"组→"漏斗图",就能一键生成漏斗图了,如图 5-2 所示。

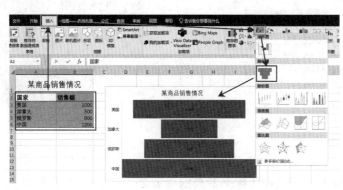

图 5-2　漏斗图

(2) Bing Maps　前版本需要从加载项中加载。2019 版直接显示在功能组中,使用非常方便。鼠标选中空单元格,依序单击"插入"选项卡→"加载项"组→"Bing Maps",开始加载地图。接着在生成的地图中单击"插入示例数据"命令,会自动生成数据区域,用自己的数据替换此数据区域的内容,如图 5-3 所示。

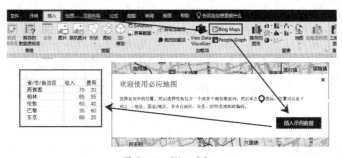

图 5-3　Bing Maps

(3) People Graph　同 Bing Maps 一样,也直接显示在功能组中。People Graph 是一种信息图表,跟传统图表相比,省略了坐标轴。鼠标选中空单元格,依序单击"插入"选项卡→"加载项"组→"People Graph",加载信息图表。接着在生成的信息图表的右上角单击数据按钮(▦)。在弹出的面板中,输入图表标题,单击【选择您的数据】按钮,框选数据区域,信息图标创建完成,如图 5-4 所示。

(4) 三维地图　使用地理数据制图,用地图图表创建,数据可视化效果会更理想。选中带有位置信息的数据区域,依序单击"插入"选项卡→"演示"组→"三维地图",进入三维地图界面。单击右下角的缩小按钮,可以看到三维地球。在右侧"图层窗格"中,"高度"选择数值型字段,"类别"选择位置信息,如图5-5所示。要在地图中看到详细地理位置,可以放大地图,并调整地图位置。

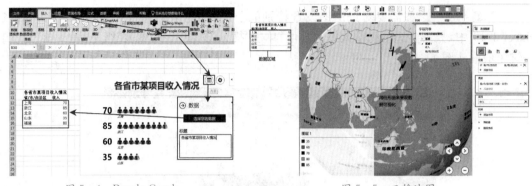

图5-4　People Graph　　　　　　　　　　图5-5　三维地图

2. 多条件函数

Excel函数中,IF肯定是使用频率最高的函数之一。有时候需要设定的条件太多,往往需要层层嵌套。在Excel 2019中,新增了IFS函数,使用便捷许多,如图5-6所示。

图5-6　IFS函数

与IFS函数比较类似的多条件函数,还有MAXIFS函数(区域内满足所有条件的最大值)和MINIFS函数(区域内满足所有条件的最小值)。此外,还新增了文本连接的Concat函数和TextJoin函数。

5.1.3　工作簿的基本操作

工作簿就是一个Excel文件,扩展名为.xlsx,其中包含1~255个工作表,就像是一个文件夹,把相关的表格、图表等存放在一起,便于处理。

(1)新建工作簿　单击"文件"选项卡→"新建"命令,在右侧选择新建一个空白工作簿(也可以用快捷键[Ctrl]+[N]快速创建空白工作簿),或者是基于模板工作簿新建,如图5-7所示,右侧显示的是各模板的预览效果,还可以在上方的文本框中直接搜索相关主题的模板。因为是联机模板，所以单击某一模板后，需要先下载才能创建基于该模板的工作簿。Office online 上有非常多的联机模板，可以满足用户各类需求。

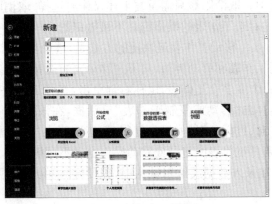

图 5-7 新建工作簿

（2）打开工作簿 当启动 Excel 时左边会列出最近使用的工作簿，或者单击"文件"选项卡→"打开"→"最近使用工作"命令，在右侧也会列出最近使用过的工作簿，可直接点击打开。单击"文件"选项卡→"打开"→"计算机"命令，可浏览并打开电脑上任何位置的 Excel 工作簿。

（3）保存工作簿 有若干种方法快速保存工作簿：单击"文件"选项卡→"保存"命令；单击"快速访问工具栏"中的"保存"按钮；按快捷键[Ctrl]+[S]。单击"文件"选项卡→"另存为"命令将不改变原工作簿文件，而将修改过的内容另存为新的工作簿文件。

5.1.4 工作表的基本操作

工作表就是一个大容量表格，由 2^{20} 行和 2^{14} 列组成，其中行号用数字 1、2、⋯、1048576 编号，列标用字母 A、B、⋯、XFD 编号。工作表中行列交叉的每个格子称为单元格，是 Excel 中存储数据的最小单位，在一个工作表中具有唯一的名称，即列标+行号，如 C6。

（1）选择工作表 一般新建的 Excel 空白工作簿默认有一个工作表，命名为 Sheet1。事实上，单击"文件"选项卡→"选项"命令，在弹出的"Excel 选项"对话框中，单击"常规"→"新建工作簿时"栏，可以将"包含的工作表数"更改为 1～255 之间的任何数值。

如果选择单个工作表，只需单击该工作表的标签即可；如果要选中相邻的一组工作表，按住[Shift]键同时单击起始和结束工作表标签；如果要选中不连续的若干个工作表，按住[Ctrl]键同时单击要选择的工作表标签。

（2）插入/重命名/删除/隐藏工作表 插入新工作表最快捷的方法是单击工作表标签右侧的新建工作表按钮 ⊕ 。添加的新工作表位于右侧，且默认以"Sheet"加数字命名。

如果要重命名工作表，直接双击工作表标签修改即可。也可以在工作表标签上鼠标右击弹出快捷菜单中选择"重命名"命令。

如果要删除工作表，先选中一个或多个工作表，鼠标右键单击，在弹出的快捷菜单中选择"删除"命令。插入和删除工作表也可以单击"开始"选项卡→"单元格"组→"插入"或"删除"下拉列表→"插入工作表"或"删除工作表"。

隐藏工作表也有两种方式：一是在目标工作表标签上右键，在弹出快捷菜单中选择"隐藏"命令；二是单击"开始"选项卡→"单元格"组→"格式"下拉列表→"隐藏和取消隐藏"级联菜单→"隐藏工作表"选项。取消隐藏只需重复上述操作时选择"取消隐藏"命令即可。

值得注意的是，上述对于工作表的操作都是不可撤销的。

（3）移动/复制工作表　移动工作表最快捷的方法是，选中目标工作表，然后直接拖曳到需要的位置即可。复制工作表和移动类似，只不过移动同时要按住[Ctrl]键。还有一种利用快捷菜单的方法：选中一个或多个工作表，鼠标右键单击，在弹出的快捷菜单中选择"移动或复制工作表"命令，就会弹出"移动或复制工作表"对话框，在该对话框中可以选择选定的工作表要移至的目标工作簿、目标位置，如果是复制，则还需要在"建立副本"复选框上打钩，如果仅仅是移动，则不需要。工作表的复制或移动操作也是不可撤销的。

（4）选取单元格　在录入数据或编辑数据前，先要定位单元格，所以单元格的选取是各种操作的基础。

一般状态下鼠标光标呈现✛形状，单击鼠标左键选中一个单元格；按住鼠标左键拖曳则选取连续的一片单元格区域。如果要选定的区域较大，可以先单击这个区域左上角的第一个单元格，然后按住[Shift]键单击右下角最后一个单元格即可选中该区域；如果要选取不连续的多个单元格或单元格区域，则需要在单击或拖曳时同时按住[Ctrl]键。选定整行或整列可单击该行或该列所在的行号或列标。

（5）窗口拆分/冻结　窗口拆分就是把当前工作界面拆分成若干个窗格，每个窗格的内容是一样的，包含水平和垂直滚动条，这样可以在不同的窗格中浏览同一个工作表的不同区域，尤其对于庞大的工作表而言，拆分窗口在对比数据时明显提高工作效率。

具体拆分方法如下：选择欲拆分工作表中的某个单元格，单击"视图"选项卡→"窗口"组→"拆分"按钮，即在该单元格上方及左侧加两条分割线将窗口拆分成 4 个窗格，如图 5-8 所示。

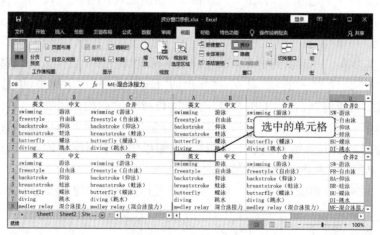

图 5-8　拆分窗口后的界面

仅将窗口在水平或垂直方向上拆分，则选中整行或整列而不是某个单元格，水平拆分选中行，垂直拆分则选定列。鼠标移近分割线时，光标会变为两个箭头，此时移动水平或垂直分割线可直接调整窗口拆分的位置。

要取消分割线，鼠标双击分割线即可，如果同时取消水平和垂直分割线，双击水平和垂直分割线交叉点即可。还可以再次单击"视图"选项卡→"窗口"组→"拆分"按钮，快速取消窗口拆分。

当打开一张数据较多的工作表时，用户常常希望将数据表的标题保存在屏幕中。数据随滚动条滚动时，就可以使数据和标题随时对应，方便查看，这种情况下，冻结窗口就是最好的选择。如图 5-9 所示，查看学生成绩时，如果希望行标题和学生姓名列始终保持在窗口中，不随滚动条滚动，冻结窗口方法如下：

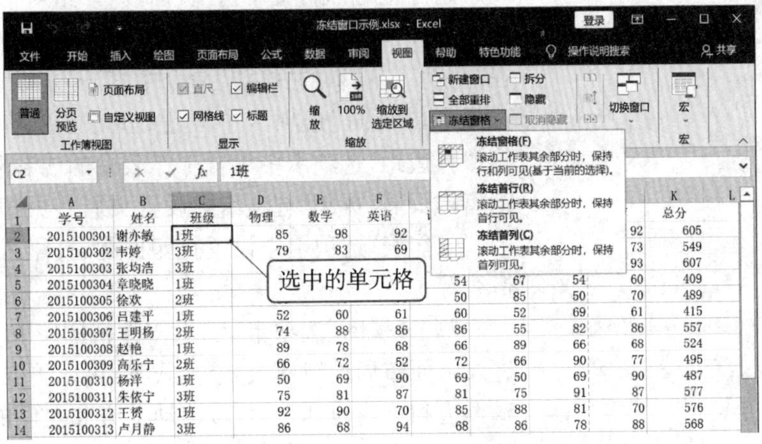

图 5-9　冻结窗口示例

选择该工作表中要冻结的单元格，该例中选择 C2 单元格，然后单击"视图"选项卡→"窗口"组→"冻结窗格"下拉列表中→"冻结拆分窗格"，就冻结了其上方若干行和其左侧若干列，如该例中就冻结了第一行和 A、B 两列。在下拉列表中，选择"冻结首行""冻结首列"可冻结首行或首列，使得其不随滚动条滚动。

要取消冻结，单击"视图"选项卡→"窗口"组→"冻结窗格"下拉列表→"取消冻结窗格"即可。

（6）工作表/工作簿保护　保护工作表是为了防止修改工作表中的数据，具体操作如下：单击"审阅"选项卡→"更改"组→"保护工作表"按钮，打开如图 5-10 所示的"保护工作表"对话框。在"允许此工作表的所有用户进行"列表框中勾选设置，使得某些功能在保护工作表之后仍可使用。在"取消工作表保护时使用的密码"文本框处输入密码，然后单击【确定】按钮完成。工作表保护之后，Excel 会拒绝用户在允许范围之外的操作。

如果要取消工作表的保护状态，单击"审阅"选项卡→"更改"组→"撤销工作表保护"按钮，如果设置过密码，取消的时候要输入正确的密码才能生效。

保护工作簿是为了防止对工作簿结构的修改，具体操作如下：单击"审阅"选项卡→"更改"组→"保护工作簿"按钮，弹出"保护结构和窗口"对话框。选中"结构"复选框，可以防止对工作簿的结构修改，包括删除、移动、隐藏，也不能插入新工作表；选中"窗口"复选框，则工作簿的窗

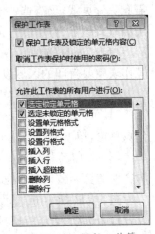

图 5-10　保护工作簿

口不能移动、缩放、隐藏、取消和关闭;在"密码"文本框中输入密码可以防止其他用户取消工作簿保护。取消工作簿保护的方法与取消工作表保护相同。

5.1.5 页面设置和打印

（1）页面设置 Excel 提供的页面设置功能可以对工作表的各种打印设置,以及页边距、页眉页脚等进行设置。在"页面布局"选项卡→"页面设置"组中,有"页边距""纸张方向""纸张大小""打印区域"等常用的页面设置按钮。

图 5-11 页面设置对话框

用户也可以直接单击"页面设置"组对话框启动器,打开如图 5-11 所示的"页面设置"对话框(此对话框还可以在"文件"选项卡的"打印"命令中打开)。该对话框有 4 个选项卡,"页面"选项卡中设置打印方向、缩放、纸张大小等;"页边距"选项卡中设置工作表中的内容和纸张外围的距离;"页眉/页脚"选项卡中设置页眉和页脚的内容、格式等;"工作表"选项卡中设置打印标题、打印区域、是否有网格线等。

单击"视图"选项卡→"工作簿视图"组→"页面布局"进入页面布局编辑模式,该模式下,可以更快捷、便利地编辑页边和页眉、页脚。直接拖动上方和左侧的标尺可以调整上下左右页边距;单击可添加页眉和页脚,直接以左、中、右 3 块位置自定义编辑其中的内容。取消页面布局编辑模式,在"视图"选项卡中选择"普通"即可。

（2）分页 当工作表内容较多时,Excel 会根据纸张大小、页边距等自动分页,在行、列之间加上分页线,以虚线显示。当然,也可以人工手动分页,通过插入分页符实现。首先选中要分页的单元格,单击"页面布局"选项卡→"页面设置"组→"分隔符"下拉列表→"插入分页符",就会在选定单元格的上方和左侧各加一条分页线,人工添加的分页线以实线显示。如需删除分页线,仍需选中该单元格,单击"分隔符"下拉列表→"删除分页符"即可。无论是手工插入或删除分页线后,自动分页线的位置将自动调整。

单击"视图"选项卡→"分页预览"进入分页预览视图模式,如图 5-12 所示。该模式下,工作表中要打印的区域以白色显示,不需要打印的区域以灰色显示;以蓝色线表示分页线;每一页中标出"第 1 页""第 2 页"字样表示打印的次序。当鼠标指针指向分页线,且变为双向箭头时,可以拖曳来移动分页线位置,移动后的自动分页线就变为人工分页线了。如要取消分页预览,单击"视图"选项卡→"普通"即可。

（3）打印预览与打印 完成页面设置后,首先要确定打印区域,然后使用打印预览来查看文件的打印效果是否符合预期。

图 5-11 所示的"页面设置"对话框里就有"打印""打印预览""选项"按钮,单击打开分别设置打印选项、查看打印预览效果、设置打印机属性。

单击"文件"选项卡→"打印"命令,同样打开打印设置界面,如图 5-13 所示。左边是设置打印选项,包括打印机选择和打印范围、页数、打印方向、纸张、边距、缩放的设置。Excel 会自动选择有数据区域的最大行或列作为打印区域,但如果只打印其中一部分数据,可以将

▲	A	B	C	D	E	F	G	H	I	J
3	148554	香瓜	XB-5	安徽	¥ 2.90	2002年6月30日	4080	¥ 11,832.00	4085	¥ 11,846.50
4	148923	菜瓜	XB-4	安徽	¥ 1.60	2002年7月9日	6050	¥ 9,680.00	6052	¥ 9,683.20
5	114922	焦柑	YB-2	福建	¥ 2.56	2003年1月2日	1220	¥ 3,123.20	1209	¥ 3,095.04
6	119800	焦柑	YB-4	福建	¥ 2.30	2003年2月8日	1560	¥ 3,588.00	1508	¥ 3,468.40
7	123494	甘棠	HB-3	福建	¥ 1.60	2003年3月9日	1420	¥ 2,272.00	1425	¥ 2,280.00
8	123942	甘棠	HB-4	福建	¥ 1.45	2003年3月4日	1300	¥ 1,885.00	1306	¥ 1,893.70
9	112980	芦柑	PB-3	福建	¥ 3.51	2002年11月9日	2800	¥ 9,828.00	2803	¥ 9,838.53
10	118332	芦柑	PB-2	福建	¥ 3.21	2002年10月21日	2600	¥ 8,346.00	2608	¥ 8,371.68
11	112993	芦柑	PB-4	福建	¥ 3.42	2002年11月30日	2650	¥ 9,063.00	2651	¥ 9,066.42
12	134994	香蕉	PB-7	广东	¥ 3.50	2003年2月8日	2000	¥ 7,000.00	1999	¥ 6,996.50
13	139944	香蕉	PB-0	广东	¥ 3.60	2003年2月12日	2970	¥ 10,692.00	2975	¥ 10,710.00
14	120032	柚子	YB-1A	广西	¥ 4.60	2003年2月16日	800	¥ 3,680.00	805	¥ 3,703.00
15	128490	文旦	YB-3D	广西	¥ 3.50	2003年3月6日	650	¥ 2,275.00	652	¥ 2,282.00
16	129933	文旦	YB-4D	广西	¥ 3.05	2003年3月4日	630	¥ 1,921.50	629	¥ 1,918.45
17	134002	菠萝	PB-3	广西	¥ 2.98	2003年4月1日	1030	¥ 3,069.40	1006	¥ 2,997.88
18	139044	菠萝	PB-2	广西	¥ 2.76	2003年4月14日	900	¥ 2,484.00	901	¥ 2,486.76
19	103798	砀山梨	DB-2	山东	¥ 2.50	2002年8月9日	6010	¥ 15,025.00	6009	¥ 15,022.50
20	104892	砀山梨	DB-3	山东	¥ 2.40	2002年7月21日	5790	¥ 13,896.00	5788	¥ 13,891.20
21	105022	莱阳梨	GB-2S	山东	¥ 2.05	2002年9月5日	4060	¥ 8,323.00	4061	¥ 8,325.05
22	108902	雪梨	GB-3D	山东	¥ 2.16	2002年8月23日	3040	¥ 6,566.40	3045	¥ 6,577.20
23	150032	青蕉苹果	GB-3A	山东	¥ 2.40	2002年9月20日	20450	¥ 49,080.00	20451	¥ 49,082.40
24	153332	青蕉苹果	GB-3A	山东	¥ 2.80	2002年9月16日	12560	¥ 35,168.00	12567	¥ 35,187.60
25	153932	红蕉苹果	GB-2D	山东	¥ 2.90	2002年10月3日	25800	¥ 74,820.00	25804	¥ 74,831.60
26	159993	红蕉苹果	GB-3D	山东	¥ 2.78	2002年9月15日	12500	¥ 34,750.00	12509	¥ 34,775.02
27	150322	秦冠苹果	GB-3E	山东	¥ 2.90	2002年10月5日	5600	¥ 16,240.00	5609	¥ 16,266.10
28	158939	红富士苹果	GB-2B	山东	¥ 2.30	2002年9月18日	35060	¥ 80,638.00	35062	¥ 80,642.60
29	156733	红富士苹果	GB-5B	山东	¥ 2.20	2002年10月16日	26540	¥ 58,388.00	26540	¥ 58,388.00
30	152334	国光苹果	GB-G3	山东	¥ 2.05	2002年9月5日	9080	¥ 18,614.00	9091	¥ 18,636.55

图 5-12 分页预览视图

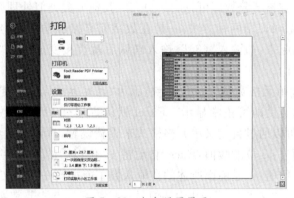

图 5-13 打印设置界面

这部分数据设置成打印区域,再打印。右边是第一页打印预览,下拉右边的滚动条或下方的箭头预览下一页效果。单击"打印机属性"超链接即打开打印机属性设置,和"页面设置"对话框中的"选项"按钮一样。设置结束后单击【打印】按钮即可启动打印工作。

5.2 数据的基本操作

5.2.1 数据类型与输入显示

在 Excel 中,数据是所有后续处理工作的基础,所以如何快速、高效且正确地输入单元格内容,直接关系到工作的效率。

输入数据时,首先单击选中要输入数据的单元格,这时可以双击该单元格或者单击编辑栏,进入编辑状态,输入结束后按回车键或单击"编辑栏"前面的 ✔ 按钮即可,若要取消输入则单击"编辑栏"前面的 ✘ 按钮或是按[Esc]键。注意,当选中要输入数据的单元格时,不双击而直接输入将改写整个单元格内容。

不同的数据类型在 Excel 中处理也不同,常见的数据类型有数值型、文本型、日期型和逻辑型。

1. 文本型数据

由英文字母、汉字、数字、空格及部分符号组成,在单元格中自动左对齐。要输入特殊符号,单击"插入"选项卡→"符号"按钮即可。如果输入的内容全部是数字,Excel 默认作为数值处理,但实际上经常需要把数字作为文本处理,如身份证号、学号等,尤其是当需要保留数字前面的"0"时,就可以在输入数字前加输一个西文字符单引号"'",Excel 就将该组数字作为文本处理,如输入"'0016023",显示成左对齐的以文本形式存储的数字"0016023"。当输入长度超过单元格宽度时,如果右侧单元格没有内容,则延伸显示,若有,则隐藏显示超出部分。

2. 数值型数据

数值型数据由数字、运算符号、小数点、百分号、货币符号等组成,在单元格中自动右对齐。输入分数时,当 1 以内的分数时,应先输入"0"加上空格然后输入分数,如 0　1/2,如果在单元格直接输入 1/2,得到的是 1 月 2 日的显示,即 Excel 将其处理成日期数据,大于 1 的分数就输入整数值+空格+分数即可,如:2　1/3。其他分数类似处理。

Excel 中输入负数可以用两种方法:一是在数字前直接加输"-"号,如输入"-3";二是用一对括号把数字括起来,如输入"(3)",输入确认后就直接变成负数"-3"了,不过该输入方法不能用在公式里面。

当输入长度超过单元格宽度时,可能会显示为"####",尤其是带货币符号的数值,此时调整加宽单元格宽度即可正常显示。Excel 默认将超过 11 位的数值转为科学记数法,如需恢复原有输入,可以通过自定义单元格格式来重新设置,具体设置参考"格式化数据"这一小节。如果输入超过 15 位的数值,Excel 自动将 15 位以后的数值转换为"0",解决的方法是以文本的方式输入数值:一是前面所述的在输入数字前加输一个西文字符单引号"'";二是设置单元格数字格式为"文本"。Excel 中如何显示长数字的方法非常实用,譬如输入身份证号码、银行账户等,就可以使用上述解决方法。

3. 日期型数据

Excel 中内置了很多日期和时间格式,当输入的数据与这些内置的格式相匹配时,Excel 会自动识别并处理成日期或时间,在单元格中自动右对齐。

输入日期型数据的年、月、日之间用"-"或"/"分隔,年可以是 4 位或 2 位,月、日可以是 1 位或 2 位,如输入"2016/8/12"和"16-08-12"效果等同。

输入时间型数据的时、分、秒之间用冒号":"分隔,如要按 12 小时制显示,则需在时间后加输一个空格,再输入"AM""PM"表示上午和下午,如"9:25:30 AM"。

如果要输入日期和时间,中间加输一个空格。可以用快捷键[Ctrl]+[;]输入当天日期,快捷键[Ctrl]+[Shift]+[;]输入当时时间。

4. 逻辑型数据

逻辑型数据只有两个值,分别用 TRUE(真)和 FALSE(假)表示,不区分大小写。输入

TRUE 或 FALSE 时,默认单元格居中对齐。如果要将 TRUE 或 FALSE 作为文本输入,需在其前面加上西文字符单引号"'"。

5.2.2 数据输入实用技巧

当某列需要输入一些相同或相似数据时,Excel 会提供一些快速输入方法,下面重点介绍几种常用的输入技巧。

1. 记忆式输入

当输入的字符与同一列中已输入的内容相匹配时,会自动填写其余字符,此时按[Enter]键,即接受后续提供的字符完成输入,否则直接继续输入其他字符。

2. 选择列表输入

选取单元格后,单击鼠标右键,在快捷菜单中选择"从下拉列表中选择……"命令,或按快捷键[Alt]+[↓]将显示一个输入列表,可以从中选择所需要的输入项。选择列表输入的好处在于一则避免同一数据内容手工输入不一致,二则减少重复输入。

3. 自动填充

输入连续有规律的数据,可以使用"自动填充"的方法。选定单元格右下角有个黑色小方块,称为填充柄,如图 5-14(a)所示。当鼠标指针指向填充柄时,鼠标指针变成黑色十字形,此时按住鼠标左键向上下左右任一方向拖曳,释放鼠标左键后,拖曳过的单元格将自动填充数据。这种自动填充方法可以填充文本、数值、日期和时间。如果初始只选定一个单元格填充,Excel 默认以复制的方式自动填充,如图 5-14(b)所示,结束位置会有填充选项按钮 📷。单击可以选择填充的方式,默认"复制单元格"。"填充序列"是以等差为 1 递增或递减(鼠标拖曳方向为向下或向右时递增、向上或向左时递减)填充。

如果等差值大于 1,输入至少两个单元格数值,Excel 就可以自动判断出等差步长,如图 5-14(c)所示,先输入两个单元格数值 2 和 4,然后选中这两个单元格,向下拖曳填充柄就会自动递增 2。值得注意的是,此时系统只会理解成等差填充而不是等比填充。以文本方式存储的数字自动填充也是按数字的方式处理,如图 5-14(d)所示,第一个单元格输入"'001"(英文单引号后数字转为文本),后续自动填充 002、003……

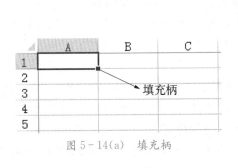

图 5-14(a) 填充柄

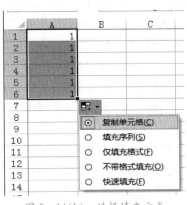

图 5-14(b) 选择填充方式

图 5-14(c) 等差步长   图 5-14(d) 文本按数字处理

事实上,填充的方式远不止此,选择"开始"选项卡→"编辑"组→"填充"按钮,打开如图 5-15 所示"序列"对话框,可以设置具体填充方式,如数值为等差或等比填充、步长。

图 5-15 "序列"对话框   图 5-16 "自定义序列"对话框

非数字文本也可以实现填充,如输入"星期一",会自动填充"星期二""星期三"……,这其实是 Excel 内部预定义的。选择"文件"选项卡→"选项"命令,打开"Excel 选项"对话框,在左侧选择"高级",下拉右侧滚动条直到找到"编辑自定义列表…"按钮,单击打开如图 5-16 所示"自定义序列"对话框,可以查看其中已经定义好的文本序列。如果要添加新序列,选择左侧"新序列",然后在右侧"输入序列"中输入需要添加的序列内容。注意序列项之间要用回车键分隔,最后单击【添加】按钮即可。如添加了序列"唐、宋、元明、清"后,只要输入该序列中的任一个,就会按照这个文字顺序依次自动填充。

4. 快速填充

快速填充能让一些不太复杂的字符串处理工作变得更简单。有了快速填充功能后,自动填充不仅可以复制,可以按照一定的序列规律自动扩展填充,还能实现日期拆分、字符串分列和合并等以前需要借助公式或分列才能实现的功能。

快速填充必须是在数据区域的相邻列内使用,在横向填充当中不起作用,而且需要事先输入一两个单元格内容作为填充的示例。使用快速填充可以用下列方式实现:

方法一:选中填充起始单元格以及需要填充的目标区域,然后在"数据"选项卡上单击

"快速填充"按钮；

　　方法二：选中填充起始单元格，双击或拖曳填充柄填充至目标区域，在填充完成后会在右下角显示填充选项按钮📋，点击按钮，在下拉菜单中选择"快速填充"选项；

　　方法三：在手工输入前面一两个单元格内容之后，Excel 会自动感知这个规律，并自动填充剩余的单元格。这种类似于自动补全的填充以灰色显示，需要按回车键确认输入，确认后单元格右侧会显示快速填充选项按钮📋，单击以选择是否接受 Excel 的自动处理；如果不按回车键确认，这些灰色的后续自动填充仅仅是浮现而已，并不会影响到正常的数据录入。

　　（1）自动拆分　很多时候，需要拆分某些数值，通常通过分列操作，其实快速填充就可以快速实现数值的自动拆分，而且在拆分的同时可以添加固定内容。简单地说，就是在单元格中输入的不是数据列表中某个单元格的完整内容，而只是其中的一部分字符，那么"快速填充"会依据这部分字符在整个字符串当中所处的位置或分隔符的位置，在向下填充的过程中按照规律自动拆分其他同列单元格的字符串，生成相应的填充内容。

　　① 根据字符位置拆分：如图 5-17 所示，B2 单元格输入的内容是 A2 单元格中始于第 3 位字符之后的字符串，则向下快速填充就会按照这个规律填充 B 列其他单元格。快速填充并不总是填写一个单元格即可，有时需要输入更多的示例以便让 Excel 领会用户的意图，如图 5-18 所示，需要先输入前几个单元格内容，再快速填充才可得到正确的内容。

	A	B
1	示例字符串	提取字符串
2	SA8872	8872
3	SA9875	9875
4	SA2399	2399
5	SA9120	9120
6	DH842	842
7	DH663	663
8	DH540	540
9	DH577	577
10	DH842	842
11	LK5422	5422
12	LK6724	6724
13	LK8111	8111
14		

图 5-17

	A	B	I	J
1	身份证号	提取生日	日期	提取"日"
2	320722197612253000	1976-12-25	2016/8/7	7号
3	330327197805140226	1978-05-14	2016/8/10	10号
4	340133198507160332	1985-07-16	2005/5/16	16号
5	320629196809290124	1968-09-29	2011/9/9	9号
6	510376197108234803	1971-08-23	2013/6/22	22号
7	149739198301056020	1983-01-05	2010/12/2	2号
8	356120197906160066	1979-06-16	2003/11/15	15号
9	330342200705210123	2007-05-21	2014/9/14	14号
10	320732200812220122	2008-12-22	2015/8/4	4号
11	218183198205030227	1982-05-03	2006/3/16	16号
12	423544199805031229	1998-05-03	2007/10/23	23号
13	330321200210190113	2002-10-19	2009/1/18	18号
14	330652197102090548	1971-02-09		
15				

图 5-18

　　② 根据分隔符拆分：如果原始数据中包含分隔符，在快速填充的拆分过程中也会智能地根据分隔符的位置，提取其中的相应部分拆分。如图 5-19 所示，输入 B5 单元格后，输入 B6 单元格时，Excel 就自动提示后续向下快速填充的内容，此时按回车键，就完成了快速填充输入。

　　（2）自动合并　如果单元格中输入的内容是相邻数据区域中同一行的多个单元格全部或部分内容所组成的字符串，快速填充也会依照这个规律，合并其他相应单元格来生成填充内容。如图 5-20 所示，C2 单元格当中输入的内容是 A2 单元格与 B2 单元格内容的合并字符串并添加括号，在 C 列向下快速填充时，会自动将 A 列与 B 列的其他内容合并生成相应的填充内容；也可以用 A 列单元格部分内容和其他单元格内容合并，快速填充如图中的 D 列。

	A	B
4	示例字符串	提取字符串
5	SA8*872	872
6	SA*9875	9875
7	SA23*99	99
8	SA*9120	9120
9	DH8*42	42
10	DH6*63	63
11	DH5*40	40
12	DH57*7	7
13	DH8*42	42
14	LK5*422	422
15	LK*6724	6724
16	LK811*1	1

图 5-19　根据分隔符拆分

	A	B	C	D
1	英文	中文	合并	合并2
2	swimming	游泳	swimming（游泳）	SW-游泳
3	freestyle	自由泳	freestyle（自由泳）	FR-自由泳
4	backstroke	仰泳	backstroke（仰泳）	BA-仰泳
5	breaststroke	蛙泳	breaststroke（蛙泳）	BR-蛙泳
6	butterfly	蝶泳	butterfly（蝶泳）	BU-蝶泳
7	diving	跳水	diving（跳水）	DI-跳水
8	medley relay	混合泳接力	medley relay（混合泳接力）	ME-混合泳接力

图 5-20 自动合并

综上所述，快速填充功能可以很方便地实现数据的拆分和合并，在一定程度上可以替代分列功能和进行这种处理的函数公式。但是与函数公式的实现效果有所不同的是，当原始数据区域中的数据发生变化时，填充的结果并不能随之自动更新。

5. 其他输入技巧

Excel 中还有一些配合快捷键快速输入的小技巧：

（1）多个不连续单元格同时输入内容　单击鼠标左键并同时按［Ctrl］键选取多个单元格，然后输入内容结束后同时按［Ctrl］键和回车键。

（2）在多张工作表的同一单元格位置同时输入相同的内容　按［Ctrl］键同时单击下方的工作表名选取多张工作表，然后在某单元格内输入内容结束后同时按［Ctrl］键和回车键。

5.2.3 数据有效性验证

默认情况下，输入单元格的有效数据为任意值，即不做任何验证，而在 Excel 工作表中记录数据时，有时难免会出现录入上的错误，会给后续工作带来相当大的麻烦。为了在输入数据时尽量少出错，可以使用 Excel 的数据有效性验证来设置单元格中允许输入的数据类型或有效数据的取值范围。

案例1　如图 5-21 所示，对编号、类别、金额等设置数据有效性以规范输入。

图 5-21

（1）设置"编号"列只能输入 4 位数字　选中"编号"列下面的单元格（B3 单元格，也可以是整列），单击"数据"选项卡→"数据工具"组→"数据验证"按钮，打开如图 5-22(a)所示的"数据验证"对话框，在"设置"选项卡中设置验证条件："允许"项中选择"文本长度"，"数据"项中选择"等于"，"长度"项中输入 4。

为了提示用户该列的输入信息，可在"输入信息"选项卡中设置提示文字，如图 5-22(b)所示。

在"出错警告"选项卡中设置出错时的后续操作，如图 5-22(c)所示。当选择"停止"，则不允许输入不正确的信息；当选择"警告"，则允许用户选择是否继续输入错误的信息；当选择"信息"，则只是提醒而不会不允许错误输入。一般选择"停止"阻止不符合要求的数据输入。

"输入法模式"选项卡则是用来设置输入数据时的输入法,譬如图 5 - 21 中的"备注"列需要输入中文内容,可以在"输入法模式"选项卡中选择"打开",则会自动切换到中文输入法,如图 5 - 22(d)所示。

图 5 - 22(a) "设置"选项卡

图 5 - 22(b) "输入信息"选项卡

图 5 - 22(c) "出错警告"选项卡

图 5 - 22(d) "输入法模式"选项卡

(2)设置"类别"列为固定选项输入   选中"类别"列下面的单元格(C3 单元格,也可以是整列)在"数据验证"对话框→"设置"选项卡中设置验证条件:"允许"项中选择"序列","来源"项中手工输入序列,内容之间用英文逗号","分隔,如图 5 - 23(a)所示。当然,也可以单击按钮 在工作表的其他单元格选取序列数据。

设置完毕后,单击 C3 单元格,其右侧会出现一个下拉三角,单击可选择其中内容,如图 5 - 23(b)所示。

(a) "类别"列为序列

(b) "类别"列为序列的结果呈现

图 5 - 23 设置"类别"列

（3）设置"金额"列为大于 0 的整数，"日期"列在 2016 年范围内 这里就不再详细叙述了，具体设置参考图 5 - 24。

图 5 - 24(a) "金额"列为大于 0 的整数 图 5 - 24(b) "日期"列在 2016 年范围内

5.2.4 数据编辑

1. 添加批注

工作表中单元格不仅可以输入数据也可以添加批注，相当于给单元格添加注解。选中某单元格，单击鼠标右键，在弹出快捷菜单中选择"插入批注"，即可在打开的批注文本框中输入批注内容。输入结束后，单击工作表中任意单元格，批注文本框就隐藏起来了，此时该单元格的右上方会有一个红色的小三角标记。当鼠标移到该小三角位置时，会看到相应的批注内容。

批注输入结束后默认是隐藏的，如需显示，可以单击鼠标右键，在弹出的快捷菜单选"显示/隐藏批注"设置批注的显示和隐藏；还可以选择"编辑批注"或"删除批注"编辑或删除该单元格上的批注。利用鼠标右键快捷菜单是比较便捷的方法，也可以选择"审阅"选项卡，其中就有关于批注的各种操作的按钮命令。

2. 插入和删除

当选中位某单元格时，选择"开始"选项卡→"单元格"组→"插入"按钮命令，在其下拉列表中选择"插入单元格""整行""整列"或"工作表"。当选择插入单元格时会弹出对话框询问"活动单元格右移""活动单元格下移""整行""整列"，活动单元格指的就是当前选中的单元格。插入整行是指在活动单元格前插入一新行，插入整列则是在活动单元格左侧插入一新列。

删除须先选中要删除的区域，选择"开始"选项卡→"单元格"组→"删除"按钮命令，在其下拉列表中选择删除"单元格""整行""整列"或"工作表"。当选择删除单元格时会弹出对话框询问"右侧单元格左移""下方单元格上移""整行""整列"。删除整行不需要选中整行，会删除所选单元格所在的整行。删除列亦同理。

如果明确要插入或删除整行或整列，选中该行或该列直接操作即可，插入的新行或新列位于所选行之前或所选列之左。无论是插入或删除都可以在选中单元格或行列后单击鼠标右键弹出的快捷菜单中操作。

3. 编辑和清除

编辑单元格内数据前面已有提及，这里不再赘述。

清除单元格和删除单元格不同，清除是指将当前单元格中的内容、格式批注、超链接部分或全部清除,而单元格仍保留。选中要清除的单元格,选择"开始"选项卡→"编辑"组→"清除"按钮命令,在其下拉列表中选择要清除的部分。若按[Delete]键,则仅清除单元格内容。

4. 移动、复制和粘贴

选中要移动的单元格或区域,鼠标移至选中区域边缘,光标呈现十字箭头✥时,单击鼠标左键拖移到目标位置即完成单元格的移动操作,如果目标单元格不是空的,则会提示用户"此处已有数据,是否替换它?"。所以,直接用鼠标拖曳移动实际上是以覆盖的方式替换目标单元格内容。如果移动的同时按[Shift]键,则以插入的方式移动选定单元格;如果移动的同时按[Ctrl]键,则以复制的方式覆盖目标单元格;如果移动的同时按[Ctrl]+[Shift]键,则以插入的方式复制选定单元格。

除了上述拖移鼠标的方法,还可以用以下 3 种方式实现移动或复制:一是选择"开始"选项卡→"剪贴板"组→"剪切""复制""粘贴"按钮;二是在选定单元格上,单击鼠标右键,在弹出快捷菜单中选择剪切、复制、粘贴命令;三是用快捷键[Ctrl]+[X](剪切)和[Ctrl]+[V](粘贴)完成移动操作,快捷键[Ctrl]+[C](复制)和[Ctrl]+[V](粘贴)完成复制粘贴操作。

用鼠标拖移和用组合快捷键方法进行移动或复制时,都会粘贴单元格全部内容,包括内容、格式和批注,但有的时候只需要复制单元格的部分属性,就可以用选择性粘贴命令来实现。复制或剪切单元格后,在目标单元格上鼠标右击弹出快捷菜单,如图 5-25 所示,图中圈出的"粘贴选项"命令下方列出的就是粘贴的各种方式,如"全部""数值""公式""转置"等粘贴选项,这样不必弹出对话框就可以快速选择某种粘贴方式。

图 5-25 选择性粘贴命令

图 5-26 "选择性粘贴"对话框

如果要具体了解选择粘贴命令,还要单击快捷菜单中的"选择性粘贴(S)…"命令打开"选择性粘贴"对话框,如图 5-26 所示。在该对话框中不仅可以设置粘贴方式,还可以在粘贴的同时以加、减、乘、除中某种运算方式和目标单元格相运算得到新的粘贴结果,更可以以行列转置的方式粘贴源单元格内容。

如图 5-27 所示,C1 单元格的数值与 D1 单元格的数值做加法,结果仍放置在 D1 单元格。首先复制 C1 单元格,再选中 D1 单元格。单击鼠标右键,在弹出的菜单中选择"选择性粘贴",出现图 5-26 对话框,"粘贴"选"数值","运算"选"加",单击【确定】按钮后,D1 单元格数值变为 22。

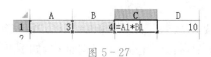

图 5-27

5. 撤销和恢复

误操作后,在 Excel 快速访问工具栏中单击按钮 ↶ ﹀ 撤销前一操作,点击旁边的小三角,在下拉列表中选择撤销若干之前步骤。撤销后也可以单击快速访问工具栏中的 ↷ ﹀ 按钮恢复。

5.2.5 选择和查找

1. 名称定义

为方便引用单元格及区域,有时需要给单元格及区域命名,以便快速找到及定位需要的单元格或区域,提高工作效率。简单地说,名称就是单元格或区域的有意义的简略表示。定义名称一般有 3 种方法:

(1) 选取单元格或区域,选中的单元格可以是一个单元格,也可以是连续或不连续的一组单元格区域(不连续选取时要同时按[Ctrl]键)。

在"名称框"中输入名称并按回车键,完成单元格或区域的命名。

(2) 选中单元格或区域后右击鼠标,在弹出的快捷菜单中选择"定义名称"命令。

(3) 选中单元格或区域后,单击"公式"选项卡→"定义的名称"组→"定义名称"按钮。

要选中已经定义过的名称对应的单元格或区域,可以在名称框的下拉列表中选择,也可以在名称框中直接输入名称并按回车键来选取单元格或区域。以后在公式函数中也可以直接引用定义过的名称,即等同于引用该名称所定义的单元格或区域。

定义好名称后,就不能在名称框中重复定义了,因为再次输入某个名称是选取单元格而不是重新定义名称。要修改和删除已经定义的名称,选择"公式"选项卡→"定义的名称"组→"名称管理器"按钮,在打开的"名称管理器"对话框中新建、编辑和删除名称。

2. 查找/替换与定位

查找和替换功能可以快速找到内容所在单元格并替换。单击"开始"选项卡→"编辑"组→"查找和选择"下拉列表→"替换"命令即打开"查找和替换"对话框(按快捷键[Ctrl]+[F]),如图 5-28 所示,单击"选项"设置查找和搜索的范围以及其他如区分大小写等查找设置。Excel 中的"查找和替换"和 Word 的具体区别不大,这里就不再详述。

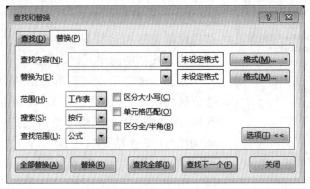

图 5-28 "查找和替换"对话框

因为 Excel 处理各种类型的数据,所以查找也可以用"定位条件"来实现,单击"查找和选择"下拉列表→"定位条件"命令,打开"定位条件"对话框,如图 5-29 所示。在该对话框中可以选择"批注""常量""公式""空值""条件格式"等定位条件,快速查找到需要定位的单元格,而这些查找条件在"查找和替换"对话框中无法准确地表述。

图 5-29　"定位条件"对话框　　　　　图 5-30　"定位"对话框

按快捷键[Ctrl]+[G]可以打开如图 5-30 所示的"定位"对话框,上面列出了所有该工作表中定义过的名称,选择其中一个单击【确认】,即选中该名称所对应的单元格区域;单击下方的【定位条件】按钮也可打开图 5-29 中的"定位条件"对话框。

5.2.6　格式化数据

对工作表数据格式化处理可以使得工作表整体更美观、简洁、排列更整齐,有较好的可视性。

1. 单元格格式设置

单元格格式设置包括数字、对齐、字体、边框、填充和保护 6 方面设置。和 Word 类似,在"开始"选项卡功能区上的"字体""对齐方式""数字"组中分别设置单元格的字体、对齐、数字格式。单击这些组右下角的对话框启动器(或者单击鼠标右键,在弹出快捷菜单中选择"设置单元格格式"命令),会弹出"设置单元格格式"对话框,这里可以设置单元格的 6 方面格式。

(1) 数字　Excel 提供了 11 种数字格式,如图 5-31 所示,对话框左侧显示数字格式分类,右侧显示当前所选择的分类中可用的各种显示格式及示例。在选择左侧某种数字格式后,可以在右侧进一步设置该格式,譬如"数值"分类中可以具体设置小数位数和负数格式等,"货币"分类中可以设置货币符号,"日期"分类中可以设置日期显示类型,等等。

虽然 Excel 中提供了很多的数字格式,但还是有许多用户因为工作、学习方面的特殊要求,需要使用一些 Excel 未提供的数字格式,这可以利用自定义数字格式功能来实现。

在图 5-31 中,单击"分类"中的"自定义",在右侧的"类型"框中,会出现自定义数字格式代码。在定义数字格式代码时,最多可以指定 4 个节,每个节之间用英文的分号分隔,这 4 个节顺序依次是正数、负数、零和文本。如果在表达方式中只指定两个节,则第一部分用于表

图 5-31 "设置单元格格式"对话框

示正数和零,第二部分用于表示负数。如果在表达方式中只指定了一个节,那么所有数字都会使用该格式。如果在表达方式中要跳过某一节,则对该节仅使用分号即可。如"#,##0.00;[Red]-#,##0.00;0.00;"TEXT"@"就是一个 4 个节的格式表达代码,从左到右分别指定了正数、负数、零和文本的格式表达。

自定义格式设置中各代码符号的含义:

① G/通用格式:以常规的数字显示,相当于"分类"列表中的"常规"选项。

② #:数字占位符。只显示有意义的零而不显示无意义的零。小数点后数字如大于"#"的数量,则按"#"的位数四舍五入。例如,当设置自定义格式代码"###.##"时,12.1 显示为 12.10,12.1263 则显示为 12.13。

③ 0:数字占位符。如果单元格的内容大于占位符,则显示实际数字,如果小于占位符的数量,则用 0 补足。例如当设置自定义格式代码"00000"时,1234567 显示为 1234567;123 显示为 00123;而当设置代码"00.000"时,100.14 显示为 100.140,1.1 显示为 01.100。

④ @:文本占位符。只使用单个@,是引用原始文本;要在输入数字数据之后自动添加文本,设置自定义格式为""文本内容"@"。@符号的位置决定了输入的数据相对于添加文本的位置。如果使用多个@,则可以重复文本。例如设置代码""××集团"@"部""时,输入"财务"显示为"××集团财务部"。设置代码"@@@"时,"财务"则显示为"财务财务财务"。

⑤ *:重复下一个字符,直到充满列宽。例如设置代码"@*+"时,输入"ABC"显示为"ABC++++++++++++"。"*"也可以用于仿真密码保护,如设置代码"**;**;*;**",输入"123"则显示为"************"。

⑥ ,:千位分隔符。例如设置代码"#,###"时,12000 显示为 12,000。

⑦ \:用这种格式显示下一个字符。"文本"表示显示双引号里面的文本。"\"表示显示下一个字符,和双引号用途相同都是显示输入的文本,且输入后会自动转变为双引号表达。例如设置代码""人民币"#,##0,,"百万""与"\人民币#,##0,,\百万"时,输入

1234567890 都显示为"人民币 1,235 百万"。

⑧ ?:数字占位符。为小数点两边无意义的零添加空格,以便小数点按列对齐。例如,同一列设置代码为"???.???"时,输入 12.1212 和 3.45 显示为 12.121 和 3.45,且小数点位置是对齐的。如果没设置这一格式,这两数据是右对齐的,即最后一个数字对齐。

⑨ 颜色:用指定的颜色显示字符。共有 8 种文字颜色:红色、黑色、黄色、绿色、白色、蓝色、青色和洋红。例如设置代码"[青色];[红色];[黄色];[蓝色]"时,如果是正数显示为青色,负数显示红色,零显示黄色,文本则显示为蓝色。还可以用[颜色 N]表达,N 是 0～56 之间的整数,是调用调色板中对应位置的颜色。

⑩ 条件:可以根据单元格内容判断后再设置格式。条件格式化只限于使用 3 个条件,其中两个条件是明确的,另一个是表示"所有的其他"。条件要放到方括号中,必须有简单的比较。例如设置代码"[红色][>=90];[蓝色][<60];[黑色]"表示以红色字体显示大于等于 90 的数值,以蓝色字体显示小于 60 分的成绩,其余数值则以黑色字体显示。

⑪ !:显示"""即引号。由于引号是代码常用的符号,在设置中无法用"""显示出来,所以须在显示前加入"!"。例如设置代码"#!""时,"10"显示为"10""。

⑫ 时间和日期代码常用"YYYY"或"YY"表示按 4 位(1900～9999)或两位(00～99)显示年;"MM"或"M"表示以两位(01～12)或一位(1～12)表示月;"DD"或"D"表示以两位(01～31)或一位(1～31)来表示天。例如设置代码"YYYY - MM - DD"时,"2005 年 1 月 10 日"显示为"2005 - 01 - 10"。

⑬ 特殊数字的显示:自定义格式设置中可以用代码[DBNum1]表示中文小写数字,如"123"显示为"一百二十三";用[DBNum2]表示中文大写数字,如"123"显示为"壹佰贰拾叁";用[DBNum3]表示中文＋阿拉伯数字,如"123"显示为"1 百 2 十 3";用[DBNum4]表示阿拉伯数字,如"123"还是显示为"123"。例如设置自定义格式代码"高[DBNum1]G/通用格式班"时,输入"32"就会显示成"高三十二班"。

⑭ 隐藏单元格中的数值:如果需要将单元格中的数值隐藏起来,可以设置自定义格式代码";;;"即 3 个分号,这样单元格中的值只会在编辑栏出现。被隐藏的单元格中数值不会被打印出来,但可以被其他单元格正常引用。

(2) 对齐　"对齐"选项卡中可以设置单元格内数据的水平和垂直对齐方式、改变文字方向和角度等,如图 5 - 32 所示。水平对齐中的"填充"和"跨列居中"比较特殊些,例如,在 A1 单元格输入一个星号"＊",选中 A1 到 E1 单元格,打开"设置单元格格式"对话框的"对齐"选项卡,设置水平对齐为"填充",就有如图 5 - 33 所示的填充效果。"跨列居中"可以使得单元格具有跨多列居中的效果而不用合并多个单元格,如图 5 - 34 所示,文本"销售表"跨列居中于 A1 到 E1 单元格,但实际上是位于 A1 单元格内。

要在单元格中显示多行文字,应选中"自动换行"复选框。但"自动换行"是根据单元格列宽来自动换行的,所以如果一行中的某处需要换行,按[Alt]+[Enter]键来手动换行。

要在单元格内一行显示较长的文本,而不改变列宽,应选中"缩小字体填充"复选框,将自动调整文字大小;选中"合并单元格"复选框,则将选定的区域合并成一个单元格,以区域左上角的单元格名称命名,此时再设置水平对齐方式为"居中",显示效果和"跨列居中"一样,但两者有区别,前者合并多个单元格为一个,后者则不需要合并单元格。

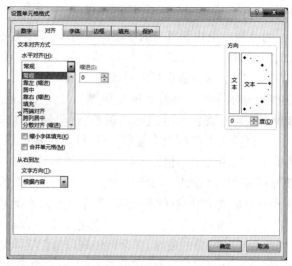

图 5-32 "对齐"选项卡

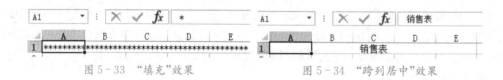

图 5-33 "填充"效果　　　　　图 5-34 "跨列居中"效果

（3）字体/边框/填充　"字体"选项卡中设置单元格中数据的字体、字形、字号、颜色等；Excel工作表中的灰色网格线在打印时实际上是不显示的，可以在"边框"选项卡中自定义设置打印网格线，包括线条样式、颜色等；"填充"选项卡中设置表格的背景颜色、填充效果、填充图案等。字体、边框、填充格式的设置和 Word 类似。

（4）保护　该选项卡中的锁定和隐藏设置，只有在保护工作表后才起作用。如工作表中只需要部分单元格锁定，其余单元格允许用户编辑，可进行如下操作：全选工作表（[Ctrl]+[A]快捷键），打开"设置单元格格式"中的"保护"选项卡，取消"锁定"复选框中的钩。然后选中需要锁定的单元格，再次勾选"锁定"复选框。最后进行工作表保护操作（如何保护工作表请参考5-1节）。此时可以发现，锁定的单元格无法编辑，其余单元格可以进行内容编辑。

当勾选"隐藏"复选框时，保护工作表后，会隐藏编辑栏中的具体内容。如果单元格中内容也需要隐藏的话，请参见5.2.6小节中的自定义格式设置中的⑭。

2. 单元格样式应用

在"开始"选项卡→"样式"组中，有3个分类：单元格样式、套用表格格式、条件格式。这3个分类中包含了大量 Excel 预设好的样式，方便用户直接套用，省时省力又美观。

（1）单元格样式　单击"单元格样式"下拉列表，Excel 预设了"好、差和适中""数据和模型""标题""主题单元格样式""数字格式"这5种类型的单元格样式，选中直接应用即可。除了已有的样式，还可以通过单击下拉列表中的"新建单元格样式（N）…"来自定义单元格样式，并将其存储以备使用。

（2）自动套用格式　选中需要套用表格格式的区域，单击"套用表格格式"下拉列表，可以看到 Excel 提供了许多预定义的表格格式。每一种格式是一组已定义好的格式组合，包括单元格数字、字体、对齐、边框、颜色、行高、列宽等,应用这些定义好的格式组合,可以快速设置数据表样式。

套用表格格式后,切换到"设计"选项卡,如图 5-35 所示。

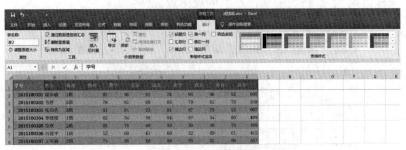

图 5-35　自动套用格式

在"设计"选项卡中,选择"表格样式选项"组中的表元素(如"标题行""汇总行""第一列""筛选"按钮等)进一步调整表格格式;"属性组"中的"调整表格大小"按钮可以调整已套用表格格式后的单元格区域范围;"工具组"中的"转换为区域"按钮可以将套用了表格格式的单元格区域转换为普通区域,不仅取消筛选和排序功能,且"设计"选项卡消失。

应用表格格式之后,还可以用"页面布局"选项卡→"主题"组→"主题""颜色"等按钮来美化表格。

除了预定义的表格格式,用户还可以创建自定义的表格格式,在"套用表格格式"下拉列表中选择"新建表格样式"即可新建自定义格式,并将其存储以备使用。

(3) 条件格式　条件格式功能可以根据单元格内容有条件地应用格式,快速找出满足或不满足条件的单元格数据。它主要包括 5 种默认规则(突出显示单元格规则、项目选取规则、数据条、色阶和图标集)、新建规则、清除规则和管理规则。

① 突出显示单元格规则:对规定区域的数据进行特定的格式设置。

② 项目选取规则:可在选定区域中根据指定的值查找该区域中最高、最低值等,还可以快速将该区域中高于或低于平均值的单元格设置成合适的格式。

③ 数据条:以数据条的方式对单元格渐变或纯色填充。数据条的长度代表单元格中数据的值,数据条越长则值越高,反之,数据条越短则值越低。在观察大量数据中的较高值和较低值时,数据条比较有效。

④ 色阶:通过颜色刻度了解数据分布和变化,通常有双色和三色,用颜色的深浅来表示某个区域中数值的高低。

⑤ 图标集:有方向、形状、标记和等级 4 种样式,通过不同图标来表现数值的高低。

⑥ 新建规则:用户自定义创建条件规则。对话框界面与后面的"编辑格式规则"对话框(图 5-38)是一样的,只不过前者是用于新建规则而不是修改规则。

⑦ 清除规则:删除所选单元格规则或整个工作表中的规则。

⑧ 管理规则:可以编辑已经创建好的条件规则。

案例 2　根据成绩分数取值范围,设定格式。

如图 5-36 所示,选中 C2:E10 单元格区域,单击"开始"选项卡→"条件格式"下拉列表→"突出显示单元格规则"级联菜单→"小于",在弹出的"小于"对话框中输入 60,并设置自定义格式:文本红色、加粗。单击"突出显示单元格规则"级联菜单→"大于",在弹出的"大于"对话框中输入 90,设置格式为"绿填充色深绿色文本"。如果还要设置更多的条件格式规则,重复在"条件格式"下拉列表中选择不同的规则设置即可。

图 5-36 设置"条件格式"

如果要修改刚才建立的条件格式,单击"条件格式"下拉列表→"管理规则"命令。在打开的"条件格式规则管理器"对话框中,显示了刚才设置好的条件格式规则,如图 5-37 所示,可以选择其中某个规则,单击"编辑规则"按钮打开如图 5-38 所示的"编辑格式规则"对话框来重新编辑条件和格式。如该例中修改原先的"大于 90"条件为"大于等于 90"。

图 5-37 "条件格式规则管理器"对话框

图 5-38 "编辑格式规则"对话框

3. 复制和清除格式

复制单元格格式有两种简便的方法:一种是选中要复制格式的单元格,在"开始"选项卡中单击格式刷 ![格式刷图标] 按钮,然后在目标单元格处单击鼠标左键即复制格式。若要将格式复制给多个单元格,可双击格式刷 ![格式刷图标] 按钮,复制结束后再单击 ![格式刷图标] 一次以释放格式刷;还有一种方法是用"选择性粘贴"命令,选择只粘贴"格式"。

清除格式的话只需选中单元格,单击"开始"选项卡→"编辑"组→"清除"下拉列表→"清除格式"即可。

4. 设置行高和列宽

前面提到过,单元格的宽度不够时会出现以"####"显示的错误提示,为了更好显

示,经常需要调整行高和列宽。具体可以用以下两种方法:

方法一:直接拖曳鼠标进行设置　先将鼠标移至要调整的行的下方或列的右侧,当鼠标光标变为 ↕ 或 ↔ 时,上下或左右拖曳鼠标可自由调整行高和列宽。但这种方法不能精准地设置行高和列宽。要获得某行或某列最合适的行高或列宽,在光标变为 ↕ 或 ↔ 时,双击鼠标左键即可,或者单击"开始"选项卡→"单元格"组→"格式"下拉列表→"自动调整行高"或"自动调整列宽"命令。

方法二:具体参数设置　选中要调整的行或列,单击"格式"下拉列表中的"行高"或"列宽"命令,然后在弹出对话框中输入具体的数值即可设置精准的行高或列宽。当把行高或列宽设置为 0 时,即隐藏该行或该列,等效于快捷菜单中的"隐藏"命令。取消隐藏时,需要连续选中包括该行或该列在内的相邻两行或两列,单击鼠标右键,在弹出快捷菜单中选择"取消隐藏"命令。

5.3 公式的建立

Excel 中的公式和函数为用户提供了强大的计算功能,运用公式和函数可以实现数据的各种分析、处理和统计。

1. 公式的建立和组成

Excel 公式是工作表中数值计算的表达式,输入公式的单元格显示为该表达式的计算结果,处于编辑状态时才看到组成该公式的表达式内容。公式的输入类似于文本型数据的输入,它以等号"="开始,由常量、运算符、函数、单元格或区域引用等组成。其中,常量在公式中不会发生变化,可以是数值型和文本型;运算符是一个标记或符号,指定表达式内执行的计算类型。有 4 类运算符:

(1) 算术运算符　完成基本的数学运算,计算结果为数值。按运算优先级从高到低排列为:%(百分数)、^(乘幂)、*(乘)和/(除)、+(加)和一(减)。

(2) 比较运算符　比较两个值,结果产生逻辑值 TRUE 或 FALSE。包括=(等于)、<(小于)、>(大于)、<=(小于等于)、>=(大于等于)、<>(不等于)。

(3) 文本运算符　只有一个,即 &,它的作用是连接两个文本或数字。注意:如果在公式中直接使用文本常量的话,需要用英文引号将文本常量括起来;但直接使用数字时,不用加引号。

(4) 引用运算符　指出一个单元格区域,共有 3 个引用运算符,具体见表 5-1。

表 5-1

引用运算符	含　义	示　例
冒号:	区域运算符,包括两个引用在内的所有单元格的引用	A3:C6
逗号,	联合运算符,将多个引用合并为一个引用	C2:C8,A3,D2:E8
空格	交叉运算符,产生两个引用区域共有的单元格的引用	A1:C8 B5:D10(结果引用的公共单元格为 B5:C8)

这4类运算的优先级从高到低排列为：引用运算符、算术运算符、文本运算符、比较运算符。

2. 编辑公式

双击含有公式的单元格，或者鼠标定位到含有公式的编辑栏，就可以编辑公式了。此时，被该公式所引用的所有单元格或区域都会框选，且以不同颜色显示，这样便于用户比对在该公式中单元格的具体引用位置。

如果公式输入有误，Excel会用不同的错误值来提示用户，便于修改，表5-2中列举了各种错误值及其含义。

表5-2　错误值

错误值	含　义	错误值	含　义
＃DIV/0	出现了除数为0的情况	＃REF!	单元格引用无效
＃VALUE!	参数或操作数的类型不正确	＃NUM!	公式或函数中使用了无效的数值
＃N/A	数值对函数或公式不可用	＃NULL!	使用了不正确的区域运算符或不正确的单元格引用
＃NAME?	无法识别公式中的名称引用		

▶▶ 注　编辑公式时，单击或拖曳其他单元格实际上是引用这些单元格，而不是退出编辑状态。所以编辑完公式后，单击"编辑栏"前面的 ✔ 按钮，或者按[Enter]键。

3. 单元格引用与公式复制

在公式中单元格的引用十分重要，所谓引用单元格即标识工作表上的单元格或单元格区域，并指明公式中所使用数据的位置。在公式中引用来代替单元格中的实际数值，不但可以引用本工作簿中任一工作表中的单元格，也可以引用其他工作簿中的单元格。引用单元格数据后，公式的运算值随着被引用的单元格数据的变化而变化。单元格引用类型分为3类：

（1）相对引用　指通过引用单元格与公式所在单元格的相对位置来指明单元格，直接用列标和行号来表示。当复制公式到目标单元格时，由于公式所在位置变化，目标单元格内公式的单元格引用也发生对应的变化，始终保持被引用的单元格与公式所在单元格的相对位置不变，所以也把这种引用称为相对引用。例如，C1单元格中的公式为"＝A1＋B1"，将它复制到C2单元格后，C2单元格中的公式自动更新为"＝A2＋B2"，即复制公式的位置下移一行，那么引用单元格的位置也对应下移一行。

（2）绝对引用　用于指定工作表中固定位置的单元格，与公式所在单元格位置无关，复制公式到目标单元格时，其中的绝对引用保持不变。在相对引用的列标和行号前面加上"＄"符号表示绝对引用。例如，上例中的公式修改为"＝＄A＄1＋＄B＄1"，则无论将公式复制到哪个单元格，公式内的单元格引用不变，始终是"＝＄A＄1＋＄B＄1"。

（3）混合引用　其实就是行和列中一个是相对引用，另一个是绝对引用，例如＄A1或A＄1。复制公式到目标单元格后，前面加上＄的行号或列标不变，不加＄的行号或列标随着目标单元格的行或列的变化而变化，即相对引用改变，绝对引用不变。

▶▶ 注　"＄"符号的输入。用户可以手动输入"＄"符号，也可以将光标定位到需要加"＄"符号的列标或行号处,按键盘上的[F4]键(大部分品牌电脑都是[F4]键),即可插入"＄"符号。连续按 F4 键,可实现相对引用、绝对引用和混合引用间的快捷转换。

案例3 制作九九乘法表。

在 Excel 中制作如图 5-39 所示的九九乘法表,具体操作步骤如下:

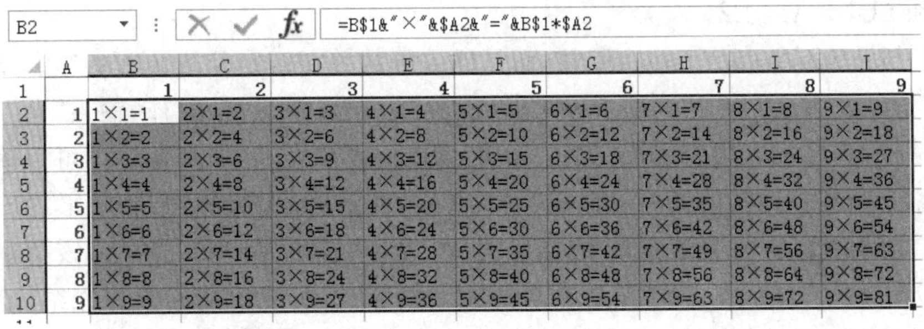

图 5-39 九九乘法表

① 新建一张 Sheet 表,分别在 B1:J1 单元格和 A2:A10 单元格中填充数字序列 1～9。

② 在 B2 单元格输入公式"=B＄1&"×"&＄A2&"="&B＄1＊＄A2"。注意:公式中的"×"和"="都是文本,所以需要用英文双引号括起来;"&"是文本运算符,起连接作用。

③ 先拖曳 B2 单元格填充柄到 B10 单元格,此时 B2:B10 区域处于选中状态,再继续拖曳该区域右下方的填充柄直到 J10 单元格,就完成了如图 5-35 所示 B2:I10 区域的公式复制。

因为在 B2 单元格输入的公式中引用的 B1 单元格的行号、A2 单元格的列标前加了"＄"符号,所以随着复制公式的位置的改变,引用的始终是第 1 行和第 A 列的单元格,但第 1 行的列标、第 A 列的行号会随着复制公式位置的改变而改变。

如果需要跨工作表引用单元格,则在单元格引用前面加上工作表名,并用"!"分隔,如 Sheet2! A1 表示相对引用工作表 Sheet2 中的 A1 单元格。引用其他工作簿中的工作表的单元格,需要该工作簿打开才能引用,例如,[ABC. xlsx]Sheet2!＄B＄2 就表示绝对引用名为 ABC 工作簿的 Sheet2 工作表中的 B2 单元格。

引用整行或整列可以省略列标或行号,例如,B:B 表示引用整个 B 列,3:3 表示引用整个第 3 行。整行或整列引用具有稳定性,不受插入或删除行列的影响。实际上,尽管使用了整列或整行引用,Excel 也不会读取整列或整行的单元格数据,而只读取该列或该行中有数据的单元格,忽略空单元格。

5.4 函数的使用

Excel 中提供了大量内部函数。所谓函数其实是一些预定义的公式,它们使用一些称为参数的特定数值按特定的顺序或结构计算,并返回一个或多个结果值。函数的作用是简化公式操作,把固定用途的公式表达式用函数的形式固定下来,方便调用。使用这些函数可以对某个区域内的数值进行一系列运算,如分析和处理日期和时间值、确定贷款的支付额、确定单元格中的数据类型、计算平均值、排序显示和运算文本数据等。Excel 2019 中一共提供

13 类函数,分别是财务、日期与时间、数学与三角、统计、查询与引用、数据库、文本、逻辑、信息、工程、多维数据集、兼容性、Web 函数。

5.4.1　插入函数

函数由函数名、参数和括号 3 部分组成,参数间用英文逗号分隔。例如求和函数 SUM (A1:C8)和 SUM(A1，B2，C3)。

Excel 中一般不要求手工输入函数,而是插入函数并在规定位置填写参数。单击编辑栏的插入函数按钮 f_x(或"公式"选项卡→"插入函数"按钮),单元格内自动输入"=",并弹出插入函数对话框,选择插入某个函数,如图 5-40 所示。"搜索函数"文本框中可以输入一些关键字来搜索具有相关功能的函数,譬如搜索"平均值"就可以找到所有和求平均值有关的函数。在"或类别选择"下拉列表选择函数类别,在"选择函数"列表框会显示该类别对应的所有函数。选中某个函数,下方会有关于该函数参数形式、实现功能的简短介绍,要更详细了解该函数的使用方法,单击对话框最下方的"有关该函数的帮助"超链接,打开的 Excel 帮助中详细地介绍该函数的功能、语法和使用示例。

图 5-40　"插入函数"对话框　　图 5-41　"SUM 函数参数"对话框

选择某个函数,并单击【确定】后会弹出该函数对应的函数参数对话框,如图 5-41 所示,是 SUM 函数的参数对话框。有些函数的参数是不固定的,如求和函数 SUM、求平均值函数 AVERAGE、求最大值函数 MAX 等;还有些函数的参数是固定的,如 LOOKUP、TODAY 等。鼠标定位到参数框中后,有 3 种引用单元格的方法:

① 直接在工作表中选择要引用的单元格。

② 单击右边的 ⬆ 按钮,会折叠起对话框(便于在工作表中引用单元格),在工作表中选择要引用的单元格。

③ 手动输入要引用的单元格。如果命名过,也可以直接填写名称。

参数输入完毕后,单击【确定】按钮,即可完成函数运算。

5.4.2　编辑函数

如果需要再次编辑函数,可以通过下面两种方法来:

① 双击单元格进入编辑状态,或将光标直接定位到编辑栏中的函数处,再单击编辑栏左

侧的插入函数按钮 f_x ，会弹出之前的函数参数对话框，可以重新编辑参数。

② 直接手工输入修改，但手工输入时一定要注意函数的语法，譬如括号需成对出现、参数之间要逗号分隔、文本常量要加双引号等。

5.4.3　常用函数介绍

在表格中处理数据时，最常用的函数有 SUM、AVERAGE、COUNT、MAX、MIN、IF 等。除了这些函数外，表 5 - 3 还罗列了一些实践应用性强的函数以及它们的使用功能。

表 5 - 3　部分常用函数功能表

函 数 名 称	函 数 功 能
SUM (number1，number2，…)	计算参数中数值的和
AVERAGE (number1，number2，…)	计算参数中数值的平均值
MAX (number1，number2，…)	求参数中的最大值
LARGE (array，k)	返回数据组中第 K 个最大值
MIN (number1，number2，…)	求参数中最小值
SMALL (array，k)	返回数据组中第 K 个最小值
COUNT (value1，value2，…)	计算区域中包含数值数据的单元格个数
COUNTIF (range，criteria)	计算指定区域内满足给定条件的单元格数目
SUMIF (range，criteria，sum_range)	对满足条件的单元格求和
AVERAGEIF (range，criteria，average_range)	查找给定条件指定的单元格的算术平均值
ROUND (number，num_digits)	按指定的位数对数值进行四舍五入
ROUNDUP (number，num_digits)	向上舍入数字
ROUNDDOWN (number，num_digits)	向下舍入数字
IF (logical_test，value_if_true，value_if_false)	判断是否满足条件，若满足返回第二个参数，不满足返回第三个参数
MOD (Number，Divisor)	返回两数相除的余数
ROW (reference)	返回一个引用的行号
COLUMN (reference)	返回一个引用的列号
VLOOKUP (lookup_value，table_array，col_index_num，range_lookup)	搜索表区域首列满足条件的元素，确定待检单元格在区域中的行号，再进一步返回选定单元格的值，默认表以升序排列
OFFSET (reference，rows，cols，height，width)	以指定的引用为参照系，通过给定偏移量返回新的引用
INDIRECT (ref_text，a1)	返回文本字符串所指定的引用
MID (text，start_num，num_chars)	从文本字符串中指定的起始位置起返回指定长度字符

续　表

函数名称	函数功能
LEFT（text，num_chars）	从文本字符串的第一个字符开始返回指定个数字符
RIGHT（test，num_chars）	从文本字符串的最后一个字符开始返回指定个数字符
LEN（text）	返回文本字符串中的字符个数
TRIM（text）	删除字符串中多余空格
DATE（year，month，day）	返回在 Excel 日期时间代码中代表日期的数字
TODAY（）	返回日期格式的当前日期
YEAR/MONTH/DAY（serial_number）	返回日期的年份值/月份值/一个月中第几天

5.4.4　函数应用实例1:常用统计、数学函数和函数嵌套

图 5-42 所示的数据表格为学生期末考试的明细信息,需要计算每位学生的总分、平均成绩、等级,以及统计最高和最低总分、不及格和及格人数、1 班的平均成绩各项内容。

	A	B	C	D	E	F	G	H
1	期末考试成绩单							
2	姓名	班级	物理	数学	英语	总分	平均成绩	成绩等级
3	谢亦敏	1班	85	98	92			
4	韦婷	3班	79	83	69			
5	张均浩	3班	91	84	93			
6	章晓晓	1班	62	54	58			
7	徐欢	2班	88	78	68			
8	吕建平	1班	52	60	61			
9	王明杨	2班	74	88	86			
10	赵艳	1班	89	78	68			
11	高乐宁	2班	66	72	52			
12	杨洋	1班	50	69	90			
13	朱依宁	3班	75	81	87			
14	王赟	1班	92	90	70			
15	卢月静	3班	86	68	94			
16	江心怡	2班	88	90	92			
17								
18								
19	最高总分		最低总分		及格人数		不及格人数	
20								
21	1班平均成绩							
22								

图 5-42　期末考试成绩单素材

第一步:计算总分

① 在 F3 单元格中插入 SUM 函数,在弹出的函数参数对话框中选择单元格区域 C3:E3。

② 单击【确定】按钮后,F3 单元格中显示计算结果,且在编辑栏中显示公式"＝SUM

（C3:E3）"，然后拖曳 F3 单元格填充柄，填充至 F16 单元格完成公式复制，或者直接双击 F3 单元格填充柄也可以自动完成填充。

第二步：计算平均成绩，小数点四舍五入，且取整　在操作之前，首先来了解下 ROUND 函数及其使用方法。Round 函数可以实现按指定的位数对数值进行四舍五入，语法格式是：ROUND（Number，Num_digits）

◁ Number 参数代表要四舍五入的数字；

◁ Num_digits 参数代表要进行四舍五入运算的位数。

接下来具体操作，重点是如何实现函数嵌套：

① 将光标定位到 G3 单元格，单击插入函数按钮 *fx*，在弹出的对话框中搜索 ROUND 函数，打开 ROUND 函数参数对话框。

② 将光标定位于"Number"参数文本框中，单击编辑栏左侧的"名称框" ROUND ▼ 的下拉按钮，选择 AVERAGE 函数（如果下拉列表中没有 AVERAGE 函数，可以单击"其他函数"搜索），打开 AVERAGE 函数参数对话框，选择单元格区域 C3:E3。注意：此时不要直接单击【确定】按钮，否则会弹出报错信息，因为 ROUND 函数还未编辑完毕。

③ 将光标定位到编辑栏处函数 ROUND 中，AVERAGE 函数参数对话框会自动消失且回到 ROUND 函数参数对话框，如图 5-43 所示，"Num_digits"参数中输入 0，表示没有小数位数。

④ 单击【确定】按钮后，G3 单元格中显示计算结果，且在编辑栏中显示公式"＝ROUND（AVERAGE(C3:E3),0)"，然后拖曳 G3 单元格填充柄，填充至 G16 单元格完成公式复制。

图 5-43　ROUND 函数参数对话框

类似地，ROUNDUP 函数可以向上舍入数字，如 ROUNDUP(90.25,0) 的返回结果是 91；ROUNDDOWN 函数可以向下舍入数字，如 ROUNDDOWN(90.75,0) 的返回结果是 90。

第三步：求总分最大值和最小值　最大值函数是 MAX，最小值函数是 MIN。它们的用法与 SUM 函数类似。

① 在 B19 单元格中插入函数"＝MAX(F3:F16)"，求得单元格区域 F3:F16 的最大值数。

② 在 D19 单元格中插入函数"＝MIN(F3:F16)"求得最小值数。

有时不仅仅需要最大值或最小值，例如还需要知道第三名的总分或者倒数第三名的总分。这时可以用 LARGE 和 SMALL 函数，可以返回数据组中第 K 个最大值或最小值。当"k"值为 1 时就等同于 MAX 或 MIN 函数了。如插入函数"＝LARGE(F3:F16,3)"，代表总分第三名的成绩。

第四步：计算及格人数和不及格人数　需要用到 COUNTIF 函数，计算指定区域内满足给定条件的单元格数目。语法格式为：COUNTIF（Range，Criteria）

◁ Range 参数代表要计数的一个或多个单元格，包括数字或包含数字的名称、数组或引用，空值和文本值将被忽略；

◁ Criteria 参数代表要进行计数的单元格的条件，条件可以是数字、表达式、单元格引用或文本字符串。

COUNTIF 函数的具体操作如下：

① 在 F19 单元格中插入 COUNTIF 函数，在弹出的函数参数对话框中，"Range"文本框中选择要计数的单元格区域 G3:G16，在"Criteria"文本框中输入计数的条件"＞＝60"，如图 5-44 所示。单击【确定】按钮，完成及格人数统计。

② H19 单元格处插入的函数与 F19 单元格一样，只需将"Criteria"参数换成条件"＜60"即可。

图 5-44　COUNTIF 函数参数对话框

图 5-45　AVERAGEIF 函数参数对话框

第五步：计算 1 班学生的平均分　需要用到 AVERAGEIF 函数，返回某个区域内满足给定条件的所有单元格的平均值。语法格式：AVERAGEIF（Range，Criteria，[Average_range]）

◄ Range 参数代表要计算平均值的一个或多个单元格，其中包含数字或包含数字的名称、数组或引用；

◄ Criteria 参数代表形式为数字、表达式、单元格引用或文本的条件；

◄ Average_range 参数代表计算平均值的实际单元格组。

AVERAGEIF 函数的具体操作如下：

① 在 C21 单元格中插入 AVERAGEIF 函数，该函数对应的 3 个函数参数填写如图 5-45 所示。"Range"参数选择"班级"这一列即 B3:B16 区域；"Criteria"参数输入条件"1班"文本；"Average_range"参数选择"平均成绩"这一列即 G3:G16 区域。

② 单击【确定】按钮，完成 1 班平均分统计。

与 AVERAGEIF 函数相似的还有 SUMIF 函数，它是对满足条件的单元格求和，使用方法与 AVERAGEIF 函数类似。

5.4.5　函数应用实例 2：常用逻辑函数——IF 函数及其嵌套

1. 图 5-42 中的"成绩等级"这一列

要求：判断平均分，大于 60 分显示"及格"，否则显示为"不及格"。这一操作可以通过逻辑函数 IF 函数来实现。

IF 函数语法格式是：IF（Logical_test，Value_if_true，[Value_if_false]）

◄ Logical_test 参数代表要测试的条件；

◄ Value_if_true 参数代表 logical_test 的结果为 TRUE 时，希望返回的值；

◄ Value_if_false 代表 logical_test 的结果为 FALSE 时，希望返回的值。

IF 函数的具体操作如下：

① 将光标定位到 H3 单元格，插入 IF 函数。

② 输入如图 5-46 所示的函数参数。"Logical_test"参数框中输入"G3≥60"；"Value_if_true"参数框中输入"及格"；"Value_if_false"参数框中输入"不及格"。注意：在对话框的"Value_if_true"或"Value_if_false"参数中输入文本时会自动添加双引号，但如果手工输入函数表达式，则需手动为文本添加双引号。

图 5-46 IF 函数参数对话框

③ 单击【确定】按钮后，H3 单元格中显示计算结果，且在编辑栏中显示公式"＝IF(G3>60,"及格","不及格")"，然后拖曳 H3 单元格填充柄，填充至 H16 单元格完成公式复制。

2. 深入图 5-42 中的"成绩等级"这一列

要求：如果要将平均分判定为 4 个等级，即大于等于 90 分为优秀，80(含)～90 分为良好，60(含)～80 分为及格，60 分以下为不及格。这一操作需要用到 IF 函数嵌套。

① 将光标定位到 H3 单元格，插入第一个 IF 函数。"Logical_test"参数框中输入"G3≥90"；"Value_if_true"参数框中输入"优秀"。

② 将光标定位到"Value_if_false"参数框，如图 5-47 所示，单击编辑栏左侧的"名称框"处的下拉按钮，选择 IF 函数，打开一个新的 IF 函数参数对话框。

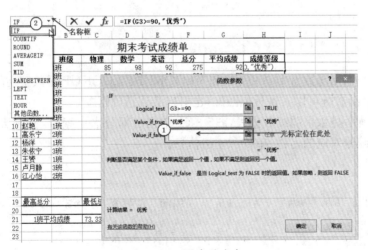

图 5-47 IF 条件嵌套

③ 输入如图 5-48(a)所示的参数，然后在"Value_if_false"位置再次嵌套 IF 函数，输入如图 5-48(b)所示的参数。

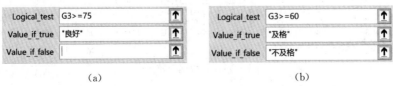

(a)   (b)

图 5-48

④ 最后单击【确认】按钮完成整个函数输入过程。此时，编辑栏中显示的公式内容为："＝IF(G3＞＝90,"优秀",IF(G3＞＝75,"良好",IF(G3＞＝60,"及格","不及格")))"。

⑤ 拖曳 H3 单元格填充柄，填充至 H16 单元格完成公式复制。

经过实例 1 和实例 2 函数计算以后，学生期末考试的明细信息最终的统计结果如图 5－49 所示。

	A	B	C	D	E	F	G	H
1	期末考试成绩单							
2	姓名	班级	物理	数学	英语	总分	平均成绩	成绩等级
3	谢亦敏	1班	85	98	92	275	92	优秀
4	韦婷	3班	79	83	69	231	77	良好
5	张均浩	3班	91	84	93	268	89	良好
6	章晓晓	1班	62	54	58	174	58	不及格
7	徐欢	2班	88	78	68	234	78	良好
8	吕建平	1班	52	60	61	173	58	不及格
9	王明杨	2班	74	88	86	248	83	良好
10	赵艳	1班	89	78	68	235	78	良好
11	高乐宁	2班	66	72	52	190	63	及格
12	杨洋	1班	50	69	90	209	70	及格
13	朱依宁	3班	75	81	87	243	81	良好
14	王赞	1班	92	90	70	252	84	良好
15	卢月静	3班	86	68	94	248	83	良好
16	江心怡	2班	88	90	92	270	90	优秀
17								
18								
19	最高总分	275	最低总分	173	及格人数	12	不及格人数	2
20								
21	1班平均成绩		73.33333					

图 5－49　学生期末考试的明细信息最终的统计结果

5.4.6　函数应用实例 3:常用查找与引用函数

常用查找与引用函数有 LOOKUP 和 VLOOKUP。LOOKUP 函数实现的是近似匹配，而 VLOOKUP 函数既可以实现近似匹配，也可以实现精确匹配。

图 5－50 所示是水果明细数据表，图 5－51 中列出部分水果编号，要求从水果明细表中查询部分水果编号对应的名称、单价和规格信息。

A1　编号

	A	B	C	D	E	F	G	H	I	J
1	编号	名称	规格	产地	单价	订货日期	订货数量	订货金额	到货数量	实付金额
2	149393	西瓜	XB-3	安徽	¥ 1.05	2002年6月12日	15090	¥ 15,844.50	15109	¥ 15,864.45
3	148554	香瓜	XB-5	安徽	¥ 2.90	2002年6月30日	4080	¥ 11,832.00	4085	¥ 11,846.50
4	148923	菜瓜	XB-4	安徽	¥ 1.60	2002年7月9日	6050	¥ 9,680.00	6052	¥ 9,683.20
5	114922	焦柑	YB-2	福建	¥ 2.56	2003年1月2日	1220	¥ 3,123.20	1209	¥ 3,095.04
6	119800	焦柑	YB-4	福建	¥ 2.30	2003年2月8日	1560	¥ 3,588.00	1508	¥ 3,468.40
7	123494	甘蔗	HB-3	福建	¥ 1.60	2003年3月9日	1420	¥ 2,272.00	1425	¥ 2,280.00
8	123942	甘蔗	HB-4	福建	¥ 1.45	2003年3月4日	1300	¥ 1,885.00	1306	¥ 1,893.70
9	112980	芦柑	PB-3	福建	¥ 3.51	2002年11月9日	2800	¥ 9,828.00	2803	¥ 9,838.53
10	118332	芦柑	PB-2	福建	¥ 3.21	2002年10月21日	2600	¥ 8,346.00	2608	¥ 8,371.68
11	112993	芦柑	PB-4	福建	¥ 3.42	2002年11月30日	2650	¥ 9,063.00	2651	¥ 9,066.42
12	134994	香蕉	PB-7	广东	¥ 3.50	2003年2月8日	2000	¥ 7,000.00	1999	¥ 6,996.50
13	139944	香蕉	PB-0	广东	¥ 3.60	2003年2月12日	2970	¥ 10,692.00	2975	¥ 10,710.00
14	120032	柚子	YB-1A	广西	¥ 4.60	2003年2月16日	800	¥ 3,680.00	805	¥ 3,703.00
15	128490	文旦	YB-3D	广西	¥ 3.50	2003年3月6日	650	¥ 2,275.00	652	¥ 2,282.00
16	129933	文旦	YB-4D	广西	¥ 3.05	2003年3月4日	630	¥ 1,921.50	629	¥ 1,918.45
17	134002	菠萝	PB-3	广西	¥ 2.98	2003年4月1日	1030	¥ 3,069.40	1006	¥ 2,997.88

水果明细数据表　部分水果编号

图 5－50　水果明细数据表

	A	B	C	D
1	编号	名称	单价	规格
2	118332			
3	150032			
4	150322			
5	114922			
6	139044			
7	108902			
8	123942			
9	134002			
10	148923			
11	112993			
12	156733			
13	139944			
14	104892			
15	128490			
16				

◀ ▶　水果明细数据表　部分水果编号

图 5-51　部分水果编号

1. 使用 LOOKUP 函数

LOOKUP 有两种使用方式：向量形式和数组形式。数组形式一般不用，提供数组形式是为了与其他电子表格程序兼容，这种形式的功能有限。以下都是向量形式的使用。

LOOKUP 函数是指把数（或文本）与一行或一列的数据依次匹配，匹配成功后，把对应的数值查找出来。

语法格式是：LOOKUP(Lookup_value, Lookup_vector, [Result_vector])

◀ Lookup_value 参数代表第一个向量中搜索的值，如案例中部分水果编号表中的"编号"列中的值；

◀ Lookup_vector 参数代表只包含一行或一列的搜索区域，如案例中水果明细数据表中的"编号"列；

◀ result_vector 参数代表只包含一行或一列的搜索结果区域，如案例中水果明细数据表中的"名称"列。

▶▶ 注　① lookup_vector 中的值必须按升序排列，否则可能无法返回正确的值。

② Lookup_vector 和 result_vector 的区域中不包含列标题。

LOOKUP 函数具体操作如下：

① 对水果明细数据表中的"编号"列进行升序排序。

② 将光标定位到部分水果编号表中的 B2 单元格，插入 LOOKUP 函数，弹出"选定参数"对话框，选择向量形式 lookup_value,lookup_vector,result_vector 。

③ 单击【确定】按钮，进入 LOOKUP 函数参数对话框。如图 5-52 所示，"Lookup_value"参数框选择 A2 单元格；"Lookup_vector"参数框选择水果明细数据表！A2：A30 区域；"Result_vector"参数框选择水果明细数据表！B2：B30。

④ 单击【确定】按钮后，B2 单元格中显示计算结果，

图 5-52　LOOKUP 函数参数对话框

且在编辑栏中显示公式"＝LOOKUP(A2,水果明细数据表！A2：A30,水果明细数据表！B2：B30)"。

⑤ 光标依次定位到公式中的 A2、A30、B2、B30,按[F4]键,加上绝对引用,即公式变为"＝LOOKUP(A2,水果明细数据表！＄A＄2：＄A＄30,水果明细数据表！＄B＄2：＄B＄30)"。拖曳 B2 单元格填充柄,填充至 B15 单元格完成公式复制。

查询"单价""规格"的做法与上述做法一致。

2. 使用 VLOOKUP 函数

VLOOKUP 函数是指从指定的查找区域中按列查找,返回想要查找到的值,是 LOOKUP 的大幅度改进版本。

语法格式是:VLOOKUP (Lookup_value, Table_array, Col_Index_num, [Range_lookup])

‹ Lookup_value 参数代表要查找的值,即查阅值。如案例中部分水果编号表中的"编号"列中的值;

‹ Table_array 参数代表搜索查阅值和返回值的所在单元格区域。如案例中水果明细数据表中的"编号"列和"名称"列。需要注意的是:查阅值必须位于 Table-array 中指定的单元格区域中的第一列,这样 VLOOKUP 函数才能正常工作。例如,如果 Table-array 指定的单元格为 B2:D7,则查阅值必须位于列 B;

‹ Col_Index_num 参数代表 Table-array 中包含返回值的单元格列号(Table-array 区域中最左侧列为 1 开始编号)。如案例中求编号对应的名称、单价和规格,名称、单价和规格在 table-array 中处于第 2、5、3 列,所以 Col_Index_num 参数的值分别为 2、5、3;

‹ Range_lookup 参数可选。如果需要返回值的近似匹配,可以指定 TRUE;如果需要返回值的精确匹配,则指定 FALSE。如果没有指定任何内容,默认值将始终为 TRUE 或近似匹配。

▶▶ 注 ① VLOOKUP 实现近似匹配时,Table-array 区域中的第一列必须升序。

② Table_array 区域中不包含列标题。

此例做近似匹配操作(此例也适合做精确匹配):

① 因为 Table_array 区域产生在水果明细数据表中,所以首先对水果明细数据表中的"编号"列进行升序排序。

② 将光标定位到部分水果编号表中的 B2 单元格,插入 VLOOKUP 函数,弹出 VLOOKUP 函数的参数对话框。如图 5-53 所示,"Lookup_value"参数框选择 A2 单元格;"Table-array"参数框选择水果明细数据表！A2:E30 区域;"Col_Index_num"参数框输入 2;"Range_lookup"参数框不填。

③ 单击【确定】按钮后,B2 单元格中显示计算结果,且在编辑栏中显示公式"＝VLOOKUP(A2,水果明细数据表！A2:E30,2)"。

④ 光标依次定位到公式中的 A2、E30,按[F4]键,加上绝对引用,即公式变为"＝VLOOKUP(A2,水果明细数据表！＄A＄2：＄E＄30,2)"。拖曳 B2 单元格填充柄,填充至 B15 单元格完成公式复制。

⑤ 将光标依次定位到部分水果编号表中的 C2、D2 单元格,插入 VLOOKUP 函数,求单

价和规格。单价对应的"Col_Index_num"参数框中输入 5,规格对应的"Col_Index_num"参数框中输入 3,其余参数设置与图 5-53 一致,接下来重复第(4)步操作即可完成。

无论用 LOOKUP 函数还是用 VLOOKUP 函数,最终的结果都是一样的,如图 5-54 所示。

<table>
<tr><th></th><th>A</th><th>B</th><th>C</th><th>D</th></tr>
<tr><td>1</td><td>编号</td><td>名称</td><td>单价</td><td>规格</td></tr>
<tr><td>2</td><td>118332</td><td>芦柑</td><td>¥ 3.21</td><td>PB-2</td></tr>
<tr><td>3</td><td>150032</td><td>青蕉苹果</td><td>¥ 2.40</td><td>GB-1A</td></tr>
<tr><td>4</td><td>150322</td><td>秦冠苹果</td><td>¥ 2.90</td><td>GB-3E</td></tr>
<tr><td>5</td><td>114922</td><td>焦柑</td><td>¥ 2.56</td><td>YB-2</td></tr>
<tr><td>6</td><td>139044</td><td>菠萝</td><td>¥ 2.76</td><td>PB-2</td></tr>
<tr><td>7</td><td>108902</td><td>雪梨</td><td>¥ 2.16</td><td>GB-3D</td></tr>
<tr><td>8</td><td>123942</td><td>甘蔗</td><td>¥ 1.45</td><td>HB-4</td></tr>
<tr><td>9</td><td>134002</td><td>菠萝</td><td>¥ 2.98</td><td>PB-3</td></tr>
<tr><td>10</td><td>148923</td><td>菜瓜</td><td>¥ 1.60</td><td>XB-4</td></tr>
<tr><td>11</td><td>112993</td><td>芦柑</td><td>¥ 3.42</td><td>PB-4</td></tr>
<tr><td>12</td><td>156733</td><td>红富士苹果</td><td>¥ 2.20</td><td>GB-5B</td></tr>
<tr><td>13</td><td>139944</td><td>香蕉</td><td>¥ 3.60</td><td>PB-0</td></tr>
<tr><td>14</td><td>104892</td><td>砀山梨</td><td>¥ 2.40</td><td>DB-3</td></tr>
<tr><td>15</td><td>128490</td><td>文旦</td><td>¥ 3.50</td><td>YB-3D</td></tr>
<tr><td>16</td><td></td><td></td><td></td><td></td></tr>
</table>

水果明细数据表 ｜ 部分水果编号

图 5-53　VLOOKUP 函数参数对话框　　图 5-54　根据编号匹配结果

▶▶注　HLOOKUP 函数是按行查找,用法与 VLOOKUP 函数完全相同。如将"水果明细数据表"行列转置下,就可以在"部分水果编号表"中用 HLOOKUP 函数来查找匹配。

5.4.7　函数应用实例 4:文本和日期函数

常用处理文本的函数有 MID、LEFT、RIGHT 等函数;常用处理日期的函数有 DATE、MONTH、DAY、TODAY、NOW 等函数。

图 5-55 所示的数据表中,需要从 B 列的身份证号文本字符串中提取出生日期(日期型),再得到摈除年份的生日和计算周岁。

<table>
<tr><th></th><th>A</th><th>B</th><th>C</th><th>D</th><th>E</th></tr>
<tr><td>1</td><td>姓名</td><td>身份证号</td><td>出生日期</td><td>生日</td><td>周岁</td></tr>
<tr><td>2</td><td>钱同</td><td>320722197612253000</td><td></td><td></td><td></td></tr>
<tr><td>3</td><td>吴淑芬</td><td>330327197805140226</td><td></td><td></td><td></td></tr>
<tr><td>4</td><td>赵一昕</td><td>340133198507160332</td><td></td><td></td><td></td></tr>
<tr><td>5</td><td>王明</td><td>320629196809290124</td><td></td><td></td><td></td></tr>
<tr><td>6</td><td>王束仁</td><td>510376197108234803</td><td></td><td></td><td></td></tr>
<tr><td>7</td><td>晏清清</td><td>149739198301056020</td><td></td><td></td><td></td></tr>
<tr><td>8</td><td>廖之语</td><td>356120197906160066</td><td></td><td></td><td></td></tr>
<tr><td>9</td><td>杨洋</td><td>330342200705210123</td><td></td><td></td><td></td></tr>
<tr><td>10</td><td>孙晓</td><td>320732200812220122</td><td></td><td></td><td></td></tr>
<tr><td>11</td><td>祁月铭</td><td>218183198205030227</td><td></td><td></td><td></td></tr>
<tr><td>12</td><td>李明丽</td><td>423544199805031229</td><td></td><td></td><td></td></tr>
<tr><td>13</td><td>姜欣雨</td><td>330321200210190113</td><td></td><td></td><td></td></tr>
<tr><td>14</td><td>孟晓君</td><td>330652197102090548</td><td></td><td></td><td></td></tr>
</table>

图 5-55　提取出生日期、生日和周岁

第一步:从身份证中提取出生日期　MID 函数可以从文本字符串中指定的起始位置起返回指定长度字符,利用它从身份证号中提取出生日期字符串。

该函数语法格式是：MID（Text，Start_num，Num_chars）

◁ Text 参数：要提取字符的文本字符串；

◁ Start_num 参数：文本中要提取的第一个字符的位置；

◁ Num_chars 参数：指定从文本中返回字符的个数。

类似地，LEFT 函数从第一个字符开始返回指定个数字符，RIGHT 函数则从最后一个字符开始返回指定个数字符。

这里以提取出生日期为例，介绍 MID 函数使用方法。由于在身份证中，出生日期从第 7位开始，共 8 位，所以在 MID 函数的参数对话框中，"Text"参数框选择 B2 单元格；"Start_num"参数框输入 7；"Num_chars"输入 8，如图 5-56 所示，单击【确定】按钮后，得出计算结果为"19761225"，且编辑栏中显示公式"＝MID(B2,7,8)"。

图 5-56　MID 函数的使用

第二步：将文本字符串转成日期格式　上一步中 MID 函数提取的结果为文本字符串格式，所以这里使用 DATE 函数将文本字符串转换成日期格式。

DATE 函数返回代表特定日期的连续序列号。

语法格式是：DATE(Year，Month，Day)

◁ "Year"参数代表年，范围 1900～9999；

◁ "Month"参数代表月，范围 1～12；

◁ "Day"参数代表日，范围 1～31。

在 C2 单元格中输入公式"＝DATE(MID(B2,7,4)，MID(B2,11,2)，MID(B2,13,2))"，即在 DATE 函数的 3 个参数文本框中分别嵌套 MID 函数获取年、月、日信息，用DATE 函数返回日期格式的出生日期。

第三步：得到摈除年份的生日　利用返回月份函数 MONTH 和返回一月中第几日的DAY 函数即可，在 D2 单元格中输入公式"＝MONTH(C2)&"月"&DAY(C2)&"日""，即可从日期序列中得到月份和天数。

当然，也可以用 MID 函数来实现，在 D2 单元格中输入公式"＝MID(B2,11,2)&"月"&MID(B2,13,2)&"日""，运行结果同上。

第四步：计算周岁　周岁是按照生日的第二年起算的，所以并不完全等于当前年份减去出生年份，还要看当前日期的。计算当前周岁可以用当前日期减去出生日期再除以 365，最后将求得的结果向下舍入得到整数即可。TODAY 函数返回当前日期，且不需要参数，前面提到过的 ROUNDDOWN 可以向下舍入数字。因此，在 E2 单元格输入公式"＝ROUNDDOWN((TODAY()－C2)/365,0)"，计算出当前实际周岁。

最后计算结果如图 5-57 所示。

	A	B	C	D	E
1	姓名	身份证号	出生日期	生日	周岁
2	钱同	320722197612253000	1976-12-25	12月25日	41
3	吴淑芬	330327197805140226	1978-5-14	5月14日	40
4	赵一昕	340133198507160332	1985-7-16	7月16日	32
5	王明	320629196809290124	1968-9-29	9月29日	49
6	王束仁	510376197108234803	1971-8-23	8月23日	46
7	晏清清	149739198301056020	1983-1-5	1月5日	35
8	廖之语	356120197906160066	1979-6-16	6月16日	39
9	杨洋	330342200705210123	2007-5-21	5月21日	11
10	孙晓	320732200812220122	2008-12-22	12月22日	9
11	祁月铭	218183198205030227	1982-5-3	5月3日	36
12	李明丽	423544199805031229	1998-5-3	5月3日	20
13	姜欣雨	330321200210190113	2002-10-19	10月19日	15
14	孟晓君	330652197102090548	1971-2-9	2月9日	47

图 5-57 提取出生日期、生日和周岁计算结果

5.5 数据图表制作

图表是将工作表中的数据图形化,使数据表现得更加可视化、形象化,更方便了解数据之间的关系和变化趋势。Excel 提供了柱形图、折线图、饼图等 11 种标准的图表类型供用户选择,每一种图表又各有若干子类,以满足创建图表的多样需求。

1. 创建图表

创建图表一般分为两步:

(1) 选定产生图表的数据区域;

(2) 在"插入"选项卡→"图表"组中单击某一图表图标,在其下拉列表中选择一种图表类型来创建新图表;也可以单击"图表"组右下方的对话框启动器打开"插入图表"对话框来选择合适的图表类型,如图 5-58 所示。

创建图表时,若不事先选定数据区域,系统会自动识别的整个数据清单作为图表的数据区域。

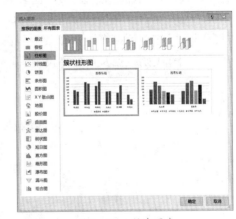

图 5-58 所有图表

2. 编辑图表

图表创建后,选中图表会在相应的数据清单中圈定图表源数据;同时在选项卡处会自动显示"图表工具"选项卡,包含"设计"和"格式"两个子选项卡。这两个选项卡包括了对图表的所有编辑操作。

(1) 图表组成 例如常见的柱形图,新创建的图表一般包含有图表区、绘图区、图表标题、数值轴、分类轴、数据系列、网格线、图例等图表元素;另外一些可选的图表元素有坐标轴标题、数据标签、数据表、趋势线、误差线等。各图表元素如图 5-59 所示。

(2) 编辑图表元素 选中图表时,在"设计"选项卡→"图表布局"组→"添加图表元素"下

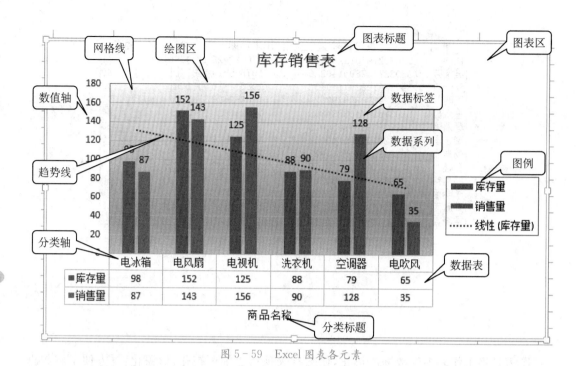

图 5-59 Excel 图表各元素

拉列表中可以设置图表各组成元素是否出现及其出现的位置等。如果要快速地设置图表各元素布局,可以在"图表布局"组→"快速布局"下列表中选择。

Excel 2019 提供了一种更快捷的方法,在图表旁边提供自定义图表样式及特定数据。当选中图表时,图表的旁边会出现"图表元素""图表样式""图表筛选器"按钮来快速调整图表,如图 5-60 所示。"图表元素"按钮可以添加、删除或更改各图表元素及设置其格式、位置等;"图表样式"按钮可以直接选择某一种图表样式或配色方案;"图表筛选器"按钮可以筛选图表的系列和类别数据及其名称设置。

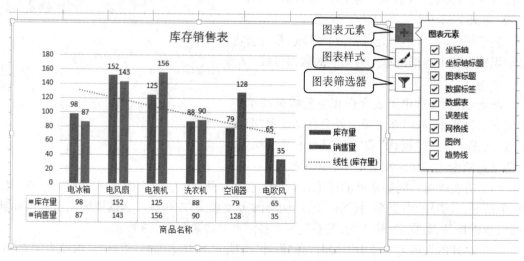

图 5-60 编辑图表元素

（3）更改图表类型　更改图表类型有两种方法：

① 选中要更改的图表，选择"设计"选项卡→"类型"组→"更改图表类型"按钮，打开"更改图表类型"对话框，重新选择所需的图表类型，更改后的图表所包含的各图表元素基本不变。

② 选中要更改的图表，重新选择"插入"选项卡→"图表"组→各图表类型按钮，在弹出的下拉列表中选择合适的图表类型。

（4）更改图表数据源　创建图表时，Excel 根据选定的数据区域的行列自动产生图表的分类轴标签和图例里的各系列名称，通常以行所在数据为分类轴标签，列所在数据为系列名称。选中图表时，选择"设计"选项卡→"数据"组→"切换行/列"按钮，可以切换图表源数据的行列，即切换分类轴标签和系列名称。

如果图表源数据中不包含标题文字（如选择数据区域时，没有选中商品名称列对应的值、库存量和销售量行标题），则图表中以"1、2……"来表示分类轴标签，以"系列 1、系列 2……"来表示各系列名称，如图 5-61 所示。

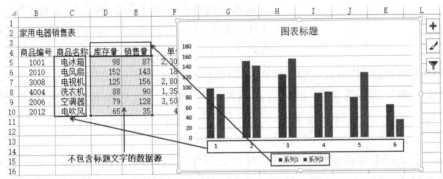

图 5-61　不包含标题文字的图表

如果要重新编辑已有图表的源数据，选中图表后，单击"设计"选项卡→"数据"组→"选择数据"按钮（也可以鼠标点击右键→"选择数据"），弹出"选择源数据"对话框，可以重新编辑生成图表的数据区域、分类轴标签、各系列的名称，也可以切换图表数据的行列，如图 5-62 所示。在"图例项（系列）"栏，单击"系列 1"→【编辑】按钮，弹出"编辑数据系列"对话框，选择"系列名称"为 D4，"系列值"为 D5：D10，同理设置系列 2；在"水平（分类）轴标签"栏，直接单击【编辑】按钮，弹出"轴标签"对话框，选择分类轴标签名 C5：C10。至此，数据源编辑完毕。

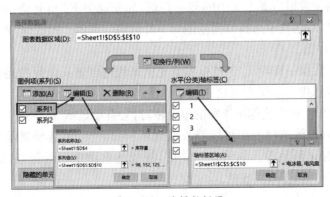

图 5-62　编辑数据源

▶▶ 注 建议创建图表选择数据区域时,将数值对应的标题文字也选在数据区域内,否则会出现图5-61中所示的状况,后期还需编辑数据源。

3. 格式化图表

(1) 快速设置图表样式 一是通过"设计"选项卡→"图表样式"下拉列表,来快速选择应用某种图表样式,单击左侧的"更改颜色"按钮来选择某种图表配色方案。二是用前面提到的"图表样式"按钮,即当选中图表时,旁边出现的 ◢ 按钮来快速设置样式和颜色。

(2) 自定义各部分格式 可以选定各图表对象,自定义格式设置,可用如下方法:

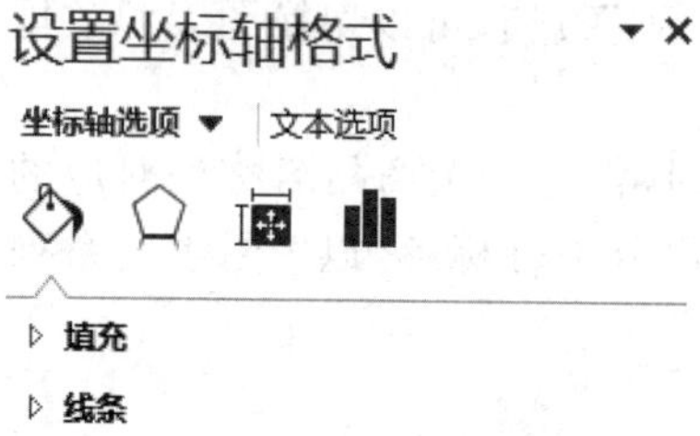

设置坐标轴格式

坐标轴选项 ▼ | 文本选项

▷ 填充

▷ 线条

图5-63 设置坐标轴格式对话框

① 在图表中直接双击要编辑的对象,界面右侧会出现设置格式的任务窗格。图5-63所示是双击坐标轴后,弹出的"设置坐标轴格式"对话框。

② 选中各图表对象后,在"格式"选项卡中设置。

③ 用鼠标右击要编辑的图表对象,在弹出的快捷菜单中进行设置。

具体的设置选项视不同的图表对象而不同。一般的有字体、填充、线条与边框、效果(阴影、发光、柔化边缘、三维格式)、对齐方式、数字格式等常规设置。这部分的常规设置内容也可以用"格式"选项卡中的"形状样式""艺术字样式"功能区命令组设置。个别图表对象有额外的特殊设置选项,譬如系列有系列选项、坐标轴有坐标轴选项、图例有图例选项等。

4. 迷你图

迷你图是Excel 2010后新加入的一种图表制作工具,用来制作存于单元格中的小图表,以单元格为绘图区域,快速绘制出简明的数据小图表,以图表的方式表现相邻数据间的变化趋势。

为了更清楚地看出数据的分布形态,可以在数据旁插入迷你图,只需占用一个单元格的空间。通过迷你图可以快速地查看数据之间的变化趋势,而且当数据发生变更时,可以立即在迷你图中看到相应的变化。

(1) 创建迷你图 在"插入"选项卡→"迷你图"组中,有3种迷你图:折线图、柱形图和盈亏。单击其中一种,在弹出的"创建迷你图"对话框中,选择数据范围和放置迷你图的位置即可完成创建。

一般迷你图的位置即为事先选中的某单元格,如先选中F2单元格,然后插入折线图类型的迷你图,在弹出对话框中选择数据范围为一月份的一到四车间数据,即B2:E2,就生成图5-64中的折线迷你图。

迷你图和普通数据一样,可以通过拖曳填充柄来快速创建其余行的迷你图。拖曳F2单元格填充柄来快速创建F3:F7单元格中的迷你图。

(2) 编辑迷你图 选中迷你图所在的单元格时,会自动显示"迷你图工具"动态标签及下面的"设计"选项卡,在该选项卡中可以修改数据源和图表类型、选择显示各点标记、套用样式、修改迷你图和标记颜色等。如图5-64中,折线迷你图中的标记点,是通过单击"样式组"→"标记颜色"→"标记"来实现的。

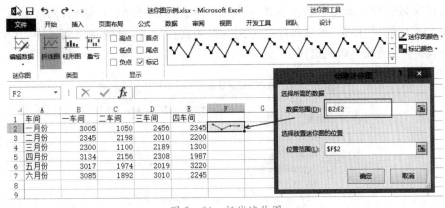

图 5-64 折线迷你图

5.6 数据管理与分析

Excel 不仅利用众多的函数实现其强大的数据计算功能,同时也提供了更多的数据管理分析工具,轻松实现数据的排序、筛选、汇总、统计分析等功能。

在 Excel 中数据的自动选定是以当前选中单元格所在的数据清单为单位,数据清单即包含相关数据的一系列数据行。数据清单和其他数据之间至少要相隔一个空行和空列,不过最好避免在一个工作表上建立多个数据清单,因为数据清单的某些处理功能(如筛选等),一次只能在同一工作表的一个数据清单中使用。数据清单一般首行为列名,或称为字段名,且每一列中的数据须为同一类型。

如果把数据清单视为数据库,那么清单中的列即为数据库中的字段,列标题即为字段名称,每一行即为一条记录。

5.6.1 数据排序

建立数据清单时,各行记录按输入的先后次序排列。当数据量较大时,直接查看需要的数据就变得相当不便,为了方便查看用户关心的数据,提高数据查找效率,需要排序。Excel 提供了单字段的简单排序以及多字段的自定义复杂排序。

排序原则包括升序(从小到大)、降序(从大到小)、自定义序列(按照用户事先自定义的序列)。数值、日期数据按照大小次序,文本数据按照字母字典次序,汉字按照拼音字母字典次序或是笔画次序,逻辑值按升序 FALSE 排在 TRUE 之前,空白数据排在最末。

1. 单字段的简单排序

根据数据清单的某一列字段进行升序或降序的排列,只需选定该列中的任一单元格。单击"开始"选项卡→"编辑"组→"排序和筛选"下拉列表→"升序"或"降序"等命令,整个数据清单的记录会按照该列数据升序或降序排列(或者单击"数据"选项卡→"排序和筛选"组→"升序" A↓ 或"降序" Z↓ 命令)。

注意,只需选中要排序的这一列中的任一单元格,而无需单独选中整列。如果单独选中某列进行单字段排序,Excel 会弹出如图 5 – 65 所示的"排序提醒"对话框,询问是"扩展选定区域为整个数据清单"还是"单独排序选定列",如果选择后者,只会对该列排序,其余数据不会随之变动,一般情况不做此选择。

图 5 – 65 "排序提醒"对话框

2. 多字段自定义排序

有时某列数据重复值较多,排序需要依据更多的字段。选定要排序的数据清单中任一单元格,单击"开始"选项卡→"编辑"组→"排序和筛选"下拉列表→"自定义排序"(或者单击"数据"选项卡→"排序和筛选"组→"排序" 🄰🄱 命令),弹出如图 5 – 66 所示的排序对话框,每单击一次该对话框中的【添加条件】按钮,会增加一个次要关键字参与排序。譬如在成绩表中,首先按照主要关键字"班级"升序排序,若班级相同,再按照次要关键字"总分"升序排序,若总分相同,则再按照"姓名"升序排序。单击【选项…】按钮,可以设置排序的方向(按列或行排序)和方法(字母或笔画次序)、是否区分大小写。

图 5 – 66 "排序"对话框

无论是单字段或多字段排序,如果不需要整个数据清单的记录都参与排序,可事先圈选一部分的单元格再排序,此时单击"升序"或"降序"命令实现单字段排序,默认以选定单元格的首列数据为排序依据;用"自定义排序"可以自行选择按哪一列或多关键字排序。

5.6.2 数据筛选

筛选就是从数据清单中显示满足符合条件的数据记录,隐藏不符合条件的其他数据记录。Excel 中的筛选方法有适用于简单筛选条件的"自动筛选"和适用于复杂筛选条件的"高级筛选"。

1. 自动筛选

选定数据清单中任一单元格,单击"开始"选项卡→"编辑"组→"排序和筛选"下拉列表,选择筛选命令(或者单击"数据"选项卡→"排序和筛选"组→"筛选" 🔽 命令按钮),数据清单的首行(标题行)的每列字段旁出现一个小箭头,如图 5-67 所示,此时该列数据具有了筛选功能。

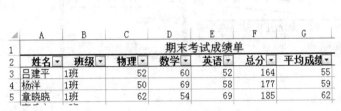

图 5-67 自动筛选　　　　　　　　图 5-68 自定义自动筛选方式

单击该箭头,在弹出下拉列表菜单中选择"数字筛选"或"文本筛选"(根据该列数据类型)的扩展菜单,指定内容的筛选,会弹出类似图 5-68 所示的"自定义自动筛选方式"对话框,在该对话框中可具体设置用于该列筛选的"与"和"或"条件,该图就是筛选出物理成绩大于 90 或小于 60 的学生记录。

再次单击"筛选"命令按钮将取消数据清单的筛选功能。

2. 高级筛选

自动筛选时可以对同一列的数据自定义"与"或者"或"条件筛选,但对于不同列数据之间设置的条件只能是"与"关系,无法实现不同列数据之间"或"关系条件筛选,此时就需要高级筛选功能。当然,高级筛选不仅仅是用在该种情况,它完全可以实现自动筛选的所有功能。

高级筛选需要分两步实现:

(1) 创建筛选条件区域　条件区域编辑方式:建立条件区域的位置离数据清单至少一个空行和空列以上;第一行为需要条件的字段列名;各字段筛选条件如果为"与"关系,则将条件书写在同一行上,如果为"或"关系则写在不同行上。例如,要筛选物理成绩大于 90 分或数学和英语成绩大于 90 分的学生,则条件区域编辑如图 5-69 中①所示。

(2) 将条件区域应用于数据清单的数据筛选　单击"数据"选项卡→"排序和筛选"组→"高级" 🔽 命令按钮,弹出"高级筛选"对话框来选择条件区域和筛选结果方式等,如图 5-69 中②所示。图 5-69 中③是复制到以 A19 单元格为起点的筛选结果。

5.6.3 数据分类汇总

分类汇总是依据数据清单中某一字段列进行汇总计算。创建分类汇总需要有个前提条件:须根据分类字段对数据清单排序,将分类项相同的数据项排列在一起,然后再汇总。

总地来说,分类汇总有三要素:分类字段、汇总方式、汇总项。分类字段即分类汇总的依据字段,排序分类字段是分类汇总的前提;Excel 中一共提供了 6 种汇总方式,即求和、计数、

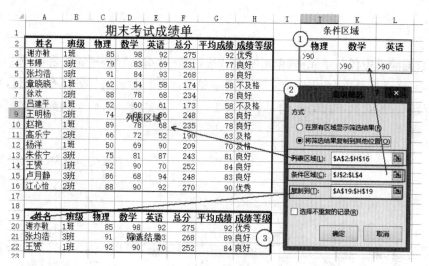

图 5-69　高级筛选

平均值、最大值、最小值和乘积；汇总项即要汇总计算的一个或若干个字段，一次分类汇总只能有一种汇总方式，但可以有若干个汇总项。

如上所述，创建分类汇总的步骤为：

① 先根据分类字段排序；

② 单击"数据"选项卡→"分级显示"组→"分类汇总"命令按钮，在弹出的"分类汇总"对话框中分别设置分类字段、汇总方式和选定汇总项。

例如，对人事表数据清单按部门汇总平均基本工资和津贴：先按部门字段排序后，再应用分类汇总，具体设置如图 5-70(a) 所示，汇总结果如图 5-70(b) 所示。此时单击工作表左上角的分级显示数据按钮 1 2 3 将对多级数据汇总进行分级显示，以便快速查看数据；单击左边的分级显示符号 ⊟ 按钮，可以隐藏明细数据，此时 ⊟ 会变成 ⊞ ，再次单击 ⊞ 取消隐藏明细。单击"数据"选项卡→"分级显示"组→"显示明细数据"或"隐藏明细数据"按钮，也可以实现对明细数据的显示和隐藏操作。

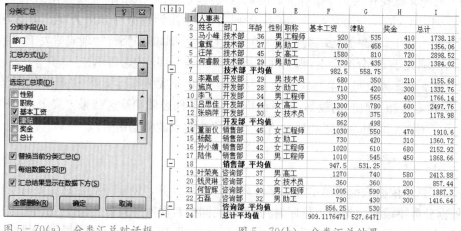

图 5-70(a)　分类汇总对话框　　　　　图 5-70(b)　分类汇总结果

在已建立的分类汇总基础上,再对该数据清单的其他字段进行分类汇总,即构成了分类汇总的嵌套,嵌套分类汇总是一种多级的分类汇总。嵌套分类汇总方法是,光标定位到数据清单处再次单击"数据"选项卡→"分类汇总"按钮,在弹出的"分类汇总"对话框中,设置另外需要汇总的选项和汇总方式,同时一定要取消"替换当前分类汇总"复选框选项。

如果要删除已建立的分类汇总,首先选中包含分类汇总的数据清单,然后在"分类汇总"对话框中单击【全部删除】按钮即可删除数据清单中的所有分类汇总。

▶▶ 注 分类字段相同的前提下,才能执行分类汇总的嵌套。

5.6.4 数据透视表和图

1. 数据透视表

数据透视表是一种交互式表格,用于快速汇总和分析工作表数据。它和分类汇总不同,不需要事先对分类字段排序。创建数据透视表后,可以按不同的需求,多维度提取和组织数据,可以说数据透视表综合了排序、筛选、分类汇总等功能。一般把数据清单中的字段分为两类:数据字段和分类字段。数据透视表中可以包含多个数据字段和分类字段,其目的是根据不同的分类字段来查看一个或多个数据字段的汇总结果。

创建数据透视表的方法:

① 选中需要创建数据透视表的数据源,单击"插入"选项卡→"表格"组→"数据透视表"按钮,弹出"数据透视表"对话框,如图 5-71 所示。其中"表/区域"中显示事先选定的数据源,如果事先没有选定,此处可以再选;创建的数据透视表可以放置在新工作表中,也可以放置在现有工作表中,此时单击选择某一单元格即为放置数据透视表的起始位置。

图 5-71 "创建数据透视表"对话框

② 单击【确定】按钮后,出现放置透视表的区域,同时界面右侧显示"数据透视表字段"任务窗格,如图 5-72 所示。"数据透视表字段"任务窗格的上方显示的是数据源中的所有字段,可以根据需求拖曳到下方对应的四个区域中。"筛选器""行"和"列"这 3 个区域放置分类字段,"Σ值"区域放置要汇总的数据字段。

图 5-73 所示为利用数据透视表按部门汇总出各职称男女人员的平均基本工资。各区域字段放置如图中"数据透视表字段"任务窗格所示,"筛选器"区域为"部门"字段,即可以分部门筛选查看汇总结果;"列"区域为"性别"字段;"行"区域为"职称"字段;"Σ值"区域为"基本工资"字段,默认是"求和"汇总方式,单击"基本工资"下拉按钮→"值字段设置",在弹出的"值字段设置"中,选择汇总方式为"平均值",单击"数字格式"按钮,可以设置数字类型。

2. 编辑数据透视表

创建好的数据透视表若不符合要求,可以编辑修改单元格格式、数据字段、汇总方式等。

编辑时首先要将光标定位在创建好的数据透视表中,然后可在右侧的"数据透视表"任务窗格中拖动字段来添加和删除字段。添加字段时将字段拖入对应区域,而删除时则将字段脱离对应区域即可。

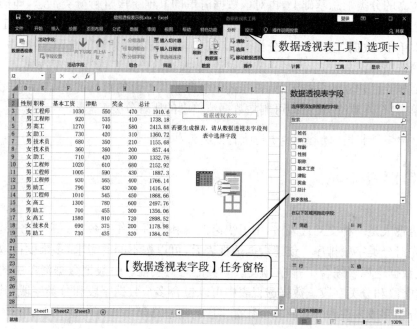

图 5-72　生成数据透视表

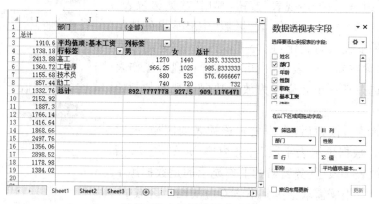

图 5-73　数据透视表示例

单击"∑值"区域中的值字段右侧的下拉按钮→"值字段设置",可以修改数据汇总方式和数字格式。

鼠标右键单击数据透视表,在弹出的快捷菜单中也可以快速设置数据格式、汇总方式、数据透视表选项、排序、筛选等。如想查看男性工程师的工资明细,将光标定位到男性工程师对应的数据上,单击右键,在弹出的快捷菜单中选择"显示详细信息",就会自动生成一张新工作表,表中罗列的是所有男性工程师的工资明细。

利用"数据透视表工具"选项卡可以对数据透视表进行位置移动、更改数据源、设置行列总计方式、设置数据透视表样式、添加数据透视图等操作。

删除数据透视表时,不能删除数据透视表的一部分,需要选中整个数据透视表区域,单击"开始"选项卡→"编辑"组→"清除"→"全部清除"命令删除。

3. 数据透视图

数据透视图是一个动态的图表，它将数据透视表以图表的形式显示出来，更直观地了解数据信息。

创建数据透视图的方法：单击"插入"选项卡→"图表"组→"数据透视图"按钮，在弹出的对话框中的设置，与创建数据透视表的过程相似，只不过在创建透视表的同时产生一张数据透视图。如果已经创建好数据透视表，就直接将光标定位在数据透视表区域内，单击"数据透视表工具"→"分析"选项卡→"工具"→数据透视图，就会直接生成数据透视图。

Excel 大多数的图表功能在数据透视图中一样适用。

5.6.5　模拟运算表与单变量求解

模拟运算表是一种预测分析的工具，可以显示 Excel 工作表中一个或多个数据的变化对计算结果的影响，求得某一过程中可能发生的数值变化，同时将这一变化列在表中以便比较。

简单来说，模拟运算表是一个单元格区域，用于显示公式中变量的更改对公式结果的影响。根据需要观察的数据变量的多少可以分为单变量和双变量模拟运算表两种形式。

需要注意的是，模拟运算表运算的结果是{TABLE}数组，表中的单个或部分数据是无法删除的，只能一起删除。

1. 单变量模拟运算表

若要了解一个或多个公式中一个变量如何改变这些公式的结果，就使用单变量模拟运算表。在单列或单行中输入变量值后，结果便会在相邻的列或行中显示。例如，可以使用单变量模拟运算表来查看不同的贷款年限对 PMT 函数计算的月还款额的影响。

图 5-74 所示，根据年利率、贷款总额、年限用函数 PMT 计算月还款额。

PMT 是一个财务函数，用于根据固定付款额和固定利率计算贷款的付款额。具体公式使用见图 5-73 中编辑栏。操作如下：

图 5-74　PMT 函数

① 在工作表任何空白单元格以"一列"的方式输入年限变化值(5、10、…、35)，并在右边相邻列的上方单元格中输入同上的计算月还款额公式(直接输入"＝D2"即可)，如图 5-75 中①所示。也可以以"一行"的形式输入年限，并在相邻行左侧输入月还款公式，如图 5-75 中②所示。

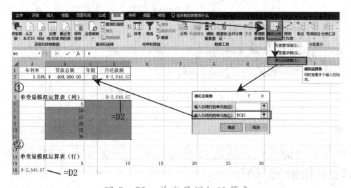

图 5-75　单变量模拟运算表

② 选中包含这两列数值所在的矩形区域内的所有单元格，然后单击"数据"选项卡→"数据工具"组→"模拟分析"下拉列表→"模拟运算表"命令。

③ 在弹出的"模拟运算表"对话框中，"输入引用列的单元格"文本框处引用 C2 单元格，这里"输入引用列的单元格"可以理解为变量。如果模拟运算表是行方向的（图 5-71②），则在"输入引用行的单元格"文本框中引用 C2 单元格。

④ 单击【确定】按钮后，就会产生结果，如图 5-76 所示。

5	单变量模拟运算表（列）					
6		¥-8,097				
7	5	-19036.6096				
8	10	-10783.3883				
9	15	-8096.73297				
10	20	-6800.04184				
11	25	-6057.54956				
12	30	-5590.36471				
13						
14	单变量模拟运算表（行）					
15		5	10	15	20	25	30
16	¥-8,097	-19036.60959	-10783.3883	-8096.732975	-6800.0418	-6057.5496	-5590.3647

图 5-76 单变量模拟运算表结果

2. 双变量模拟运算表

使用双变量模拟运算表可以查看两个变量的不同值对公式结果的影响。例如，可以使用双变量模拟运算表来查看贷款总额和贷款期限的不同组合对月还款额的影响。

① 在工作表任何空白单元格处以一列的方式输入年限变化值（5、10、…、35），在其相邻列右则以一行的方式输入贷款总额变化值（100000、150000、…、350000），然后在行列交叉的左上方的单元格中输入计算月还款额公式（也可以输入"=D2"）。

② 选中包含这一列一行数值所在的矩形区域内的所有单元格，打开"模拟运算表"对话框中，在"输入引用行的单元格"文本框处单击 B2 单元格，在"输入引用列的单元格"文本框处单击 C2 单元格。单击【确定】按钮完成计算。图 5-77 显示了过程和运算结果。

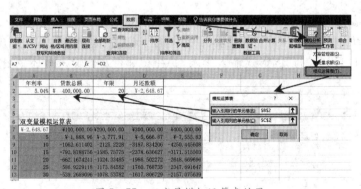

图 5-77 双变量模拟运算表结果

3. 单变量求解

模拟运算表根据各组输入值来确定可能的结果。单变量求解刚好相反，它是获取结果并确定生成该结果的可能的输入值。

该例中，若要求解月还款额为 5000 时的贷款总额，就可以用单变量求解来实现。先选中

D2 单元格,单击"数据"选项卡→"数据工具"组→"模拟分析"下拉列表→"单变量求解"命令,弹出"单变量求解"对话框,在"目标单元格"中选择 D2 单元格,在"目标值"框内输入目标值5000,在"可变单元格"框内单击 B2 单元格,如图 5 - 78 所示。意思是:当 D2 单元格内的值变成目标值 5000 时,贷款总额为多少。

图 5 - 78　单变量求解

第
六
章

数据库技术 Access 2019

随着信息技术的发展,数据库技术已经成为当今信息技术中应用最广泛的技术之一。本章首先对数据库系统做整体概述,介绍数据库的基本概念、数据库的发展、数据模型的描述以及常见的数据库管理系统,然后,详细介绍 Access 2019 的基本应用,包括创建数据库、数据表、查询、窗体、报表以及宏。

6.1 数据库系统概述

数据库技术是一种计算机辅助管理数据的方法,它研究如何组织和存储数据,如何高效地获取和处理数据。数据库系统是为适应数据处理的需要而发展起来的一种较为理想的数据处理系统,也是一个为实际可运行的存储、维护和应用系统提供数据的软件系统。

6.1.1 数据库的基本概念

要了解数据库技术,首先应该理解信息、数据、数据库、数据库管理系统和数据库应用系统等基本概念。

1. 信息与数据

信息(information)是客观事物存在方式或运动状态的反映和表述,它存在于我们的周围。简单地说,信息就是新的、有用的事实和知识。信息是管理活动的核心,要想把事物管理好就需要掌握更多的信息,并利用信息。社会越发展,信息的作用就越突出。

数据(data)是数据库管理和处理的基本对象。其表现形式不仅包括数字和文字,还包括图形、图像、声音等。这些数据可以记录在纸上,也可以记录在各种存储器中。它反映信息的内容并被计算机所识别。

数据和信息两者密不可分,信息是数据的内涵,是对数据具体的解释,可影响人们的行为和决策。数据是用来记录信息的可识别的符号,是信息的载体和具体表现形式。例如数据:张三,9912101,男,1981,计算机系,应用软件,解释为:张三是 9912101 班的男生,1981 年出生,计算机系应用软件专业。

由于数据能够书写,因而它能够被记录、存储和处理,从中挖掘出更深层的信息。可用多种不同的数据形式表示同一信息,而信息不随数据形式的不同而改变。因此,数据和信息是紧密相连的,很多时候这两个术语可以不加区分地使用。

2. 数据处理与管理

数据处理也称为信息处理,是计算机加工处理数据的过程,是各个领域的各种数据采集、存储、处理、合并、汇总等完整的操作过程,其目的是从大量的原始数据中抽取有价值的信息。

数据管理是指数据的收集整理、组织、存储、维护、检索、传送等操作,是数据处理业务的基本环节,而且是所有数据处理过程中必有的共同部分。数据管理比较复杂,由于数据量比较大,数据的种类繁杂,不仅要使用数据,而且要有效地管理数据,因此需要一个通用的、使用方便且高效的管理软件。

3. 数据库

数据库(DataBase,DB)是存储在计算机内、有组织、可共享的数据集合,它将数据按一定的数据模型组织、描述和储存,具有较小的冗余度,较高的数据独立性和易扩展性,可被多个不同的用户共享。形象地说,数据库就是为了实现一定的目的按某种规则组织起来的数据的集合,在现实生活中这样的数据库随处可见。学校图书馆的所有藏书及借阅情况、公司的人事档案、企业的商务信息等都是数据库。

数据库的概念实际上包含下面两种含义:

① 数据库是一个实体,它是能够合理保管数据的"仓库",用户在该"仓库"中存放要管理的事务数据;

② 数据库是数据管理的新方法和技术,它能够更合理地组织数据,更方便地维护数据,更严密地控制数据和更有效地利用数据。

4. 数据库管理系统

数据库管理系统(DataBase management system,DBMS)是专门用于管理数据库的计算机系统软件。数据库管理系统能够为数据库提供数据的定义、建立、维护、查询、统计等操作功能,并具有控制数据的完整性、安全性的功能。

数据库管理系统的目标是让用户能够更方便、更有效、更可靠地建立数据库和使用数据库中的信息资源。数据库管理系统是为设计数据管理应用项目提供的计算机软件,利用数据库管理系统设计事务管理系统可以达到事半功倍的效果。

数据库管理系统具有以下 4 个方面的主要功能。

(1) 数据定义功能　数据库管理系统能够提供数据定义语言(data description language,DDL),并提供相应的建库机制。用户利用 DDL 可以方便地建立数据库,当需要时,用户还可以将系统的数据及结构情况用 DDL 描述,数据库管理系统能够根据其描述执行建库操作。

(2) 数据操纵功能　实现数据的插入、修改、删除、查询、统计等操作的功能称为数据操纵功能。数据操纵功能是数据库的基本操作功能,数据库管理系统通过数据操纵语言(data manipulation language,DML)实现其数据操纵功能。

(3) 数据库的建立和维护功能　数据库的建立功能是指数据的载入、转储、重组织功能及数据库的恢复功能。数据库的维护功能是指数据库结构的修改、变更及扩充功能。

(4) 数据库的运行管理功能　数据库的运行管理功能是数据库管理系统的核心功能,它包括并发控制、数据的存取控制、数据完整性条件的检查和执行、数据库内部的维护等。所有数据库的操作都要在这些控制程序的统一管理下进行,以保证计算机事务的正确运行,保证数据库的正确、有效。

5. 数据库应用系统

凡使用数据库技术管理其数据(信息)的系统都称为数据库应用系统。一个数据库应用系统应有较大的数据量,否则它就不需要数据库管理。

数据库应用系统的应用非常广泛,可以用于事务管理、计算机辅助设计、计算机图形分析和处理、人工智能等系统中,即所有数据量大、数据成分复杂的地方都可以使用数据库技术管理数据。

数据库管理系统是提供数据库管理的计算机系统软件,数据库应用系统是实现某种具体事务管理功能的计算机应用软件。数据库管理系统为数据库应用系统提供了数据库的定义、存储和查询方法,数据库应用系统通过数据库管理系统管理其数据库。

6. 数据库系统

数据库系统是指带有数据库并利用数据库技术管理数据的计算机系统。一个数据库系统应由计算机硬件、数据库、数据库管理系统、数据库应用系统和数据库管理员 5 部分构成,如图 6-1 所示。

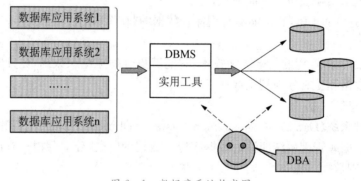

图 6-1　数据库系统构成图

数据库应用系统包括为特定应用环境建立的数据库、开发的各类应用程序、编写的文档资料等内容,它们是一个有机的整体。运行数据库应用系统,可以实现对数据库中数据的维护、查询、管理和处理操作。数据库应用系统可以应用在信息管理系统、人工智能、计算机控制和计算机图形处理等各个方面。数据库管理系统能够为数据库提供数据的定义、建立、维护、查询、统计等操作功能,并具有对数据的完整性、安全性进行控制的功能。数据库管理员(DataBase administrator,DBA)负责全面管理和控制数据库系统。

6.1.2　数据库的发展历史

计算机数据管理随着计算机硬件、软件技术和计算机应用范围的发展而不断发展,数据管理技术经历了人工管理、文件系统和数据库技术 3 个发展阶段。

1. 人工管理阶段

20 世纪 50 年代以前,计算机主要用于数值计算。当时的硬件外存只有纸带、卡片、磁带,没有直接存取的储存设备;软件还没有操作系统,没有管理数据的软件;数据量小,数据无结构,由用户直接管理,数据间缺乏逻辑组织,数据依赖于特定的应用程序,缺乏独立性。数据处理是由程序员直接与物理外部设备打交道,数据管理与外部设备高度相关,一旦物理存储发生变化,数据则不可恢复。

人工管理阶段的特点是:

① 用户完全负责数据管理工作,如数据的组织、存储结构、存取方法、输入输出等;

② 数据完全面向特定的应用程序,每个用户使用自己的数据,数据不保存,用完就撤走;

③ 数据与程序没有独立性,程序中存取数据的子程序随着存储结构的改变而改变。

这一阶段管理的优点是廉价地存放大容量数据;缺点是数据只能顺序访问,耗费时间和空间。

2. 文件系统管理阶段

1951 年出现了第一台商业数据处理电子计算机,标志着计算机开始进入以加工数据为主的事务处理阶段。20 世纪 50 年代后期到 60 年代中期,出现了磁鼓、磁盘等直接存取数据的设备。这种基于计算机的数据处理系统从此迅速发展起来。

这种数据处理系统是把计算机中的数据组织成相互独立的数据文件,系统可以按照文件的名称访问,存取文件中的记录,并可以实现对文件的修改、插入和删除,这就是文件系统。文件系统实现了记录内的结构化,即给出了记录内各种数据间的关系,但是,从整体来看却是无结构的。其数据面向特定的应用程序,因此数据的共享性、独立性差,且冗余度大,管理和维护的代价也很大。

文件系统阶段的特点是:

① 系统提供一定的数据管理功能,即支持对文件的基本操作(增添、删除、修改、查询等),用户程序不必考虑物理细节;

② 数据的存取基本上是以记录为单位的,数据仍是面向应用的,一个数据文件对应一个或几个用户程序;

③ 数据与程序有一定的独立性,文件的逻辑结构与存储结构由系统转换,数据在存储上的改变不一定反映在程序上。

这一阶段管理的优点是,数据的逻辑结构与物理结构有了区别,文件组织呈现多样化;缺点是,存在数据冗余性、数据不一致性,数据联系弱。

3. 数据库技术管理阶段

20 世纪 60 年代后期,计算机性能得到提高,重要的是出现了大容量磁盘,存储容量大大增加且价格下降。在此基础上,有可能克服文件系统管理数据时的不足,而满足和解决实际应用中多个用户、多个应用程序共享数据的要求,从而使数据能为尽可能多的应用程序服务,这就出现了数据库这样的数据管理技术。数据库的特点是数据不再只针对某一特定应用,而是面向全组织,具有整体的结构性,共享性高,冗余度小,具有一定的程序与数据间的独立性,并且实现了数据统一控制。数据库技术为用户提供了一种使用方便、功能强大的数据管理手段。数据库技术成为计算机科学领域内的一个独立的学科分支。

数据库系统和文件系统相比具有以下主要特点。

(1) 面向数据模型对象 数据库设计的基础是数据模型。在设计数据库时,要站在全局抽象和组织数据;要完整、准确地描述数据自身和数据之间联系的情况;要建立适合整体需要的数据模型。

（2）数据冗余度小　数据冗余度小是指重复的数据少。由于数据库系统是从整体角度看待和描述数据的，数据不再是面向某个应用，而是面向整个系统，因此数据库中同样的数据不会重复出现。数据库中的数据冗余度小，避免了由于数据冗余带来的数据冲突问题，也避免了由此产生的数据维护麻烦和数据统计错误。

（3）数据共享度高　数据库系统通过数据模型和数据控制机制提高数据的共享性。数据共享度高会提高数据的利用率，使数据更有价值，使用更容易、方便。

（4）数据和程序具有较高的独立性　由于数据库中的数据定义功能和数据管理功能是由 DBMS 提供的，因此数据对应用程序的依赖程度大大降低，数据和程序之间具有较高的独立性。数据和程序相互之间的依赖性低、独立性高的特性称为数据独立性高。数据独立性高，程序在设计时不需要有关数据结构和存储方式的描述，从而减轻了程序设计的负担。当数据及结构变化时，如果数据独立性高，程序的维护也比较容易。

（5）统一的数据库控制功能　数据库是系统中各用户的共享资源，数据库系统通过 DBMS 对数据进行安全性控制、完整性控制、并发控制和数据恢复等。

（6）数据的最小存取单位　在文件系统中，由于数据的最小存取单位是记录，这给使用和操作数据带来许多不便。而数据库系统的最小数据存取单位是数据项。使系统在查询、统计、修改及数据再组合等操作时，能以数据项为单位进行条件表达和数据存取处理，给系统带来了高效性、灵活性和方便性。

6.1.3　数据模型

现实世界的数据是散乱无章的，散乱的数据不利于人们的管理和处理。因此，必须把现实世界的数据按照一定的格式组织起来，以方便对其操作和使用。而数据模型（data model）是数据特征的抽象，用以描述数据的共性及实体与实体之间的联系。数据模型既要面向现实世界，又要面向机器世界，因此需满足 3 个要求：

① 能够真实地模拟现实世界；

② 容易被人们理解；

③ 能够方便地在计算机上实现。

从历史上来看，数据库系统支持的数据模型主要有层次模型、网状模型和关系模型。

1. 层次模型

用树形结构来表示实体及其之间联系的模型，如图 6-2 所示。数据被组织成由"根"开始的"树"，每个实体由根开始沿着不同的分支单线延伸。层次模型的特点：记录之间的联系

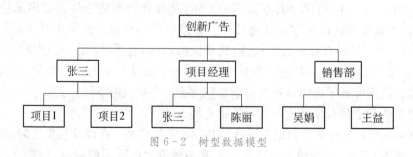

图 6-2　树型数据模型

通过指针实现,查询效率高。该模型的缺点是只能表示 1∶n 的联系。对于多对多的联系,虽然采用许多辅助手段实现,但比较复杂,不易掌握。层次模型的树是有序树(层次顺序)。对任一个节点的所有子树都规定了先后次序,这一限制隐含了对数据库存取路径的控制。树中父子节点之间只存在一种联系,因此,对树中的任一节点,只有一条自根节点到达它的路径。树节点中任何记录的属性只能是不可再分的简单数据类型。

2. 网状模型

以实体型为节点的图表示各实体及其之间的联系的模型,如图 6-3 所示。优点是很容易反映实体之间的关系,同时还避免了数据的重复性,适用于表示多对多的联系。缺点是这种关系错综复杂,而且当数据库逐渐增多时,将很难对结构中的关联性进行维护,使得数据库的维护变得非常复杂。

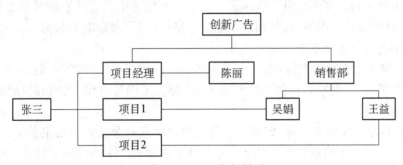

图 6-3　网状数据模型

3. 关系模型

关系模型是用表结构来表示实体及实体之间的联系,如图 6-4 所示。也就是说,它把每一个实体集合看成一张二维表即关系表。在一个二维表格中,每一行称为一条记录,用来描述一个对象的信息。每一列称为一个字段,用来描述对象的一个属性。数据表与数据表之间存在相应的关联,这些关联被用来查询相关的数据。

销售项目表

编号	名称	营销员	负责人
1	项目1	吴娟	E001
2	项目2	王益	E002

员工表

员工编号	姓名	性别	工资
E001	张三	男	2016
E002	陈丽	女	3016
E003	吴娟	女	200
E004	王益	男	200

图 6-4　关系型数据模型

这种模型的数据库的优点是:

① 数据结构单一,关系模型中不管是实体还是实体之间的联系,都用关系来表示,而关系都对应一张二维数据表,数据结构简单、清晰。

② 关系规范化,并建立在严格的理论基础上。构成关系的基本规范要求关系中每个属性不可再分割。

③ 概念简单,操作方便。用户容易理解和掌握,一个关系就是一张二维表格,用户只需用简单的查询语言就能对数据库进行操作。

所以,这种存储结构的数据模型是目前市场上使用最广泛的数据模型。

6.1.4 关系数据库

关系数据库就是基于关系模型的数据库。在计算机中,关系数据库是数据和数据库对象的集合。它是由数据表和数据表之间的关联组成的,其中数据表是一个由行和列组成的二维表,数据表中的行称为记录,它代表众多具有相同属性的对象中的一个。数据表中的列通常称为字段,它代表相应数据表中存储对象的共有属性。图6-4所示是某公司的员工信息表。该表中的信息都是该公司的员工信息,表中的每条记录代表一个员工的完整信息。每个字段代表员工的一方面信息。这样就组成了一个相对独立于其他数据表之外的员工信息表,可以对这个表进行添加、删除和修改记录等操作,而不会影响到数据库中其他数据表。关系数据库中有两个重要术语:

(1)主关键字 也称为主键,由一个或者多个字段构成,其值能唯一地标识表中的一条记录。员工表里,员工的姓名可能会出现重复,但是员工编号肯定不会相同,因此可将员工编号字段作为主键。

(2)外关键字 又称为外键,如果一个公共关键字在一个关系中是主关键字,那么这个公共关键字称为另一个关系的外关键字。外关键字表示两个关系之间的联系。员工编号字段在员工表中为主关键字,而在销售项目表中,负责人的信息来源于员工表的员工编号,负责人字段为销售项目表的外键。通过该字段可以知道该项目负责人的详细信息,从而实现两个表的联系。

在关系数据库的分析和设计中经常会用到实体-关系模型(即E-R图),它用简单的图形反映了现实世界中存在的事物或数据及它们之间的关系。它有3部分组成,即实体、属性和关系。

实体是现实世界中描述客观事物的概念,是具有公共性质的可相互区分的现实世界对象的集合。可以是具体的事物,如学生、课程、职工等,也可以是抽象的概念或联系,如学生选课、师生关系等。在E-R图中用矩形框表示实体,把实体名写在框内。

属性是指实体所具有的特征或性质,如学生的学号、姓名、性别等。这些属性组合成一个实体实例的基本数据信息。每个属性都有它的数据类型和特性。在设计表时,通常把一个实体映射成一张表,该实体的属性映射为该表的字段。

联系是数据之间的关联集合,是客观存在的应用语义链。联系又分为实体内部的联系和实体之间的联系。实体内部联系是指一个实体内属性之间的联系,如职工实体内部的职工号和该职工的部门经理号。实体之间的联系是指不同实体之间的联系,如课程实体和学生实体之间存在选课联系。实体之间的联系用菱形框表示,框内写上联系名,并用连线与有关的实体相连。联系的种类有3种,即一对一的联系、一对多的联系和多对多的联系。

一对一的联系是指如果实体A中的每个实例在实体B中至多有一个(也可以没有)实例与之关联,反之亦然,则称实体A与实体B具有一对一联系,记作1:1。例如一个班级只有一个正班长,而一个班长只属于一个班级,班级和班长之间就是一对一的联系。部门和正经理(假设一个部门只有一个正经理,一个人只当一个部门的经理)、系和正系主任(假设一个系只有一个正主任,一个人只当一个系的主任)都是一对一联系。对于一对一关系,设计表时,可以把任意一个表的主关键字加到另一个表中作为外键,来体现两个实体之间的联系。

一对多的联系是指如果实体 A 与实体 B 之间存在联系,并且对于实体 A 中的一个实例,实体 B 中有多个实例与之对应;而对实体 B 中的任意一个实例,在实体 A 中都只有一个实例与之对应,则称实体 A 到实体 B 的联系是一对多的,记为 1:n。有部门和职工两个实体,并且有语义:一个部门可以有多名职工,但是一个职工只在一个部门工作。则部门和职工之间的联系是一对多的,这种联系命名为工作。同样,学生和班级之间、职工和部门之间都是一对多的联系。对于一对多关系,设计表时可以把一方的主关键字加到多方作为一个字段,即外键,来体现两个实体之间一对多的联系。

多对多的联系是指如果实体 A 与实体 B 之间存在联系,并且对于实体 A 中的一个实例,实体 B 中有多个实例与之对应;而对实体 B 中的一个实例,在实体 A 中也有多个实例与之对应,则称实体 A 到实体 B 的联系是多对多的,记为 m:n。有学生和课程两个实体,一个学生可以修多门课程,一门课程可以被多个学生修。那么学生和课程之间的联系就是多对多的,我们把这种联系命名为选课。对于多对多关系,设计表时通常定义第三个表,也称为纽带表,把这两个表联系起来。纽带表中包含它所关联的两个表的主关键字再加上联系自身的属性,从而实现多对多的联系。

学生选课系统 E-R 图如图 6-5 所示。该图可以转为数据库中表的设计,每个实体映射为一张表,属性映射为字段。系别和学生之间是一对多的关系,所以系别表包含系编号、系名、地址、电话 4 个字段,其中系编号为该表的主关键字。学生表包含学生编号、学生姓名、性别、年龄、专业、四级通过情况,再加上系别表中的主关键字系编号,所以一共 7 个字段,其中学生编号能够唯一确定一个学生的基本信息,所以该字段可以定义为该表的主关键字。课程表包含课程编号、课程名称、学分、学时 4 个字段,其中课程编号为该表的主关键字。由于学生和课程之间是多对多的联系,需要定义第三方纽带表(定义为成绩表),其包含关联双方的主关键字和自身的属性,所以应该包含学生编号、课程编号和成绩 3 个字段,其中学生编号和课程编号共同确定一个成绩信息,所以该表的主键由学生编号和课程编号共同组成。

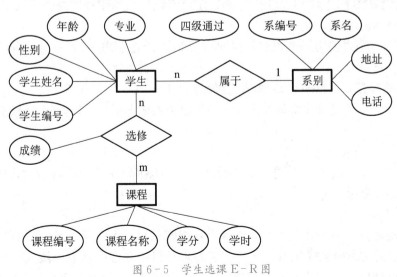

图 6-5　学生选课 E-R 图

6.2 Access 2019 入门

Access 作为 Microsoft Office 办公软件的组件之一,是一种关系型数据库系统,随着版本的一次次升级,已成为当前 Windows 环境下非常流行的桌面型数据库管理系统。Access 是一个面向对象的、采用事件驱动的关系型数据库管理系统,通过 ODBC 可以与其他数据库相连,实现数据交换和数据共享,也可以与 Word、Excel 等办公软件交换和共享数据,还可以采用对象链接与嵌入(OLE)技术,在数据库中嵌入和链接音频、视频、图像等多媒体数据。无需编写任何代码,只需通过直观的可视化操作就可以完成大部分的数据库管理工作。它不但能存储和管理数据,还能编写数据库管理软件,用户可以通过 Access 提供的开发环境及工具方便地构建数据库应用程序。也就是说,Access 既是后台数据库,同时也可以是前台开发工具。作为前台开发工具,它还支持多种后台数据库,可以连接 Excel 文件、Foxpro、Dbase、SQL Server 数据库,甚至还可以连接 MySQL、文本文件、XML、Oracle 等。

6.2.1 基本特点

Access 数据库的特点如下:

① 利用窗体可以方便地操作数据库。

② 利用查询可以实现信息的检索、插入、删除和修改,可以以不同的方式查看、更改和分析数据。

③ 利用报表可以对查询结果和表中数据进行分组、排序、计算、生成图表和输出信息。

④ 利用宏可以将各种对象连接在一起,提高应用程序的工作效率。

⑤ 利用 Visual Basic for Application 语言,可以实现更加复杂的操作。

⑥ 系统可以自动导入其他格式的数据并建立 Access 数据库。

⑦ 具有名称自动纠正功能,可以纠正因为表的字段名变化而引起的错误。

⑧ 通过设置文本、备注和超级链接字段的压缩属性,可以弥补因为引入双字节字符集支持而对存储空间需求的增加。

⑨ 报表可以通过使用报表快照和快照查看相结合的方式,来查看、打印或以电子方式分发。

⑩ 可以直接打开数据库对象、图表、存储过程和 Access 项目视图。

⑪ 支持记录级锁定和页面级锁定。通过设置数据库选项,可以选择锁定级别。

6.2.2 基本功能

Access 2019 的基本功能包括组织数据、创建查询、生成窗体、打印报表、共享数据、支持超级链接和创建应用系统。

1. 组织数据

组织数据是 Access 最主要的作用。一个数据库就是一个容器,Access 用它来容纳自己的数据并提供对对象的支持。Access 中的表对象是组织数据的基本模块,用户可以将每一种类型的数据放在一个表中,可以定义各个表之间的关系,从而将各个表相关的数据有机地联系在一起。表是 Access 数据库最主要的组成部分,一个数据库文件可以包含多个表对象。一个表实际上就是由行、列数据组成的一张二维表格。字段就是表中的列,字段存放不同的数据类型,具有一些相关的属性。

2. 创建查询

查询是按照预先设定的规则有选择地显示一个表或多个表中的数据信息。查询是关系数据库中的一个重要概念,是用户操纵数据库的一种主要方法,也是建立数据库的目的之一。需要注意的是查询对象不是数据的集合,而是操作的集合。可以这样理解,查询是针对数据表中数据源的操作命令。

在 Access 数据库中,查询是一种统计和分析数据的工作,利用查询,可以按照不同的方式查看、更改和分析数据,也可以利用查询作为窗体、报表和数据访问页的记录源。查询的目的就是根据指定的条件检索数据表或其他查询,筛选出符合条件的记录,构成一个新的数据集合,方便用户查看和分析数据库。

3. 生成窗体

窗体是用户和数据库应用程序之间的主要接口,Access 2019 提供了丰富的控件,可以设计出丰富美观的用户操作界面。利用窗体可以直接查看、输入和更改表中的数据,而不在数据表中直接操作,极大地提高了数据操作的安全性。Access 2019 提供了一些新工具,可帮助用户快速创建窗体,并提供了新的窗体类型和功能,以提高数据库的可用性。

4. 打印报表

报表是以特定的格式打印显示数据最有效的方法。报表可以将数据库中的数据以特定的格式显示和打印,可以实现汇总、求平均值等计算。利用 Access 2019 的报表设计器可以设计出各种各样的报表。

6.2.3 数据库的创建和基本使用

本节将首先介绍使用模板和向导构建数据库的方法,然后再介绍数据库对象的各种必要操作。

1. 数据库的创建

(1) 创建空白桌面数据库 启动 Access 界面,就可以看到各种数据库模板。第一个模板就是"空白桌面数据库"。左键单击,弹出图 6-6 所示界面,输入数据库名称,单击"文件

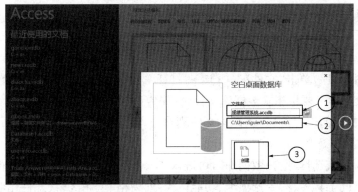

图 6-6 空白桌面数据库的创建

夹"按钮设置存储位置,单击【创建】按钮,系统即创建了新的空白数据库。数据库文件扩展名为. accdb。

（2）使用模板创建数据库　Access 中自带了各种数据库模板。左键单击所需模板,输入数据库名称,单击"文件夹"按钮设置存储位置,单击【创建】按钮,系统则按选中的模板自动创建新数据库。创建完成后,进入按模板新创建的数据库主界面。系统提供了各种类型的数据表、查询、窗体和报表等模板,可以根据需要编辑。

2. 数据库的使用

数据库创建后可以对其进行基本的操作。

（1）保存数据库　在 Access 中,数据库文件的保存与其他 Office 文件的保存的含义不太相同。数据库文件一旦创建好,也就保存好了。单击数据库中的"保存"命令或快速访问工具栏的 ▣ 按钮,弹出"另存为"对话框。此操作保存的是数据库中的对象。输入数据库对象的名称,单击【确定】按钮,即保存好了数据库对象,如图 6-7 所示。

图 6-7　保存数据库对象

（2）关闭数据库　关闭数据库有以下几种操作方法:

① 在 Access 工作窗口,选择"文件"选项卡→"关闭"命令。

② 单击数据库窗口右上角的关闭按钮。

③ 快捷键[Alt]+[F4]。

（3）打开数据库　要使用数据库,必须先打开数据库。一般双击数据库文件,或者打开 Access 2013 应用程序,单击"文件"选项卡→"打开"选择数据库文件,打开该数据库。

（4）删除数据库　要想删除数据库文件,首先应该保证当前数据库文件没有处于打开状态,然后找到该文件的保存位置,选择该文件删除。

3. Access 界面简介

选择一个模板或选择"空白数据库",可进入 Access 的主窗口界面,如图 6-8 所示,整个主界面由快速访问工具栏、命令选项卡、功能区、导航窗格、工作区、状态栏几部分组成。

命令选项卡是把 Access 的功能操作分类,以"文件""开始""创建""外部数据""数据库工

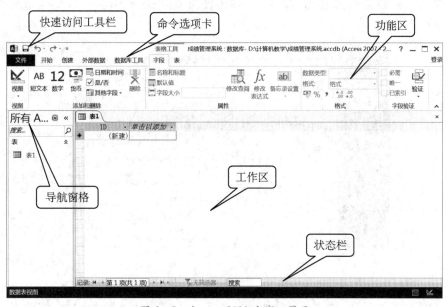

图 6-8 Access 2019 主窗口界面

具""字段""表"等选项卡形式组织,选项卡的内容随着当前处于活动状态的对象不同而改变。

　　功能区列出了当前选中的命令选项卡所包含的功能命令,各功能以分组形式组织,如图 6-9 所示的开始功能区中就包含"视图""剪贴板""排序和筛选""记录""查找""文本格式""中文简繁转换"7 个命令分组。每组中显示了常用命令,若还有其他详细设置,则单击每组右下角的 按钮,可详细设置命令。

图 6-9 功能区

　　快速访问工具栏可以定义一些常用命令,以方便操作。默认命令集 为"保存""撤销"和"恢复"。单击右边的下拉按钮自定义快速访问工具栏。通过"自定义快速访问工具栏"可以选择或取消显示在快速访问工具栏中的命令,也可以选择"其他命令",打开"Access 选项",进行更高级的快速访问工具栏设置。

　　导航窗格和状态栏的使用同 Office 2019 的其他应用程序类似。

4. 不同版本之间的转换

　　默认的扩展名为.accdb。accdb 文件格式是从 Office Access 2007 中引入的,在 Access 2007 之前文件格式使用.mdb 扩展名,并且有多个不同版本的.mdb 文件格式。如果文件是以 Access 2002、Access 2003 或 Access 2000 文件格式存储的,可以正常打开和使用,但是无法使用要求.accdb 文件格式的功能。

　　mdb 和 accdb 格式互转的操作步骤如下:打开需要转换的数据库文件,单击"文件"选项卡→"另存为"→"数据库另存为"命令,然后选择需要转换的 Access 数据库格式即可,如图 6-10 所示。

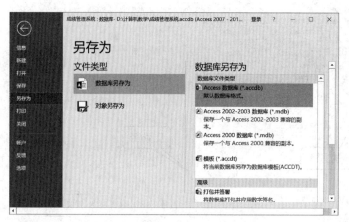

图 6-10　数据库另存为不同的版本

▶▶ 注　Office 版本不同,格式转换的操作也会不同。有些版本是单击"文件"选项卡→"发布",来实现格式转换。

6.2.4　数据库的基本对象

Access 数据库有 5 个基本对象:表、查询、窗体、报表及宏。这些对象在数据库中各自负责一定的功能,并且相互协作。

(1) 表对象(Table)　表又称数据表,是数据库中用来存放数据的对象,是 Access 数据库的核心。它是整个数据库的数据源,也是创建其他数据库对象的基础。表由记录组成,记录由字段组成,字段存放不同的数据类型,具有一些相关的属性,每一个表都有自己的表名和结构。

(2) 查询对象(Query)　查询是用来检索和查看数据的对象。在 Access 的查询中,不仅可在一个表中查询,也可以在多个表中获取满足指定条件的数据。许多窗体和报表都基于查询,在数据显示前先对筛选数据。另外,经常从程序中调用查询来更改、添加或者删除数据库记录。

(3) 窗体对象(Form)　窗体是向用户提供交互式图形界面的一种对象。通过窗体对象,用户能非常方便地对表对象、查询对象中的数据进行管理和维护,如记录的添加、显示、修改和删除等工作。

(4) 报表对象(Report)　报表是用于打印输出的一种对象,提供在数据库中查看、格式化和汇总信息等。Access 支持几种不同类型的报表。报表可以列出给定表中的所有记录或者仅列出符合某个标准的记录。报表可以结合多种表来呈现不同数据集间的复杂关系,如可以为所有联系人创建一个简单的电话号码报表,或为不同地区和时间段的总销售额创建一个汇总报表。

(5) 宏对象(Macro)　宏是由一个或多个操作组成的集合,其中每个操作都实现特定的功能。当运行一个宏时,就会依次执行这个宏中定义的每个操作。比如打开一个窗体、执行一种查询、预览一个报表等。Access 列出了一些常用的操作供用户选择,使用起来十分方便,简化数据库中机械式的重复性工作。

总体来说,在数据库中,表用来存储数据;查询用来查找数据;通过窗体、报表获取数据;而宏则用来实现数据的自动操作。数据库最重要的功能就是获取数据库中的数据,所以数据在数据库各个对象间的流动就成为我们最关心的事情。

为了以后建立数据库的时候能清楚地安排各种结构,应该先了解一下 Access 数据库中对象间的作用和联系。作为一个数据库,最基本的就是要有表,并且表中存储了数据。比如"成绩管理"数据库,首先要建立表,然后将学生基本信息、课程信息以及系别信息输入到这些数据表中,这样就有了数据库中的数据源。有了这些数据以后,就可以将它们显示在窗体上。这个过程就是将表中的数据和窗体上的控件建立连接,Access 中把这个过程叫做绑定。这样就可以通过屏幕上各种各样的窗体界面,获得真正存储在表中的数据。再按照某种格式打印出不同格式的报表,实现了数据库中的数据在计算机和人之间的交互。

6.3 数据库表的设计与创建

表是 Access 中管理数据的基本对象,是数据库中所有数据的载体,一个数据库通常包含若干个数据表对象。只有创建数据库表以后,才能创建其他数据库对象。

6.3.1 表结构的定义

表结构是表的框架,一般在表的设计视图中定义表结构。图 6-11 所示就是设计视图界面,是将图 6-5 中的学生实体定义为数据库中的表。定义表结构就是定义二维表的每列的字段名称、数据类型、字段属性等各项参数。

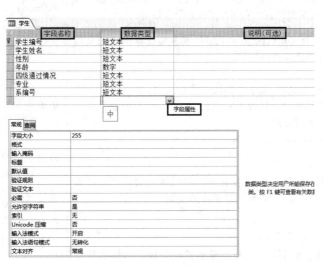

图 6-11 学生信息表结构定义

1. 字段名称

最大长度为 64 个字符,可以包含字母、数字、空格和特殊字符(除句号、感叹号、重音符、方括号、双引号外)的任意组合,但不能以前导空格开始。在一个表中字段的名称必须是唯一的,即不允许出现完全相同的字段名。

2. 数据类型

数据类型决定了数据存储的大小以及使用方式。用 Access 创建表时,需要为每列数据选择一种数据类型。表 6-1 简要概述了 Access 数据库中可用的数据类型,谨慎选择数据类型有助于利用更多 Access 功能,同时提高存储信息的准确性。

表 6-1　数据类型表

数据类型	用　　法	大　　小
短文本	字母、数字、符号、汉字等数据	最多 255 个字符
长文本	大量字母、数字、句子和段落	最多约 1 GB
数字	数学计算的数值数据	1、2、4、8 或 16 个字节
大型页码	大数数据类型可存储非货币的数值,并与 ODBC 中的 SQL_BIGINT 数据类型兼容。这种数据类型可高效计算大数	$-2^{63} \sim 2^{63}-1$
日期/时间	日期和时间	8 个字节
货币	货币数据	8 个字节
自动编号	Access 为每条新记录生成的唯一值	4 个字节
是/否	布尔(真/假)数据	1 个字节
OLE 对象	基于 Windows 的应用程序中的图片、图形或其他 ActiveX 对象声音、Word 文档、电子表格等	最多 2G
超链接	因特网、Intranet、局域网(LAN)或本地计算机上的文档或文件的链接地址	最多 8,192 个字符
附件	附加图片、文档、电子表格或图表等文件;每个附件字段可以为每条记录包含无限数量的附件,最大为数据库文件大小的存储限制	最大约 2 GB
计算	可以创建使用一个或多个字段中数据的表达式。可以指定表达式产生的不同结果数据类型	取决于结果类型属性的数据类型。短文本数据类型结果最多可以包含 243 个字符。长文本、数字、是/否和日期/时间与它们各自的数据类型一致
查阅向导	查阅向导条目实际上并不属于数据类型。选择此条目时将启动一个向导,帮助定义简单或复杂查阅字段。简单查阅字段使用另一个表或值列表的内容来验证每行中单个值的内容。复杂查阅字段允许在每行中存储相同数据类型的多个值	取决于查阅字段的数据类型

3. 字段说明

该项是可选的,用于帮助说明该字段。如果在"数据表"视图或者"窗体"中选择了该字段,将在状态栏上自动显示该字段的说明。

4. 字段属性

(1) 字段大小　设置文本字段的大小或者数字字段存储的类型。

(2) 格式　选择或自定义数据格式。

(3) 小数位数　对数字或货币字段设置小数位数。

(4) 输入掩码　使输入的数据有统一的格式。例如,输入邮政编码时,设置输入掩码为000000,以后输入时必须输入 6 个数字。

(5) 标题　在数据表视图或者窗体中,可作为该字段的标签。

(6) 默认值　插入一条新纪录时,默认值自动作为该字段的值。例如,性别字段设置默认值为"男"。

(7) 验证规则　用于设置输入条件。例如,学生信息表中"年龄"字段要求在 15～30 岁之间,否则无法输入,只要在此处输入">=15 And <=20"即可实现。

(8) 验证文本　当输入的数据不满足"验证规则"中设置的条件时,显示的文本提示信息,例如"年龄必须在 15 到 30 岁之间"。

(9) 必须　该字段是否必须取值。

(10) 允许空字符串　对文本字段是否允许出现零长度的字符串。

(11) 索引　该字段是否为索引字段。

(12) 输入法模式　当光标移到该字段时,是否启用汉字输入法。

(13) 文本对齐　设置文本的对齐方式。

6.3.2 数据表创建

数据库表创建的常用方法有 3 种,用户可根据具体情况选用。如果所设计的数据表近似于系统提供的模板,比如符合联系人或资产的相关结构属性,则选用模板创建较简便;如果是现有数据源,则选用导入外部数据方法;如果表结构需要个性化定义,则可通过"创建"选项卡→"表格"功能区来自己创建。这里重点介绍两种方法。

方法一:通过"创建"选项卡→"表格"组创建　由图 6-12 可以看到,在"表格"组可以通过 3 种方式创建新表:

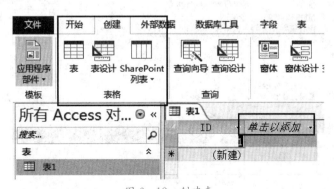

图 6-12　创建表

◁ 选择"表"命令。这种方法直接打开表,默认会有数据类型为自动编号的 ID 字段,单击"单击以添加"命令,如图 6-12 所示,选择字段数据类型,输入字段名称达到添加字段的目的,然后直接输入数据即可。

◁ 选择"表设计"命令,通过设计视图创建表,如图 6-11 所示。表结构创建好后,单击"表格工具"→"设计"选项卡→"视图"下拉列表→"数据表视图"命令,输入数据即可。

◁ 选择"SharePoint 列表"命令。在 SharePoint 网站上创建一个列表,然后在当前数据库创建一个表,并将其链接到新建的表。

方法二:导入外部数据创建 单击"外部数据"选项卡,就可以看到"导入并链接"组,如图 6-13 所示。在此处,可导入其他数据库的数据表、Excel 电子表格、PDF 或 XPS 数据、文本文件、XML 文件或其他格式的数据文件来创建数据表。

图 6-13 导入外部数据创建表

6.4 数据表的基本使用

数据表的基本使用主要包括对数据的查看、更新、插入、删除,以及排序、筛选等操作。

6.4.1 查看和编辑数据表数据

数据表打开后,数据表视图下方的记录编号框可以帮助快速定位、查看记录,如图 6-14 所示。可以通过记录编号框中的按钮移动记录,也可以在中间的数字输入框中输入要定位的记录数,比如输入"5",即可定位到第 5 条记录;另外,也可以在搜索框中输入记录内容,则当前记录会直接定位到与所设定的内容匹配的记录。也可通过"开始"选项卡→"查找"组→"转至"功能实现记录的跳转。

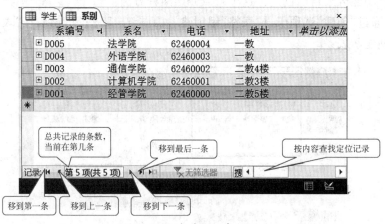

图 6-14 查看数据表数据

可直接在所需修改处直接修改记录内容,所作改动将直接保存;如需添加记录,在最后一行可直接添加;如需删除记录,首先将鼠标放到要删除记录的最左侧,当鼠标变成黑色向右箭头➡时,单击鼠标右键,选中该条记录,在弹出的快捷菜单中选"删除记录"即可。配合[Shift]键可连续选中相邻的多条记录一次删除。

6.4.2 修改数据表显示格式

在数据表视图中,可以像 Excel 中一样直接拖动行、列分界线,直接改变行高和列宽。也可以选中该行或该列,然后单击右键,弹出快捷菜单,设置行、列的一些属性。

数据表默认是按照字段设计顺序排列的,也可以根据需要调整列顺序。要将图 6-14 中的"地址"字段调整到"电话"之后,则左键单击"地址"列,选中该列后,按住鼠标左键向右拖动,当拖动到"电话"右侧出现一条黑线时,释放鼠标左键,列顺序即被重新安排。

其他格式可在"开始"选项卡→"文本格式"组设置,如字体格式、网格线、填充及背景色等,也可通过单击"文本格式"组右下角的对话框启动器 ⬜,打开"设置数据表格式"对话框,进行综合设置。

6.4.3 记录的排序和筛选

1. 记录的排序

当用户打开一个数据表时,Access 显示的记录数据是按照用户定义的主键排序的,未定义主键的表,则按照输入顺序排序。如果需要重新排列表中记录的顺序,先选中要排序的列,然后使用"开始"选项卡→"排序和筛选"组→"升序/降序"命令来完成。也可以右键单击该列,在快捷菜单中选择"升序"或"降序"来完成。单击"取消排序"命令取消排序。如课程信息表按照"课程编号"字段升序排列的结果如图 6-15 所示。

当需要对多个字段排序时,此种方法要求排序字段在数据表中必须是相邻的。如果不相邻,则需要选择"开始"选项卡→"排序和筛选"组→"高级"下拉列表→"高级筛选/排序"命令来完成。如要求课程信息表中先按照"学分"字段升序排列,当"学分"相同时再按照"课程编号"字段降序排列,单击"高级筛选/排序"命令,显示筛选设计视图,如图 6-16 所示,先选择字段和相应的排序顺序,然后单击"切换筛选"命令,即可看到排序结果。

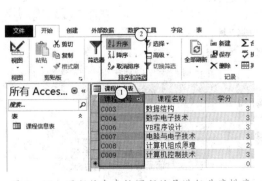

图 6-15 课程信息表按课程编号进行升序排序

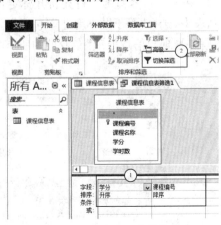

图 6-16 多字段高级排序

2. 记录的筛选

筛选是指仅显示满足条件的记录,而不满足条件的记录暂时隐藏。Access 提供了强大的筛选功能,共有 4 种筛选方法。

(1) 按内容筛选   打开表,选中某一字段,单击"排序和筛选"组→"筛选器"命令或者单击字段名右下角的下拉按钮,会出现弹出式菜单,如图 6-17 所示,根据字段的取值,选择其中的某一个或者几个取值,Access 就会根据所选的内容筛选出结果。例如,筛选出四级通过的学生信息,在弹出式菜单中,只要勾选"通过"复选框,单击【确定】按钮即可。

还可以使用"文本筛选器"筛选文字包含信息。例如,筛选出姓罗的所有学生记录。在"姓名"列字段上单击右键,在弹出菜单中选择"文本筛选器"→"开头是…"命令,弹出"自定义筛选器"对话框,如图 6-18 所示,在编辑框中输入筛选条件"罗",单击【确定】按钮,即可筛选出所有姓罗的学生记录。

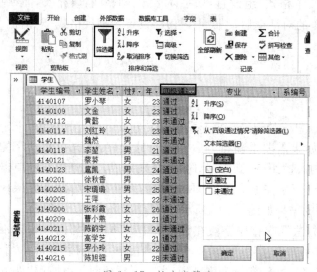

图 6-17 按内容筛选

图 6-18   自定义筛选

(2) 按指定内容筛选   首先将光标定位到需筛选的内容处,在"排序和筛选"组→"选择"下拉列表中,选择"等于""不等于""包含""不包含"所选内容的记录。如图 6-19 所示,筛选出除"信息管理与信息处理"专业外的所有学生记录。

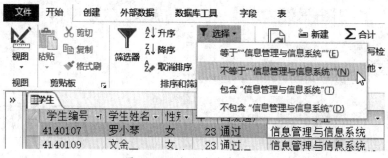

图 6-19 按指定内容筛选

（3）按窗体筛选 单击"排序和筛选"组→"高级"下拉列表→"按窗体筛选"命令，进入到"按窗体筛选"界面，在字段名下面选择或输入筛选条件。默认情况下，字段之间是"与"的关系。若要实现"或"的关系，在窗体底部单击"或"，输入"或"的条件。单击"排序和筛选"组→"切换筛选"命令，显示所有满足条件的记录。如筛选出经济学专业的男同学或者企业管理专业的女同学，如图 6-20 所示。

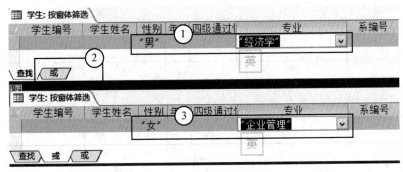

图 6-20 按窗体筛选

（4）高级筛选/排序 单击"排序和筛选"组→"高级"→"高级筛选/排序"命令，显示筛选设计视图，如图 6-21 所示，筛选出经济学专业和企业管理专业四级通过的男同学信息。字段间条件写在同一行表示"与"的关系，这些条件要同时满足；写在不同行表示"或"的关系，也就是在不同行的条件中只要满足一个即可。然后单击"排序和筛选"组→"切换筛选"命令，显示所有满足条件的记录。

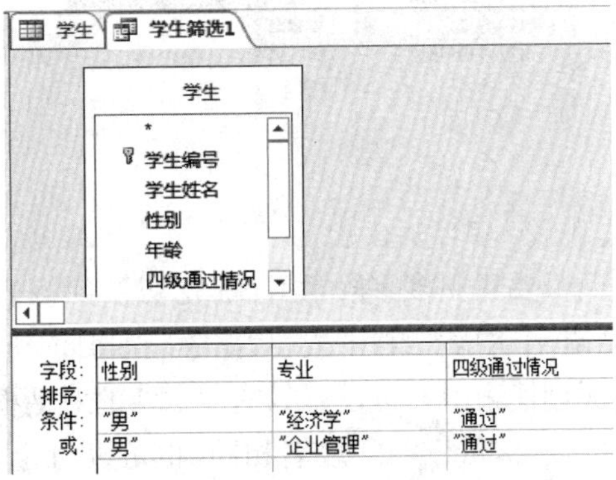

3. 取消筛选

取消筛选，数据表中的所有记录又会全部显示出来。单击"排序和筛选"组→"高级"→"清除所有筛选器"命令或者单击"切换筛选"命令，取消筛选。

图 6-21 高级筛选

6.4.4 索引的创建

索引是对数据库表中一个或多个列的值进行排序的结构，有助于更快地获取信息。索引就好像是书籍后面的索引目录，索引表中记载了每一条记录按关键字值的大小重新排列的逻辑顺序。索引分为 3 种，普通索引（有重复值）、唯一索引（无重复值）、主索引（无重复值）。唯一索引可以有多个，而主索引却只能有一个，主键就是一个主索引。索引可以是单个字段索引，也可以是多个字段组成的索引。如果表中已设置了主键，那么主键自动被设置为索引。

1. 单字段索引

为数据表建立单字段索引的方法很简单，只需切换到该表的设计视图，设置字段的索引属性即可。例如对学生表，按照学生姓名建立索引，如图 6-22 所示。索引属性里有 3 个选项："无"代表该字段无索引；"有(有重复)"表示该字段有索引,且字段的值允许重复；"有(无重复)"表示该字段有索引,但是字段的值不允许重复,即每个字段的值都必须是唯一的,否则无法创建无重复的索引。此例中由于姓名可能出现重复情况,所以选择"有(有重复)"。设置完后保存表并切换到数据视图,查看索引的结果,即可看到"姓名"字段列已经按升序排列好了。

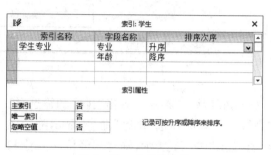

图6-22 单字段索引   图6-23 多字段索引

2. 多字段索引

要建立多字段索引,首先切换到该表的设计视图,单击"表格工具"→"设计"选项卡→"显示/隐藏"组→"索引"命令。如要创建学生按专业排列,当专业相同的时候按照年龄的降序创建索引。可设置如图6-23的对话框,其中"索引名称"列的第一个空白行输入此次索引的名称,可以与字段名相同,也可以自定义合适的名称；在"字段名称"列中,单击下拉列表框,选择要创建索引的字段；在"排序次序"列选择排序的方法；在下一行可以为其他字段创建索引,完成多字段索引的创建；"索引属性"用来选择是否是主索引或者唯一索引。如果"忽略空值"选择"是",表示索引将排除带有空值的记录。设置完成后,关闭对话框,切换到数据视图,即可看到索引结果:学生按专业升序排序,专业相同的情况下,按年龄降序。

3. 主键的设置

在一张表中,主键由一个或多个字段组成,其值可以唯一地表示表中的记录,例如,在"学生"表中姓名可能有重名的情况,性别、年龄、专业等其他字段的取值都有相同的情况。但是学生的编号肯定不会相同,所以把学生编号设置为学生表的主键。同样课程信息表中的课程编号、系别表中的系编号都可以为主键。成绩表中一个成绩是由某个学生某门课程决定的,所以该表可以把课程名和学生编号的组合设置为主键。

一张表设置了主键,表中记录的存放顺序依赖于主键的值。要将一个字段设置为主键,首先切换到表的设计视图,选中需要设置为主键的字段,单击"表格工具"→"设计"选项卡→"工具"组→"主键"命令,或者右键选择"主键"命令,该字段最左侧就会出现一把"钥匙"，代表该字段已设为主键。在已经设置为主键的字段上再次单击"主键"命令可以删除主键。

▶▶ 注　如需将多个字段设置为主键，按住[Ctrl]键，选中多行字段，再点击"主键"命令即可。

6.4.5　多表关系的创建

如果把图 6-5 学生选课信息都放置在一张表中，就会出现大量重复数据。如一位学生选了 2 门课，就会有 2 条记录，在这两条记录中，学生的个人信息就会重复输入，这种不必要的数据重复称为数据冗余。而且当对表进行插入、删除、更新等操作时，很容易出现数据异常情况。所以往往将一张信息表，根据实体对象拆分成多张表呈现，然后创建表关系，实现对表的各种操作，保证数据的完整性和一致性。

表之间关系的类型大体分为一对一、一对多和多对多 3 种关系类型，具体参照 4.1.4 节。表关系也是查询、窗体、报表等其他数据库对象使用的基础，一般情况下，应该在创建其他数据库对象之前创建表关系。创建表关系必须满足两个前提：

（1）保证建立关系的两张表具有公共字段　公共字段名称不一定相同，但它们的数据类型必须相同或兼容，属性也要相同。

（2）每张表都要为公共字段建立正确的索引　因为 Access 会根据创建的索引类型来确定两张表是一对一、一对多还是多对多关系。主表中的公共字段要建立主索引（即主键）或唯一索引（无重复值）。如果从表中的公共字段建立的也是主索引或唯一字段，代表这两张表是一对一的关系；如果从表中的公共字段建立的是普通索引（字段值有重复）或无索引，代表这两张表是一对多的关系。

如果不满足上述两个条件，即使创建了表间关系连线，也是无法正确实施参照完整性的。

单击"数据库工具"选项卡→"关系"组→"关系"命令，进入"关系"窗口，并弹出"显示表"对话框，如图 6-24 所示。如果"关系"窗口中没有出现"显示表"对话框，可以单击"设计"选项卡→"关系"组→"显示表"命令。

选择要建立关系的表，本例依次添加"系别表""学生表""课程信息表""成绩表"，之后，关系窗口出现如图 6-25 所示界面。

图 6-24　"显示表"对话框

图 6-25　关系视图

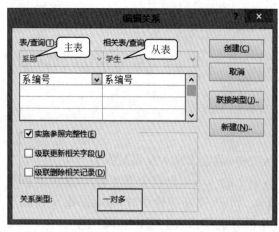

图 6-26　关系编辑对话框

"系别"表中"系编号"和"学生"表中"系编号"字段是一对多的关系。选定"系别"表中"系编号"字段,按住鼠标左键,将其拖动到"学生"中的"系编号"字段上,弹出"编辑关系"对话框,如图 6-26 所示。

系统已按照所选字段的属性自动设置了关系类型,因为"系别"表中"系编号"字段是主键,且"学生"表中"系编号"字段值来自"系别"表中"系编号"字段值,所以创建的关系类型为一对多。常把"一"方的表称为主表,"多"方的表称为相关表或者从表。3 个复选框的含义如下:

(1) 实施参照完整性　主表的匹配字段必须为主键或具有唯一索引,而且匹配字段具有相同的数据类型。这样保证从表中的数据不会被意外删除或者更改。一旦设置了参照完整性,不能在从表中输入不存在于主表主键中的值;如果在从表中存在匹配的记录,则不能从主表中删除这条记录。所以在多表关系创建时,"实施参照完整性"这个选项一般都勾上。

(2) 级联更新相关字段　当主表的主键值更改时,自动更新从表中对应数值。

(3) 级联删除相关记录　当删除主表的记录时,自动删除从表中的有关记录。

两张表之间创建关系后,会出现一条由两个字段连接起来的"1～∞"的关系线。如需更改,则用鼠标右键单击关系线,在快捷菜单中单击"编辑关系"命令,回到"编辑关系"对话框,重新设置连接类型、实施参照性完整等属性。如不再需要设置好的关系,可用鼠标右键单击关系线,在快捷菜单中选择"删除"命令即可删除该关系。

按照同样的方法设置"学生"和"成绩表"的关系、"课程信息表"和"成绩表"之间的关系,设置后整个成绩管理系统的关系图如图 6-27 所示。

图 6-27　成绩管理系统关系图

▶▶ 注　在创建表关系之前,必须先关闭所有要创建关系的表对象,否则创建关系时,系统会提示"表正被别的用户或进程使用,数据库引擎无法锁定它",导致关系无法创建。

6.5 查询的创建与使用

在数据库中,很大一部分工作是对数据进行统计、计算和检索。虽然筛选、排序、浏览等操作可以帮助完成这些工作,但是在执行数据计算和检索多个表时,就显得无能为力了。此时,查询就可以轻而易举地完成以上操作。Access 的查询就是专门用来检索和查看数据的,即根据给定的条件从一个或多个表中获取所需要的数据,供用户查看与分析,也可以作为其他查询、窗体、报表等数据库对象的数据源。查询的结果是以数据表的形式显示的。查询也可以看作一张虚表,所以查询结果的形式与内容会随查询的设计和表对象中内容的变化而变化。Access 有选择查询、参数查询、交叉表查询等类型。

6.5.1 选择查询

选择查询是最常见的查询类型,从一个或多个表中检索所需的数据,对记录进行分组统计、计数。可以通过"创建"选项卡→"查询"组的查询向导或查询设计器来创建。

1. 简单查询

简单查询是基于一张或多张数据表,只需要设计不同的查询条件即可。我们以"学生"表作为数据源,查询旅游管理和企业管理四级通过的学生,查询结果包括学生编号、姓名、四级通过情况和专业信息,并按学生编号升序排序。此例通过查询向导创建查询。

① 单击"查询向导"按钮,在弹出的"新建查询"对话框中,选择"简单查询向导"。单击【确定】按钮。

② 在"简单查询向导"对话框中,在"表/查询"中选择学生表,在"可用字段"中将学生的编号、姓名、四级通过情况和专业添加到"选定字段"中,如图 6 - 28 所示,单击【下一步】按钮。

图 6 - 28 数据表和字段的选择

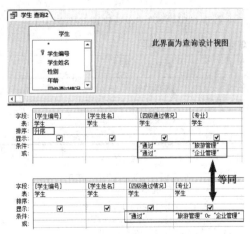

图 6 - 29 查询设计视图

③ 由于需要设置查询条件,这里选择"修改查询设计"单选按钮,单击【完成】按钮,打开查询设计视图,如图 6 - 29 所示。查询设计视图上方是查询对象,来源于表或者查询,单击

"查询工具"→"设计"选项卡→"查询设计"组→"显示表"命令,可以添加查询对象。查询设计视图下方是设计网格,由"字段""表""排序""显示""条件"这 5 个部分组成:

< 字段行:用于添加查询所需字段,可以在字符行的下拉按钮中选择所需字段,也可以将查询对象中的字段直接拖到设计网格的空白列,也可以双击查询对象中的字段。如果要添加所有字段,只需拖"*"到设计网格的第一个空白列。单击字段所在的列,并按住鼠标拖到新的位置可以实现字段的移动。选中字段,按[Delete]键,可以把字段从设计网格中移走。另外字段行中也可以创建计算字段。

< 表行:用于指明字段的来源于哪张表。系统会根据添加的字段,自动显示表名。

< 排序行:可以在一个或者多个字段上进行"升序"或"降序"排列。

< 显示行:复选框选中时表示在查询结果中显示该字段,否则不显示该字段。

< 条件行:用于设置查询条件。如图 6-29 中的条件行,各字段的条件写在同一行代表"与"的关系,写在不同行代表"或"的关系。

条件行中的条件可以是关系表达式也可以是逻辑表达式。表 6-2、表 6-3 分别列出了常用的文本数据类型和数字类型字段使用条件的实例。其中 Like 条件中的 "*""?"是通配符,"*"代表 0 到多个字符,"?"代表 1 个字符。Like 用于模糊查询,它不等同于"="。"Like "*管理""表示专业名称以"管理"结尾,如果写成"= "*管理""则表示专业名称为"*管理",所以等号后面的星号不表示通配符。

表 6-2　文本型字段使用条件示例

字段	条　件	说　明
专业	"经济学"	显示"经济学"专业的学生
专业	"经济学" or "企业管理"	显示"经济学"或者"企业管理"专业的学生
专业	not "经济学" <> "经济学"	显示除"经济学"专业以外的学生
专业	in("经济学","企业管理","旅游管理")	显示"经济学""企业管理""旅游管理"专业的学生
专业	Like "*管理"	显示专业名称以"管理"结尾的学生
专业	Like "*管理*"	显示专业名称中包含"管理"的学生
专业	Like "管理?"	显示专业以"管理"开头且名称为 3 个字的学生

表 6-3　数字型字段使用条件示例

字段	条　件	说　明
年龄	>=17 and <=35 或者 Between 17 and 35	显示年龄在 17~35 的学生
年龄	<17 or >35	显示年龄小于 17 或者大于 35 的学生
年龄	〈〉17 Not 17	显示年龄不是 17 的学生

④ 单击"查询工具"→"设计"选项卡→"结果"组→"运行"命令(红色感叹号),查看查询结果,同时自动保存到界面左侧"导航窗格"中的查询对象中。

▶▶ 注　① Like "*管理"等同于 Alike "%管理",但两者不能混搭。
　　② 文本条件外的双引号" "和日期条件外的#号,系统会自动添加。
　　③ 条件处不要输入如 $、% 这样的符号,如 5%,输入 0.05。

2. 多表查询

选择查询时,数据来源也可以来源于多个表。此例直接用查询设计器来实现查询姓李的学生的编号、姓名、课程名、该课程的成绩,并按编号升序排序,步骤如下:

① 单击"查询设计"按钮,直接打开查询设计器,在弹出的对话框中,选择字段来源的表。由于学号、姓名字段存储在学生表中,课程名在课程信息表中,该课程的成绩信息在成绩表中,所以添加学生表、课程信息表、成绩表。

② 指定查询条件和排序次序,如图 6-30 所示。表之间如果没有建立关系的话,应该先建立表之间关系,再做多表查询。表间关系的创建见 6.4.5"多表关系创建"小节。

③ 单击"运行"命令,查看查询结果如图 6-31 所示。

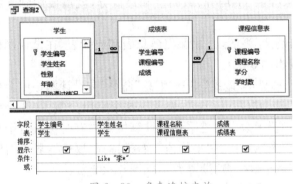

图 6-30　多表连接查询　　　　　　　　　图 6-31　查询结果图

6.5.2　分组统计和计算字段

1. 分组统计

在数据统计时,往往需要对数据分类。可以通过 Group By 子句对某一列数据的值分类汇总,形成结果集,然后在结果集的基础上分组。Group By 子句通常与统计函数联合使用,表 6-4 为常用的统计函数。

表 6-4　常用的统计函数

函数名	功　　能
COUNT	求分组中的个数,返回整数值
SUM	求和,返回表达式中所有值的和
AVG	求平均值,返回表达式中所有值的平均值

函数名	功　　能
MAX	求最大值,返回表达式中所有值的最大值
MIN	求最小值,返回表达式中所有值的最小值
ABS	求绝对值,返回数组表达式的绝对值
RAND	产生随机数,返回一个位于 0～1 之间的随机数
First	返回指定范围内多条记录中的第一记录指定的字段值
Last	返回指定范围内多条记录中的最后一记录指定的字段
Date	当前日期
Now	当前日期和时间
Time	当前时间
Year	当前年

　　比如要查询各门课程的课程编号、课程名、平均分、最高分和最低分,就需要用到分组统计。

　　① 单击"查询设计"按钮,进入"查询设计"视图,添加课程信息表和成绩表,在设计网格处选择课程编号、课程名、成绩(成绩字段添加 3 次)。

　　② 单击"查询工具"→"设计"选项卡→"显示/隐藏"组→"汇总"命令,在设计网格中会出现"总计列"。在"总计列"中,"课程编号"选为"Group By",表示以这个字段分组,在 3 个成绩字段中分别选"平均值""最大值""最小值"函数。由于平均值计算机结果有时会有若干小数位数,如果想小数点后面保存两位小数,光标定位到"平均值",右键选择"属性",界面右侧会出现"属性表"窗格,"格式"选择"标准","小数位数"设置为 2,如图 6-32 所示。

　　③ 单击【运行】按钮,查询结果如图 6-33 所示。

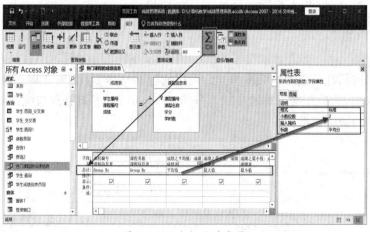

图 6-32　分组统计查询

课程编号	课程名称	成绩之平均	成绩之最大	成绩之最小
C001	计算机文化基础	87.36	95	80
C002	微机原理及接口	90.21	99	80
C003	数据结构	91.55	99	86
C004	数字电子技术	94.00	100	80
C005	专业英语	87.11	100	80
C006	vb程序设计	90.00	90	90
C007	电路与电子技术	50.00	50	50
C009	计算机控制技术	60.00	60	60
C010	单片机原理与技术	89.00	89	89

图 6-33 各门课程成绩统计

2. 计算字段

计算字段在查询中经常使用,主要执行一些简单的计算操作。但这个字段并不存在于数据库表中,而是用户在字段行中新建的。计算字段格式如下:

计算字段名称:计算公式

创建计算字段时要注意以下 3 点:

① 不能把已经存在于数据库表中的字段名作为计算字段名称。

② 计算字段名后一定要加冒号(英文输入法状态下)。

③ 在计算公式里引用的字段名一定要加中括号"[]"。

如图 6-32 中,想计算所有课程的平均分乘以 90%以后的分值,所以这里必须在字段行加一个计算字段,命名为"折后分数"。具体操作如图 6-34 所示。

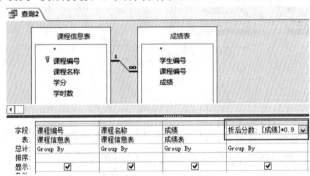

图 6-34 计算字段添加

▶▶ 注 如果在计算公式中需要引用多个字段计算或者使用函数,不必手工去输入。将光标定位到"计算字段名称:"后,鼠标右键选择"生成器",在弹出的"表达式生成器"对话框中,可以选择所需的字段和函数。

6.5.3 参数查询

参数查询是在查询运行时,输入一个参数,然后根据参数搜索到相关的记录,最后呈现在查询结果中。

比如,输入一个学生的名字,然后查找出该学生的所有科目的考试成绩。首先单击"查询设计"按钮,进入"查询设计"视图,添加学生表、课程信息表和成绩表,选择学生姓名、课程名、成绩 3 个字段。在学生姓名的条件行中输入"[请输入学生姓名]",其中"请输入学生姓

153

名"作为提示语显示在消息框里,提示语一定不能与字段名相同,如图 6-35 所示。单击【运行】按钮,弹出提示输入学生姓名的对话框,如图 6-36 所示。查询结果如图 6-37 所示。

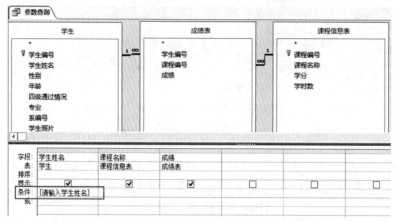

图 6-35 参数查询学生姓名

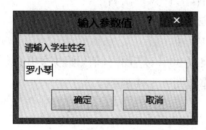

图 6-36 输入查询参数图   图 6-37 参数查询结果图

6.5.4 交叉表查询

交叉表查询在 Access 应用中比较广泛,是 Access 的特有查询,主要用来汇总和重构数据库中的数据,使得数据组织结构更加紧凑,更直观地显示数据。交叉表实际上就是将记录水平分组和垂直分组,在水平分组与垂直分组的交叉位置显示计算结果。

例如,要统计各个专业的总人数、男生人数和女生人数,以表格的形式显示出来。

① 单击"创建"选项卡→"查询"组→"查询向导"按钮,弹出"新建查询"对话框,从中选择"交叉表查询向导",单击【确定】按钮。

② 在弹出的"交叉表查询向导"中,选择含有交叉表查询所需字段的表或查询,这里选择"学生"表。单击【下一步】按钮。

③ 此对话框中,需要指定哪些字段的值作为行标题,这里行标题指定为"专业"。单击【下一步】按钮。

④ 此对话框中,指定用哪些字段的值作为列标题,这里指定为"性别"。单击【下一步】按钮。

⑤ 此对话框中,为每个列和行的交叉点计算出数值,如图 6-38 所示,这里"字段"选择"学生编号","计算函数"选择"计数"。单击【下一步】按钮。

⑥ 此对话框中,指定此次交叉查询名称为"各个专业学生按性别统计人数",其余参数默认,单击【完成】按钮,可以看到查询结果,如图 6-39 所示。

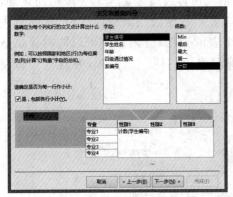

图 6-38　指定交叉点计算值　　　　　　　　　　图 6-39　交叉查询结果

在实际应用中还将用到更复杂的查询条件设置,以及 SQL 查询创建等高级操作,所以查询为数据表中数据的挖掘、提炼提供了强有力的支撑。

6.6　窗体的创建与使用

窗体是 Access 数据库的对象之一,是数据库和用户之间建立联系的窗口和媒介。窗体的主要功能是显示和处理数据,实现人机交互,起着联系数据库与用户的桥梁作用。

6.6.1　窗体的功能

窗体作为输入界面时,可以接受用户的输入,判定其有效性、合理性,并具有一定的响应消息的功能。窗体作为输出界面时,可以输出一些记录集中的文字、图形,还可以播放声音、视频动画,实现数据库中的多媒体数据处理。

窗体的功能特色是:

（1）浏览、编辑数据　在窗体中可显示多个表的数据,并可添加、删除、修改等编辑操作。与查询和报表相比,窗体中数据显示的视觉效果更加友好。

（2）输入数据　窗体可以作为向数据库中输入数据的界面。使用窗体控件可提高数据输入的效率和准确度。

（3）控制应用程序流程　和 Visual Basic 的窗体一样,可以利用 VBA 编写代码,与函数和过程结合完成一定的功能,如捕捉错误信息等。

（4）信息显示　在窗体中可显示一些警告和解释信息。

6.6.2　窗体的类型

从不同角度可将窗体分成不同的类型。从逻辑上可分为主窗体和子窗体;从功能上可分为提示性窗体、控制性窗体和数据性窗体:提示性窗体给出提示帮助信息,控制性窗体包含按钮和菜单以完成控制转换功能,数据性窗体用于数据的输入或查询;在数据显示方式上,跟报表类似,可分为纵栏式、数据表、表格式、分割窗体等,如图6-40~图6-43所示。其中纵栏式窗体通常用于输入数据,字段纵向排列;表格式窗体将每条记录的字段横向排列,字段标签放在窗体顶部,即窗体页眉处;数据表窗体显示数据表的最原始风格,常通过主窗体/子窗体的形式,来显示具有一对多关系的两个表的数据;分割窗体可以同时提供数据的两种视图:窗体视图和数据表视图。这两种视图连接到同一数据源,并且总是保持同步。

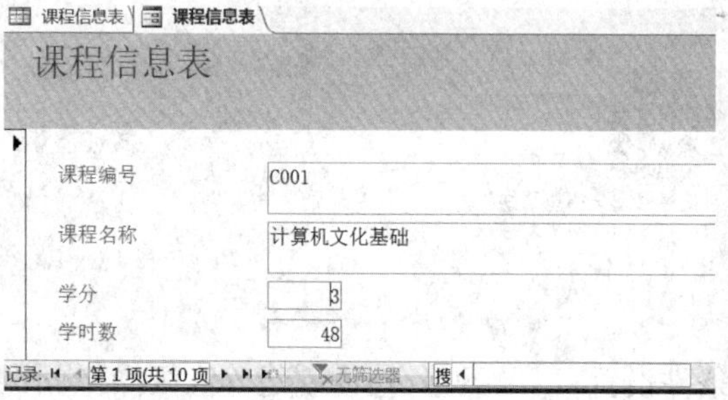

图6-40 纵栏式

图6-41 数据表

图6-42 表格式

图6-43 分割窗体

6.6.3 窗体视图

窗体视图包括窗体视图、设计视图、布局视图、数据表视图等几种。设计视图用来设计、编辑窗体;窗体视图用来显示窗体的设计效果;数据表视图是用原始的数据表的风格显示数据;布局视图是修改窗体最直观的视图,可对窗体进行几乎所有需要的更改。不同视图之间可以切换,只需在窗口上单击右键,选择不同视图命令即可,或者在"窗体设计工具"→"设计"选项卡→"视图"组→"视图"下拉列表中选择。

6.6.4 窗体的创建

创建窗体可以通过自动窗体、窗体向导和窗体设计视图等方式创建。这3种方式经常配合使用,即先自动创建或向导生成简单样式的窗体,然后通过设计视图编辑、装饰等,直到创建出符合用户需求的窗体。

1. 自动窗体

自动创建窗体就是让系统自动根据数据表来创建一个窗体,窗体内容比较简单,格式也不是特别美观,只是提供一般的功能。例如,创建"系别"表的自动窗体,如图 6 - 44 所示。在左侧的表对象中,选择一个表或者查询作为窗体的数据源(本例中选"系别"表),接着单击"创建"选项卡→"窗体"组→"窗体"按钮,在界面中打开了窗体的布局视图。由于该数据源关联了其他表,其他表会在下方以表格的形式显示出来。可以通过下方的记录定位按钮移动记录。可以切换到设计视图,根据需要布局窗体中的元素。窗体设计完成后保存。

图 6 - 44 浏览系别信息窗体

2. 窗体向导

与创建查询向导类似,可以用窗体向导来创建窗体对象。窗体向导有更多的选项可以定制出性能独特的窗体。向导一步一步地向用户提问,并自动提示相关信息,询问需要制作窗体的各种特性值。用户可以根据需要,创作自己的窗体。

例如,利用窗体向导创建学生基本信息浏览的窗体。单击"创建"选项卡→"窗体"组→"窗体向导"按钮,打开"窗体向导"对话框,如图 6 - 45 所示。选择窗体的数据来源,这里选择"学生"表,再选择要在窗口上显示的字段,字段可以在多个表或者查询中选取。单击【下一步】按钮,进入到选择窗体布局对话框,这里选择"纵栏式"。单击【下一步】按钮,进入到输入窗体标题的对话框,输好标题,单击【确定】按钮,得到如图 6 - 46 所示界面。可以通过窗体下方的记录定位按钮移动记录。

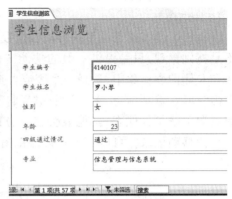

图6-45　窗体数据的设置　　　　　图6-46　学生信息浏览窗口

3. 窗体设计

向导虽然可以生成一些比较实用的窗体,但是要设计出更加优美、功能强大的窗体还必须使用窗体的设计视图。窗体的设计视图是设计窗体的主要工具,可以直接在窗体设计视图中创建窗体,也可以在窗体的设计视图修改已经创建的窗体。

窗体设计视图是设计窗体的窗口,它由5个部分组成,分别为窗体页眉、页面页眉、主体、页面页脚和窗体页脚。大部分窗体只有主体部分,窗体页眉、窗体页脚、页面页眉、页面页脚可以在窗体上单击右键,弹出式菜单中选择添加。各部功能如下:

(1) 窗体页眉　位于窗体的最上方,用于显示窗体标题等说明信息。

(2) 窗体页脚　位于窗体的最下方,用于显示窗体脚注等说明信息。

(3) 主体　用于显示源表或查询中的记录内容。

(4) 页面页眉　用于打印每页顶部信息,如页标题等。

(5) 页面页脚　用于打印每页底部信息如日期、页码等。

下面以"学生"表作为数据源,制作学生信息录入窗口,说明窗口设计器的使用:

① 首先单击"窗体"组→"窗体设计"命令,打开窗体设计视图,呈现窗体主体部分,默认是空的。此时"窗体设计工具"→"设计"选项卡里包含了许多窗体设计命令按钮,如"视图""插入图片""字段列表""工具箱""代码""属性""生成器""数据库窗口""新对象"等。这些命令按钮在窗体设计过程中经常用到。通过"控件"组可以向窗体添加控件,从而实现显示数据、控制操作以及修饰窗体的功能。

② 要使该窗体以现有的数据表为数据源,显示数据或者把数据保存到数据表中,选择"窗体设计工具"→"设计"选项卡→"工具"组→"添加现有字段"按钮,界面右侧出现"字段列表"任务窗格,列出了数据源的全部字段,拖动其中的字段到窗体设计视图,可以快速创建绑定型控件。这里选择"学生"表,然后选择学生表中所需字段,按住鼠标左键,拖到左侧窗体的主体上即可。最后根据排版调整它们的对齐方式、位置和大小等,如图6-47所示。

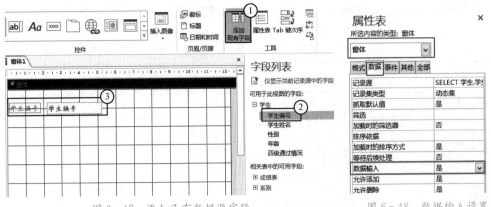

图 6-47　添加已有数据源字段　　　　　图 6-48　数据输入设置

③ 将窗体作为数据的输入窗口,即将用户输入的数据保存到对应的数据表中,单击"工具"组→"属性表"命令,右侧就会出现"属性表"任务窗格,在"所选内容的类型"中选择"窗体","数据"选项卡中设置"数据输入"属性为"是",如图 6-48 所示。

④ 在主体部分下方再添加两个命令按钮控件:一个用来保存数据到数据表中,另一个实现撤销操作。选择"控件"组→"按钮 xxxx",将鼠标移至窗体适当位置,此时鼠标的形状是十字架形(右下角有个矩形形状),按住鼠标左键,绘制出按钮,弹出"命令按钮向导"对话框,里面有很多种按钮。此案例中选择"记录操作"类别,"添加新记录"操作,单击【下一步】按钮,选择"文本"显示方式,并输入按钮名称,最后单击【完成】按钮,"添加数据"按钮设置完成。同理添加"撤销输入"按钮。

⑤ 除了设计窗体的主体部分外,还可以设计窗体的其他部分,例如,为窗体添加页眉"学生信息录入"。鼠标右键单击窗体,在弹出的菜单中选择"窗体页眉/页脚",窗体的顶部和底部就会出现窗体页眉和窗体页脚。单击"控件"组→"标签 Aa"控件,在窗体页眉处拖出适当大小的标签框(或者直接单击"页眉/页脚"组→"标题"命令),输入文字"学生信息录入"。选中标签框,在"窗体设计工具"→"格式"选项卡中,可以调整字体、字号、颜色等。

最终设计结果如图 6-49 所示。切换到"窗体视图"后,就可以通过界面化的操作直接对"学生"表添加新纪录了。

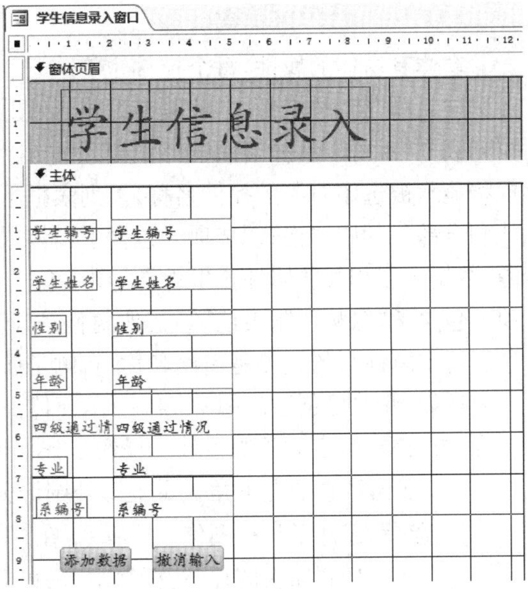

图 6-49　学生信息录入窗口设计视图

6.6.5　控件应用实例

Access 提供了各种各样的控件及其属性,帮助用户设计窗体。控件在窗体和报表上用于显示数据、执行操作或作为装饰的对象。在窗体和报表的设计视图的"设计"选项卡中,可以看到多种控件,表6-5列出了常用的一些控件及其作用。

表6-5 常用控件与作用

控件名称	控件作用
选择对象	选择一个或者多个控件
标签 Aa	显示文本信息,如标题、字段名等
文本框 ab	输入或者显示记录的字段值
按钮 xxxx	控制程序的执行
选项组 XYZ	建立含有一个或多个按钮组框
组合框	文本框和列表框的组合,可以键入值,也可以从列表中选择一个值
列表框	列出若干个项目,选择其中一项作为字段的值
复选框 ✓	显示是/否型字段,选中为是,不选为否
选项按钮 ⦿	显示是/否型字段,选中为是,不选为否
图像	在窗体上显示图片,但不能作为某字段的值
控件向导	将工具箱中的某些控件拖到窗体时,自动打开该控件向导
子窗口/子报表	在主窗体上显示另一个窗体
未绑定对象框	存放在窗体上的图片或对象,与字段无关
绑定对象框 XYZ	存储在表中的图片或对象与字段关联

窗体有窗体的属性,每个控件也有自己的属性,其属性可以通过"窗体设计工具"→"设计"→"工具"组→"属性表"按钮来设置,如图6-48所示。在属性表的"所选内容的类型"下拉列表框中,可以选择当前窗体上要设置属性的对象(也可以直接在窗体上选中对象,列表框将显示被选中对象的控件名称)。列表框下面包含5个选项卡,分别是格式、数据、事件、其他和全部。其中,"格式"选项卡包含了窗体或控件的外观属性;"数据"选项卡包含了与数据源、数据操作相关的属性;"事件"选项卡包含了窗体或当前控件能够响应的事件;"其他"选项卡包含了"名称""制表位"等其他属性;"全部"选项卡包含了前面4个选项卡中的所有属性。每个属性行的左侧是属性名称,右侧是属性值。

例如,修改已创建的图6-49所示窗体。原窗体上已有标签、文本框、按钮控件,现添加图像、组合框、绑定对象等控件。操作步骤如下:

(1)在窗体页眉左上角显示上海外国语大学徽标

① 选择"控件"组→"图像"命令,在窗体页眉处单击或拖曳。

② 在弹出的"插入图片"对话框中,选择需要插入的图片。

(2)将"系编号"文本框改为组合框

① 选中"系编号"文本框,按[Delete]键将其删除。

② 选择"控件"组→"组合框"命令,在系编号名称旁拖出适当大小的组合框。默认情况下,在创建控件时会自动弹出相应的向导对话框,以方便设置控件的相关属性。组合框里

的值可以来源于表或查询,也可以自行键入,这里选择"使用组合框获取其他表或查询中的值"。单击【下一步】按钮。

③ 之后的对话框中,依次选择数据来源表"系别",来源字段"系编号",按"系编号"升序排序,调整"系编号"列宽。

④ 直到进入图 6-50 所示对话框。这里选择"将该数值保存在这个字段中",字段选择"系编号",否则数据将直接插入到数据库表中。

⑤ 单击【下一步】按钮,输入组合框标签名,完成"组合框"的添加。

(3)"学生"表中增加一个"学生照片"字段,将学生照片插入到窗体中

① 在左侧导航窗格中,右键点击"学生"表,在弹出菜单中选择"设计视图",进入"学生"表的设计视图,增加一个"学生照片"字段,数据类型为"OLE"对象。

② 回到窗体设计视图,单击"工具"组→"添加现有字段"命令,在右侧的"字段列表"任务窗格中,将"学生照片"字段拖动到窗体的主体中(或选择"控件"组→"绑定对象框 [XYZ]"命令,在主体中拖出存放照片大小的框,并在"属性表"→"数据"选项卡→"控件来源"中选择"学生照片"字段名)。

③ 单击"视图"组→"视图"按钮下拉列表→"窗体视图"命令,切换到窗体视图。

④ 输入学生信息。在文本框控件中输入学生编号、学生姓名、性别、年龄、四级通过情况和专业。在组合框中选择系编号。

⑤ 最终窗体视图如图 6-51 所示,单击【添加数据】按钮,"学生"表里会添加一条新的记录。

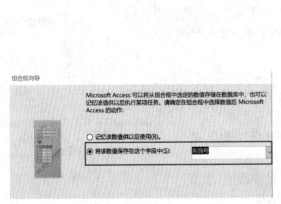

图 6-50 数值存储选择

图 6-51 添加控件后窗体视图界面

▶▶ 注 在属性表的"控件来源"处,除了可以选择已有的字段外,也可以是计算公式,如输入"=[年龄]∗0.9"。

6.7 报表的使用

报表主要用于对数据库中的数据进行分组、计算、汇总和打印输出,是数据库的一个重

要对象,它是以打印的格式表现用户数据的一种有效方式。使用报表对象,用户可以简单、轻松地完成复杂的编制打印程序工作。报表同窗体一样,本身不存储数据,它的数据来源于基表、查询和 SQL 语句,只是在运行的时候将信息收集起来。

6.7.1 报表的功能

报表的功能包括以下几方面:
- 呈现格式化的数据;
- 分组组织数据,汇总数据;
- 报表之中可以包含子报表及图表;
- 打印输出标签、发票、订单和信封等多种样式;
- 可以进行计数、求平均、求和等统计计算;
- 在报表中嵌入图像或图片来丰富数据显示的内容。

6.7.2 报表的视图

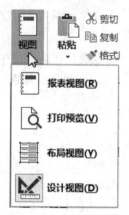

Access 的报表操作提供了 4 种视图:设计视图、打印预览视图、报表视图和布局视图,如图 6-52 所示。既能观察到打印效果,又能实现比较全面的功能。
- 报表的设计视图用于创建和编辑报表的结构;
- 打印预览视图让用户提前观察到报表的打印效果;
- 报表视图用于显示报表;
- 布局视图可以在显示数据的情况下,调整报表设计。报表的布局视图和窗体的布局视图的功能和操作方法十分相似。

图 6-52 报表视图

6.7.3 报表的创建

创建报表使用"创建"选项卡→"报表"组中的命令来完成,如图 6-53 所示。

图 6-53 报表命令

(1) 报表 一键为当前表或查询中创建现成报表,简化了报表的创建流程。

(2) 报表设计 创建一个设计视图下的空报表,添加自定义控件以及编写代码。

(3) 空报表 在布局视图下生成空报表,跟报表设计很相似,用户自行插入新字段和控件,设计报表。

(4) 报表向导 显示报表向导,通过步骤提示,帮助创建简单的自定义报表。

(5) 标签 显示标签向导,创建标准标签或自定义标签,用于创建页面尺寸较小、只需容纳所需标签的报表。

1. 使用"报表"命令创建报表

使用"报表"命令完成"系别"报表的创建。打开"学生成绩管理系统"数据库,在左侧导航窗格的表对象组中选中"系别"。然后单击"创建"选项卡→"报表"组→"报表"命令,系统立刻自动生成布局视图下的报表,如图 6-54 所示。

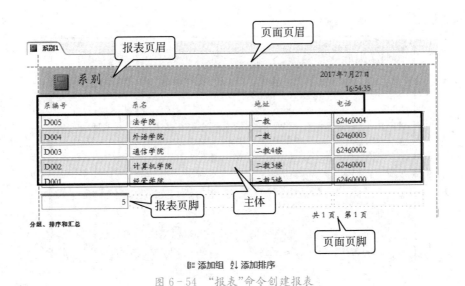

图 6-54 "报表"命令创建报表

使用"报表"命令创建报表会自动在报表页眉处加入当前的日期和时间,在页面页脚加入页码和总页数,在报表页脚加入记录的个数。

如果需要调整各字段的行高和列宽:选中字段控件,将光标移动到控件边框,当光标变成↔或↕形状时,按下鼠标左键拖动即可。如果需要更精确的布局调整,可以切换到设计视图调整。

分别单击图 6-54 下方的"添加组"和"添加排序"按钮,可以根据字段对报表记录分组和排序。如果报表下方没有显示添加组和添加排序按钮,可以在"设计"选项卡→"分组和汇总"组中单击【分组和排序】按钮,即可显示。

最后单击"保存"按钮,命名为"系别信息表",切换到打印预览视图,可以查看最后的成品效果。

2. 使用报表向导创建报表

"报表"命令创建的是一种标准化的报表样式,虽然快捷,但是存在一些不足之处,尤其是不能选择出现在报表中的数据源字段,使用"报表向导"则提供了创建报表时选择字段的自由。

例如,利用报表向导创建图 6-55 所示的学生成绩信息报表。

① 单击"创建"选项卡→"报表"组→"报表向导"命令,弹出"报表向导"对话框,选择报表数据源,并添加显示字段。本例选择课程信息表中的课程名称字段、成绩表中的学生编号、成绩字段。单击【下一步】按钮。

② 选择"通过成绩表"查看数据方式。如果选择"通过课程信息表",系统会自动按"课程名称"分组,而此案例需要对学生编号分组。单击【下一步】按钮。

③ 将"学生编号"添加到右栏中,即指定"学生编号"为记录分组字段。单击【下一步】按钮。

④ 可以设置排序和数据汇总方式。设置"课程名称"字段升序排序。单击"汇总选项"按钮,为"成绩"字段设置求平均值的汇总方式。单击【下一步】按钮。

⑤ 指定报表布局方式,这里选择"递阶"。单击【下一步】按钮。

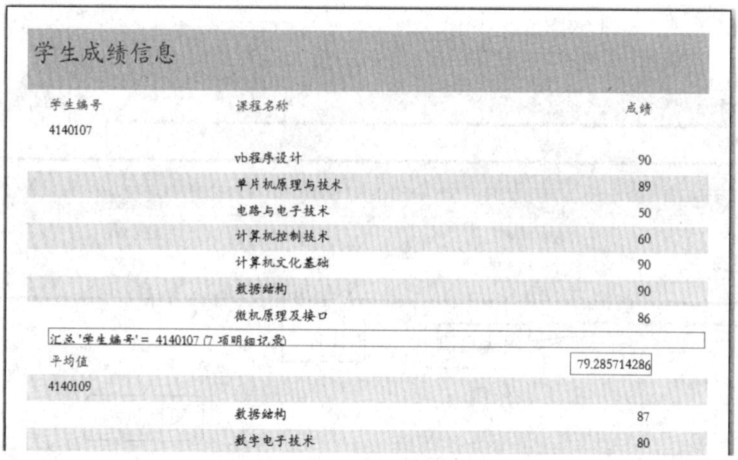

图 6-55　学生成绩信息报表

⑥ 输入报表标题"学生成绩信息",单击【完成】按钮。

3. 标签报表

标签是一种类似名片的短信息载体,是数据库管理系统各种统计信息中常用的一种数据输出方法。在日常工作中,经常需要制作一些"学生成绩信息"或"借阅者信息"等标签。使用 Access 提供的标签,可以方便地创建各种各样的标签报表。例如,图书馆为了方便管理,在图书上粘贴相应的标签,以减少工作人员的工作量。

标签包括两个基本组成部分:数据源和数据布局。数据源指定了标签中数据的来源,可以是表、视图、查询和临时表等。数据布局指定了标签中各个输出内容的位置和格式。标签文件并不存储数据源中每个数据的值,只存储数据的位置和格式信息。所以,每次打印时,打印出来的标签报表的内容随数据库内容的改变而改变。

例如,创建学生成绩信息标签报表,要求两列显示"学生编号""学生姓名""课程名"和"成绩"字段。具体步骤如下:

① 打开"学生成绩管理系统"数据库。由于学生的基本信息和成绩信息在不同的表中,首先创建"学生成绩信息"查询,包含学生编号、学生姓名、课程名和成绩 4 个字段,并保存好。

② 在左侧导航窗格的查询对象组中,选中刚创建的"学生成绩信息"查询。单击"创建"选项卡→"报表"组→"标签"命令,打开"标签向导"对话框,如图 6-56 所示。此对话框主要用于指定标签的类型和尺寸。如果默认的标签尺寸不满足需求,可以单击"自定义"按钮自行设计。当标签类型为"送纸"时,"横标签号"栏用于设置标签报表记录中的列数;当标签类型为"连续"型时,"横标签号"均为 1,即在每一页标签报表中只显示一条记录。这里选择"送纸"单选按钮,尺寸型号为 C2166。单击【下一步】按钮。

③ 选择文本的字体和颜色。可以根据需要选择标签文本的字体、字号和颜色等。单击【下一步】按钮。

④ 确定标签的显示内容。如图 6-57 所示,把学生成绩信息查询里的 4 个字段都添加到"原型标签"栏中。为了让标签意义更明确,在每个字段前面输入信息提示,并且每个字段一行。单击【下一步】按钮。

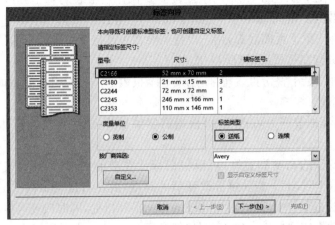

图 6-56　选择标签尺寸

⑤ 选择排序字段。在"可用字段"栏中的"学生编号"字段添加到"排序依据"栏中,作为排序依据。单击【下一步】按钮。

⑥ 输入标签报表名。以"学生成绩信息"作为报表名称,单击【完成】按钮,查看设计结果如图 6-58 所示。

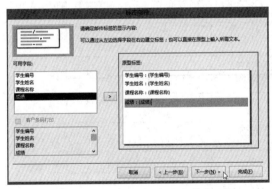

图 6-57　添加标签显示内容

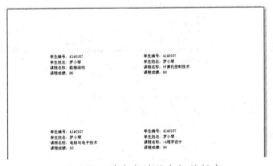

图 6-58　学生成绩信息标签报表

4. 利用"报表设计"命令自定义报表

在报表的设计视图下可以看出,报表的结构由如下 7 部分组成,每个部分称为一个节,与窗体非常类似:

(1) 报表页眉　位于报表首部,用于设置需要在报表首部输出的信息,一般为报表标题、图形或说明性文字。即使报表内容分为多页,报表页眉在首页顶部也只打印一次。

(2) 页面页眉　位于页面顶部,用于设置需要在报表每页顶部输出的信息,一般为输出数据的列标题。页面页眉在每页顶部打印一次。

(3) 组页眉　位于分组的上部,用于设置需要在分组报表的每个分组上部输出的信息,一般为分组标题。组页眉在每个分组上部打印一次。

(4) 主体　位于主体部分,用于设置需要在报表中央输出的主要数据。一般输出数据源中的数据。主体节内容每条记录打印一次。

（5）组页脚　位于分组的下部，用于设置需要在分组报表的每个分组下部输出的信息，一般为分组统计数据。组页脚在每个分组下部打印一次。

（6）页面页脚　位于页面底部，用于设置需要在报表每页底部输出的信息，一般为页码、打印日期。页面页脚在每页底部打印一次。

（7）报表页脚　位于整份报表尾部，用来显示报表的汇总说明。报表页脚在报表最后一页内容之后打印一次。

除主体节外，其他节都为可选项，可根据需要添加或去除，方法与窗体中节的添加去除方法相同。

如果想要改变节的高度和宽度，可以将鼠标放在节的底边（改变高度）或右边（改变宽度）上，当光标变成✛时，上下拖动鼠标改变节的高度，或左右拖动鼠标改变节的宽度。也可以将光标放在节的右下角上，然后沿对角线的方向拖动鼠标，同时改变高度和宽度。

这里以创建学生成绩报表为例，介绍如何利用报表设计器创建报表。具体要求如下：有报表标题、日期时间，每页加页码，每个人有平均成绩，各个学生之间用横线分割，最后统计所有学生的平均成绩和总分，平均分均保留小数点后一位。保存报表为"学生成绩信息报表"，其设计视图如图 6-59 所示，最终的打印预览视图如图 6-60 所示。具体实现步骤如下：

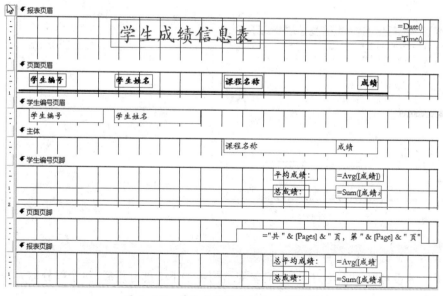

图 6-59　学生成绩信息报表设计视图

① 打开"学生成绩管理系统"数据库，单击"创建"选项卡→"报表"组→"报表设计"命令，进入报表设计视图。

② 单击"设计"选项卡→"工具"组→"添加现有字段"命令，将学生表中的学生编号和姓名、课程信息表中的课程名、成绩表中的成绩字段，拖至报表的主体节中。

③ 在页面页眉区域，设置列标题。选中并剪切主体中的所有标签控件，粘贴到页面页眉区域，作为列标题。调整标签控件和主体区的文本框控件位置，如图 6-59 所示。选择"直线"控件，在列标题下面拖出一条直线，作为分隔线并设置其属性。

④ 调整主体中文本框控件位置,与页面页眉中标签控件垂直对齐。

⑤ 在报表中单击右键,选择"报表页眉/页脚"命令。在报表页眉区域,添加新的标签控件 **Aa**,输入报表标题为"学生成绩信息报表",并修改字体、前景颜色、标题等属性。单击"页眉/页脚"组→日期和时间命令 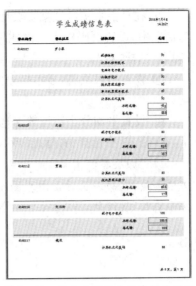 日期和时间,设置好日期和时间的格式,日期和时间添加到报表页眉区域(也可以将日期和时间剪贴到页面页脚处)。

⑥ 添加分组。单击"分组和汇总"组→"分组与排序"命令,在报表下方出现分组、排序和汇总区域(或在报表任意空白处单击鼠标右键,在弹出的菜单中选择"排序与分组"命令)。单击"添加组"按钮,在弹出的字段菜单中选择"学生编号",此时出现学生编号页眉区域。将主体中的"学生编号"文本框控件剪切粘贴到学生编号页眉区域。

图 6-60 学生成绩信息报表设计视图

⑦ 求每个人的平均分。在主体中,选中"成绩"文本框控件,单击"分组和汇总"组→"合计"下拉列表→"平均值"命令,在主体区域下面出现学生编号页脚区域,并自动生成"=Avg([平均值])"的文本框控件。为平均值添加标签控件,内容为"平均成绩"。

⑧ 求每个人的成绩总分。对同一个字段再次做统计,不能再单击"合计"下拉列表,否则会覆盖上一次的统计。所以这里通过另外一种方法统计总分:在学生编号页脚区域处添加文本框控件,标签名中输入"总成绩",选中文本框控件,打开其属性表,单击"数据"选项卡→"控件来源"的属性值框右侧的按钮 □,弹出"表达式生成器"对话框。在"表达式元素"栏中单击"函数"→"内置函数","表达式值"栏中双击"SUM"函数。删除"《expression》",将光标定位到 SUM 函数的括号中。添加统计字段:"表达式元素"栏中,双击"成绩管理系统.accdb"→"表"→"成绩表"→"成绩"字段,如图 6-61 所示。要在报表页脚中显示所有学生总分,只需把学生编号页脚区域里的总分标签和对应文本框控件拷贝到报表页脚区,并适当调整位置即可。为了让每个人的成绩分界清楚,在报表页脚区下方绘制一条直线。

图 6-61 表达式生成器

⑨ 在页面页脚区域添加页面信息。单击"页眉/页脚"组→"页码"命令,在弹出的"页码"对话框中,设置页码样式:"格式"选择"第 N 页,共 M 页","位置"选择"页面底端(页脚)","对齐"选择"右"。

⑩ 设置报表页脚,显示报表的汇总说明。为总平均值添加标签控件,并输入内容"总平均分"。

⑪ 设置平均分小数位数。选中"平均分"文本框控件,打开其属性面板,单击"格式"选项卡,在"格式"中选择为"标准"或"固定",小数位数选择 1。

▶▶ 注 如果要像图 4-60 中那样,"学生姓名"列对应的值不存在信息重复,可以通过以下方法解决:在报表设计视图即图 4-59 中,将"主体"区域中的"学生姓名"文本框剪贴到"学生编号页眉"区域处,即"学生姓名"也作为分组对象。

6.8 宏的创建与设计

宏操作简称为宏,是 Access 中的一个对象,是一种功能强大的工具。通过宏能够自动执行重复的任务,使用户更方便快捷地操作 Access 数据库系统。

1. 宏的定义与功能

宏是由一个或多个操作组成的集合,其中每个操作均能够实现特定的功能。Access 为用户提供 70 种宏操作,可以在宏中定义各种操作,如打开和关闭窗体、显示及隐藏工具栏、预览或打印报表等。直接执行宏,或者使用包含宏的用户界面,可以完成许多复杂的操作。Access 虽然提供了编辑功能,但对一般用户来说,使用宏是一种更简单的方法,既不需要编程,也不需要记住各种复杂的语法,只要将所执行的操作、参数和运行的条件输入到宏窗口中即可。

2. 常用的宏操作和功能

操作序列宏是一系列的宏操作组成的序列,每次运行该宏时 Access 都会按照操作序列中命令的先后顺序执行。常用的宏操作和功能见表 6-6。

表 6-6 常用的宏操作和功能

命 令	功 能
CloseWindow	关闭指定的对象,如果没有指定,则关闭活动窗口或当前对象
OpenForm	打开一个窗体,并通过选择窗体的数据输入与窗体方式,限制窗体所显示的记录
OpenQuery	打开选择查询或交叉表查询
OpenReport	打开报表,也可以限制需要在报表中打印的记录
OpenTable	打开数据表,也可以选择表的数据输入方式
Close	关闭指定的窗口,包括数据表、查询、窗体
MaximizeWindow	活动窗口最大化

续　表

命　令	功　　　能
MinimizeWindow	活动窗口最小化
StopMacro	停止当前宏的执行
RunSql	运行 SQL 语句
Quit	关闭所有的 Access 窗口并退出 Access

3. 宏的创建

创建一个宏主要有以下几个过程：打开宏编辑窗、选择宏操作、设置宏操作参数、保存宏等。

例如，在"学生成绩管理系统"数据库中创建一个登录窗口，验证用户输入的"用户名"和"密码"。当用户名为"admin"并且密码为"123456"时，打开"学生信息录入"窗体，否则提示"用户名或密码错误，请重新输入！"。具体步骤如下：

第一步：设计登录窗口

① 单击"创建"选项卡→"窗体"组→"窗体设计"命令，在"主体"中添加 2 个标签控件、2 个文本框控件和 2 个按钮控件（当添加按钮控件时，会弹出按钮向导对话框，直接单击【取消】按钮），创建如图 6 - 62 所示的登录窗口。

② 为了使密码文本框的内容显示为"＊"，在其属性表中找到"数据"选项卡→"输入掩码"属性值，单击 ⋯ 按钮，在弹出的对话框中选择"密码"。最后将窗体保存为"登录窗口"。

图 6 - 62　用户登录窗口设计

第二步：为窗体中的"退出"按钮添加宏，实现关闭窗口的功能

① 单击"创建"选项卡→"宏与代码"组→"宏"命令，弹出宏操作界面。在"添加新操作"下拉列表中选择"CloseWindow"宏操作。在弹出的"CloseWindow"界面中，设置宏操作参数：对象类型选择"窗体"，对象名称选择"登录窗口"，如图 6 - 63 所示。保存宏，并命名为"关闭登录窗口"之后，关闭宏。

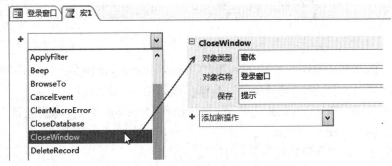

图 6 - 63　"CloseWindow"宏参数设置

② 在"登录窗口"窗体中选中"退出"按钮,在其属性表中找到"事件"选项卡→"单击"属性值,选择"关闭登录窗口",如图 6-64 所示。至此,"退出"按钮宏操作设置完成。

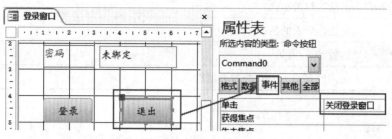

图 6-64 "退出"按钮执行宏操作

第三步:为"登录"按钮添加条件宏,实现身份验证的功能

① 新建宏命令,选择宏操作为"If",弹出"If"界面。单击 If 条件表达式后的 图标打开表达式生成器。依次单击"表达式元素"栏→"成绩管理系统. accdb"→"Forms"→"所有窗体"→"登录窗口",双击"表达式类别"栏中的 Text1 和 Text2(Text1 和 Text2 分别是用户名文本框控件和密码文本框控件的名称,用户可以在其属性表的"其他"选项卡中查看到),在"输表达式"框中将表达式补充完整,这里登录名设为 admin,密码设置为 123456,如图 6-65所示。

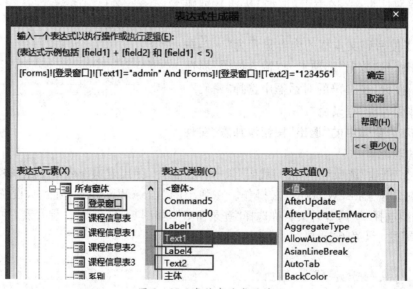

图 6-65 条件表达式设计

② 在 If 下面添加新操作"OpenForm"和"CloseWindow",即满足上述条件,打开"学生信息管理主窗口"窗口并且关闭"登录窗口",具体设置如图 6-66 所示。

③ 单击图 6-66 右下角"添加 else",添加新操作"MessageBox",即当验证不成功时,弹出消息框,具体设置如图 6-67 所示。

④ 保存宏,命名为"身份验证",关闭宏。

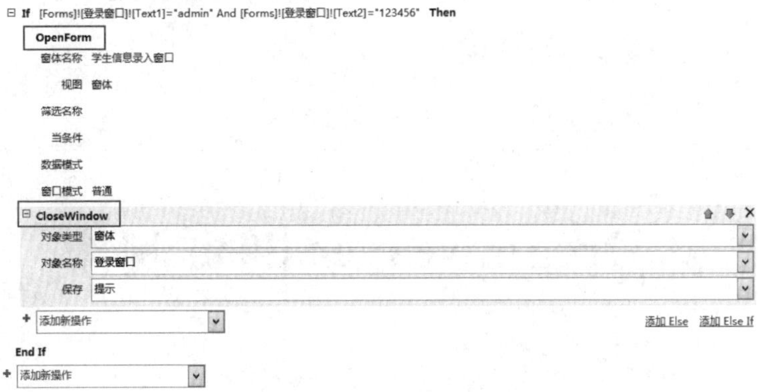

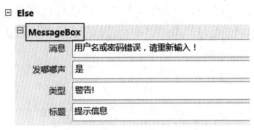

图 6-66   设置验证成功时的宏操作参数

☐ **Else**

   ☐ **MessageBox**

   消息   用户名或密码错误，请重新输入！

   发嘟嘟声 是

   类型   警告！

   标题   提示信息

图 6-67   验证错误时的消息框的设置

⑤ "登录窗口"窗体中选中"登录"按钮，在其属性表中找到"事件"选项卡→"单击"属性值，选择"身份验证"。至此，"登录"按钮宏操作设置完成。

第四步：验证宏操作设置

切换到"登录窗口"窗体的窗体视图下，输入登录名 admin 和密码 123456，点击【登录】即可进入"学生信息管理主窗口"。如果输入错误的话，就会显示错误提示信息，并重新登录。

第三篇　网页制作

第七章

Dreamweaver 网页制作

网页设计制作与网站开发技术是目前非常流行的计算机网络应用技术之一。本章重点介绍网页制作的基础知识,包括 HTML 常用标记语言、HTML 的扩展技术 CSS 样式以及专业可视化网页编辑工具 Dreamweaver CC。

7.1 网页基础知识

在开始学习制作网页之前,先了解一下什么是网页,以及与网页相关的知识,是十分必要的。通过本节的学习,能够了解网页、网站的概念,熟悉浏览器相关知识,初步认识 HTML 语言。

1. 网页和网站

在网上看到的一个个页面就是网页,也叫 Web 页,网页上包括各种各样的网页元素,如文字、图片、视频等。图 7-1 所示是上海外国语大学概况网页。

图 7-1　上海外国语大学概况网页

由一个或多个网页相互连接组成的一个整体即是网站。通常每个网站都有一个称为主页(HomePage)或首页的特殊页面,当访问该网站时,首先显示主页。主页是一个网站的"大门",网站有哪些内容,更新了什么内容,一般都可以通过主页看到。图 7-2 所示是上海外国语大学的主页。

图 7-2　上海外国语大学的主页

2. 浏览器

上网时查看网页所使用的软件叫做浏览器，目前常用的浏览器有微软的 Internet Explorer 浏览器（简称为 IE 浏览器）和 Google 的 Chrome 浏览器，如图 7-3 和图 7-4 所示。Chrome 浏览器的界面比 IE 浏览器简洁得多，因此 Chrome 浏览器也受到越来越多的用户青睐。国内有一些浏览器也比较常用，如 360 浏览器、搜狗浏览器、QQ 浏览器、火狐浏览器等。

图 7-3　IE 浏览器　　　　图 7-4　Chrome 浏览器

3. HTML 语言

在浏览器中看到的网页，实际上都是由 HTML 标记语言来制作的，图 7-5 所示是百度首页的 HTML 代码。

HTML 全称为 HyperText Markup Language，即超文本标记语言，是一种网页编辑和标记语言。它包括一系列的 HTML 标记符号，这些标记符号用来标记网页的各个部分。在浏览网页时，看到的文字、图像和视频等内容都是通过浏览器来翻译这些 HTML 标记符号而显示出来的。

HTML 语言是 W3C（World Wide Web Consortium）组织推荐使用的一个标准，HTML 从 1.0 版本发展到现在的 HTML 5 版本，从单一的文本显示到图文声像并茂的多媒体显示，目前新的浏览器已基本支持 HTML 5 功能。HTML 语言里面的各种标记可以通过记事本等软件输入。

图 7-5　百度首页及其 HTML 文件

▶▶ 注　如何查看网页的 HTML 代码：打开任意一个网页，在网页空白处右键"查看网页源代码"，即可弹出网页代码的窗口。这里用的是 Google 的 Chrome 浏览器，如果是 IE 浏览器，则选择"查看源文件"。

7.2 HTML 标记语言

　　像 Word 文档一样，HTML 文档也有其扩展名，为 html。本节详细介绍常见的 HTML 标记以及如何通过 HTML 标记来制作网页。

7.2.1　网页的 HTML 构成

　　一个 HTML 文档通常由 3 对基本结构标记构成，分别是文档标记〈html〉、头部标记〈head〉和主体〈body〉，这是 HTML 语言最基本的顶级标记。图 7-6 所示即为一段 HTML 标记。

　　HTML 标记用"〈〉"来标示，如文档标记〈html〉。通常 HTML 标记成对出现，如〈html〉和〈/html〉，前面为开始标记，后面为结束标记。注意结束标记中有一个"/"符号。

　　1. 文档标记

　　HTML 文档用〈html〉表示开始，〈/html〉表示结束。网页上所有的代码基本都放在此标签内部。其语法结构如下：

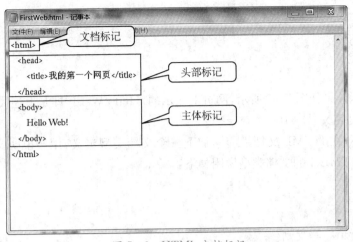

图 7-6　HTML 文档标记

```
〈html〉
...
〈/html〉
```

2. 头部标记

头部标记〈head〉…〈/head〉里面包含的是描述网页文档的信息标记,如标题、meta 标记、关键字和样式等。除标题外,这些信息大多不在网页上直接显示。头部标记中的〈title〉…〈/title〉标记之间的文本称为网页的标题,在浏览器标题栏中显示,在收藏和打印网页时也会显示。其语法结构如下:

```
〈head〉
    〈title〉我的第一个网页〈/title〉
〈/head〉
```

如图 7-7 所示是运行上述代码后的结果。

图 7-7　网页上显示的标题

3. 主体标记

主体标记(也称为主体部分)用来显示网页上的内容,以〈body〉标记开始,以〈/body〉标记结束。绝大多数 HTML 标记都是正文标记。其语法结构如下:

```
〈body〉
    Hello,Web!
〈/body〉
```

网页上显示效果如图 7-7 所示,网页上显示的"Hello Web!"即是上述代码运行的结果。

4. 文档类型定义(DTD)

一般情况下,在 HTML 文档最前面加上一个文档类型定义,用于说明文档所使用的标记语言类型。HTML 5 的文档类型说明如下:

```
〈!doctype html〉
```

5. HTML 标记书写规则

① 所有的 HTML 标记及其标记属性都必须放置在"〈〉"内。"〈〉"内的内容不会作为网页内容显示在浏览器中,反之,"〈〉"外的内容也不会被解释成 HTML 标记及标记属性。"〈""〉"必须成对出现,否则,就会产生页面错误,即不能按照标记意图显示信息。

② 一个标记内,属性之间的间隔为空格,"〈"和标记文字之间不能有空格,如〈 p〉是错误的,〈p〉才是正确的。

③ 结构标记不要重复使用。在一个 HTML 文档中应该只有一个头部(可以没有头部)和正文两部分。如多次使用〈body〉…〈/body〉标记,起作用的只有第一次出现的〈body〉标记。

④ 标记内可以嵌套其他标记,但不能交叉。例如,

```
〈marquee〉〈b〉标记嵌套〈/b〉〈/marquee〉
```

这是正确的,但是如果两个双标记发生了交叉就是错误的,网页上也会以黄色高光显示出错误标记。例如,

```
〈marquee〉〈b〉标记交叉〈/marquee〉〈/b〉
```

⑤ HTML 标记及其属性不区分大小写。

⑥ HTML 文档中的标记可以连续书写,但按照一定的缩进格式书写,会提高文档代码的可读性。

案例1　用记事本来制作第一个网页。

① 打开记事本软件,在里面输入 HTML 相关标记,如下图 7-8 所示。

② 输入完成后,点击记事本"文件"→"另存为"对话框。

③ 在"另存为"对话框的"文件名"处输入"FirstWeb. html"。这里一定要加上". html"扩展名,只有加上扩展名,文件才能保存成网页文件。

④ 单击"保存"按钮,最后保存成"FirstWeb. html"的网页文件。

⑤ 双击打开这个网页文件,便可以看到相应的网页内容,如图 7-7 中网页上显示的内容。

►► 注 ① 默认打开网页是什么浏览器，HTML 文档显示的图标就是什么浏览器的图标。

② 在保存 HTML 文档后，如果发现文件名称里没有扩展名 html，可能是因为"文件夹选项"→"查看"设置里没有勾选"显示扩展名"。

7.2.2 HTML 常用标记

HTML 语言除了前面介绍的⟨html⟩、⟨head⟩、⟨title⟩和⟨body⟩标记之外，还有很多种其他标记，如⟨h⟩、⟨p⟩、⟨br⟩、⟨hr⟩、⟨img⟩、⟨a⟩、⟨table⟩等。

1. 标题标记⟨h⟩

标题标记是把文字加粗显示，前后将自动添加空白。标题标记共有 6 级，从 h1～h6。⟨h1⟩字号最大，⟨h6⟩最小。如图 7-9 所示，是 6 级标题的大小。其代码如下：

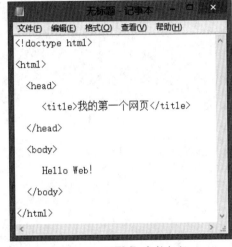

图 7-8　HTML 文档标记

图 7-9　标题标记的效果

```
⟨!doctype html⟩
⟨html⟩
  ⟨head⟩
    ⟨title⟩标题标记例子⟨/title⟩
  ⟨/head⟩
  ⟨body⟩
    ⟨h1⟩1 级标题⟨/h1⟩
    ⟨h2⟩2 级标题⟨/h2⟩
    ⟨h3⟩3 级标题⟨/h3⟩
    ⟨h4⟩4 级标题⟨/h4⟩
    ⟨h5⟩5 级标题⟨/h5⟩
    ⟨h6⟩6 级标题⟨/h6⟩
  ⟨/body⟩
⟨/html⟩
```

为了拓展标记的使用功能,可以给标记添加属性和设置属性值。如标题标记〈h〉,有属性 align,用来说明标题内容的水平对齐方式,有 3 个属性值,分别为 left、center、right,默认为 left,即 align="left"。在设置属性时,要注意以下几点:

① 属性和属性值间用"="连接,属性值上加双引号"",注意双引号必须是英文半角状态下输入的才有效。

② 属性与属性、属性与标记之间用空格分隔。

为上面代码添加标签属性设置后,代码如下,预览效果如图 7 - 10 所示:

```
〈body〉
    〈h1〉1 级标题〈/h1〉
    〈h2 align="center"〉2 级标题〈/h2〉
    〈h3 align="right"〉3 级标题〈/h3〉
    〈h4〉4 级标题〈/h4〉
    〈h5〉5 级标题〈/h5〉
    〈h6〉6 级标题〈/h6〉
〈/body〉
```

2. 段落标记〈p〉

段落标记〈p〉…〈/p〉之间定义的文字为一个段落。例如:

```
〈!doctype html〉
〈html〉
  〈head〉
    〈title〉段落标记〈/title〉
  〈/head〉
  〈body〉
    〈h1〉上海外国语大学〈/h1〉
    〈p〉上海外国语大学(Shanghai International Studies University, SISU),创建于
1949 年 12 月,是新中国成立后兴办的第一所高等外语学府,是教育部直属并与上海市共
建、进入国家"211 工程"建设的全国重点大学。上外秉承"格高志远、学贯中外"的校训精神,
筚路蓝缕,奋发有为,现已发展成一所培养卓越国际化人才的高水平特色大学,蜚声海内外。
    〈/p〉
    〈p〉上海外国语大学与新中国同龄,其前身为华东人民革命大学附设上海俄文学校,首
任校长是著名俄语翻译家、出版家、中国百科全书事业的奠基者姜椿芳。
    〈/p〉
  〈/body〉
〈/html〉
```

显示效果如图 7 - 11 所示。同标题标记〈h〉一样,段落标记〈p〉也有对齐方式 align,使用方法同〈h〉标记。

图 7-10　带有排列方式的标题显示效果　　图 7-11　段落标记显示效果

3. 换行标记〈br〉

如果需要强制换行,则需要添加换行标记〈br〉。〈br〉标记是一个独立标记,只需在需要换行的地方加上〈br〉即可。

在下面代码中,〈br〉标记把段落中的"上海外国语大学"强制成单独一行显示,浏览效果如图 7-12 所示。

```
〈!doctype html〉
〈html〉
  〈head〉
    〈title〉换行标记〈/title〉
  〈/head〉
    〈body〉
    〈h1〉上海外国语大学〈/h1〉
    〈p〉上海外国语大学〈br〉(Shanghai International Studies University, SISU),创建
于 1949 年 12 月,是新中国成立后兴办的第一所高等外语学府,是教育部直属并与上海市共
建、进入国家"211 工程"建设的全国重点大学。上外秉承"格高志远、学贯中外"的校训精神,
筚路蓝缕,奋发有为,现已发展成一所培养卓越国际化人才的高水平特色大学,蜚声海内外。
    〈/p〉
  〈/body〉
〈/html〉
```

4. 水平线标记〈hr〉

〈hr〉标记称作水平线标记,在网页上显示一条水平线,需要单独占一行。它跟〈br〉标记一样,是一个独立标记,不成对使用。

〈hr〉水平线标记常用的属性有:

(1) align　默认水平对齐方式的属性值为 center,也可以设置为 left、right。

(2) width　指水平线长度,单位有像素和%。如果将值设为 50%,表示水平线长度是半个屏幕的宽度。

(3) size　指线宽(高),单位是像素。

(4) color　表示水平线的颜色,如 color="#FF0000",则表示将水平线的颜色设置为红

色。不过水平线的颜色效果只有在浏览器中预览时才能看到。

下边代码运行效果如下图 7－13 所示。

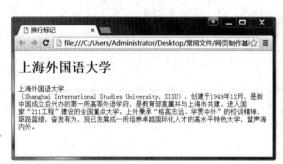

图 7－12　换行标记显示效果　　　　　　图 7－13　水平线标记的显示效果

```
〈!doctype html〉
〈html〉
  〈head〉
    〈title〉水平线标记〈/title〉
  〈/head〉
  〈body〉
    〈h1〉上海外国语大学〈/h1〉
    〈p〉上海外国语大学〈br〉(Shanghai International Studies University, SISU),创建
于 1949 年 12 月,是新中国成立后兴办的第一所高等外语学府,是教育部直属并与上海市
共建、进入国家"211 工程"建设的全国重点大学。〈hr align="left" width="50％"
color="＃FF0000"〉上外秉承"格高志远、学贯中外"的校训精神,筚路蓝缕,奋发有为,现
已发展成一所培养卓越国际化人才的高水平特色大学,蜚声海内外。
    〈/p〉
  〈/body〉
〈/html〉
```

5. 文本标记〈font〉

文本标记〈font〉…〈/font〉用于规定中间的文本字体、字号和颜色等特征。常用的属性值为字体属性 face、字号属性 size 和颜色属性 color。

（1）face 属性　规定字体,值为系统里面的字体名,如 face="楷体"。

（2）size 属性　规定文本的大小,值从 1～7,默认为 3。使用〈font〉标记指定的字体大小受浏览器字体大小设置的影响。

（3）color 属性　规定文本的颜色。其值可以是颜色英文名,如 red、blue 等,也可以用 ＃RRGGBB,RGB(x,x,x)来表示。RRGGBB 表示红、绿、蓝三原色的十六进制色彩值,每种颜色使用两位十六进制数,即 00～FF,数值越大表示该种颜色的含量越大。RGB(x,x,x)是一个函数,x 表示 0～255 中的任意一个数字,如 RGB(255,0,0),表示红色。

在下述代码中，为段落中的"上海外国语大学"文字上添加文本标记 font 的属性，显示浏览效果如图 7-14 所示。

```
〈!doctype html〉
〈html〉
  〈head〉
    〈title〉文本标记〈/title〉
  〈/head〉
  〈body〉
    〈h1〉上海外国语大学〈/h1〉
    〈p〉〈font face="楷体" size="5" color="blue"〉上海外国语大学〈/font〉〈br〉
(Shanghai International Studies University, SISU)，创建于 1949 年 12 月，是新中国成
立后兴办的第一所高等外语学府，是教育部直属并与上海市共建、进入国家"211 工程"建
设的全国重点大学。上外秉承"格高志远、学贯中外"的校训精神，筚路蓝缕，奋发有为，现
已发展成一所培养卓越国际化人才的高水平特色大学，蜚声海内外。
    〈/p〉
  〈/body〉
〈/html〉
```

图 7-14 文本属性 font 标记显示效果

6. 逻辑样式标记

逻辑样式标记规定文本的一些特殊效果，如加粗文本标记〈b〉，使文本倾斜的标记〈i〉，下划线标记〈u〉等。这些标记是成对出现的，如〈b〉…〈/b〉。

下述代码的浏览效果如图 7-15 所示。

```
〈!doctype html〉
〈html〉
  〈head〉
    〈title〉逻辑样式标记〈/title〉
  〈/head〉
```

```
〈body〉
   〈h1〉上海外国语大学〈/h1〉
   〈p〉〈b〉上海外国语大学〈/b〉(Shanghai International Studies University, SISU),
〈br〉〈i〉创建于 1949 年 12 月〈/i〉,〈u〉是新中国成立后兴办的第一所高等外语学府〈/u〉,
是教育部直属并与上海市共建、进入国家"211 工程"建设的全国重点大学。上外秉承"格
高志远、学贯中外"的校训精神,筚路蓝缕,奋发有为,现已发展成一所培养卓越国际化人
才的高水平特色大学,蜚声海内外。
   〈/p〉
〈/body〉
〈/html〉
```

图 7-15 逻辑样式标记效果

7. 特殊字符

有些特殊的字符在网页中不能直接显示出来,如版权号(©)等。在 HTML 语言中,特殊字符以"&"开头,以";"结尾(分号是英文半角状态下输入),如版权号为"©"。

有一个比较特殊的字符就是空格,默认情况下,无论输多少个空格,浏览器最终只显示一个空格,所以想要在网页上显示多个空格,还是需要用特殊字符" "来表示空格,一个" "代表一个空格,多个" "代表多个空格。

下述代码的显示浏览效果如图 7-16 所示。

```
〈!doctype html〉
〈html〉
  〈head〉
    〈title〉特殊符号〈/title〉
  〈/head〉
  〈body〉
    〈h1〉上海外国语大学〈/h1〉
    〈p〉  上海外国语大学(Shanghai International Studies University,
SISU),创建于 1949 年 12 月,是新中国成立后兴办的第一所高等外语学府,是教育部直属
并与上海市共建、进入国家"211 工程"建设的全国重点大学。上外秉承"格高志远、学贯中
```

外"的校训精神,筚路蓝缕,奋发有为,现已发展成一所培养卓越国际化人才的高水平特色大学,蜚声海内外。

    〈/p〉

    ©2016 上海外国语大学

  〈/body〉

〈/html〉

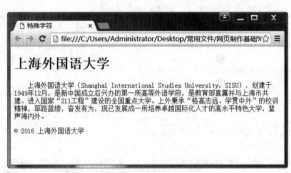

图 7-16　特殊字符显示效果

网页中还有很多特殊字符,表 7-1 中列出了几个比较常用的特殊字符。

表 7-1　常用特殊字符及表示方法

字符	名称	代码	字符	名称	代码
<	小于号	&lt;	空格	空格	
>	大于号	&gt;	®	注册号	&reg;
©	版权号	&copy;			

8. 列表标记

HTML 语言中,提供了类似于 Word 的丰富的项目列表标记。列表能够清晰地显示所要列举的项目,网页中经常用到。列表分为无序列表和有序列表。

无序列表在每个列表项前都加上列表符号,默认列表符号有圆点、方块和圆圈。代码如下:

```
〈body〉
    〈h2〉上海外国语大学简介〈/h2〉
    〈ul type="square"〉
    〈li〉历史承传〈/li〉
    〈li〉办学优势〈/li〉
    〈li〉人才培养〈/li〉
    〈li〉卓越研究〈/li〉
```

```
        〈/ul〉
〈/body〉
```

每个列表项写在〈li〉〈/li〉标记中,所有的列表项最后全部内置在〈ul〉…〈/ul〉中。如果需要将列表符号设为方块,可以设置〈ul〉的 type 属性值,即〈ul type="square"〉。type 值有 3 种,见表 7 - 2。

表 7 - 2　无序列表符号

值	符号	值	符号
disc(默认)	●	circle	○
square	■		

上述代码最终预览效果如图 7 - 17 所示。

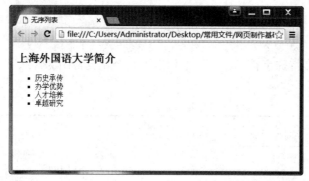

图 7 - 17　type 属性值为 square 的无序列表

与无序列表不同的是,有序列表的列表项前面加上的是有序的数字或字母。有序列表用〈ol〉…〈/ol〉,中间加列表项〈li〉…〈/li〉。其代码如下:

```
〈body〉
        〈h2〉上海外国语大学简介〈/h2〉
        〈oltype="1" start="2"〉
            〈li〉历史承传〈/li〉
            〈li〉办学优势〈/li〉
            〈li〉人才培养〈/li〉
            〈li〉卓越研究〈/li〉
    〈/ol〉
〈/body〉
```

有序列表的列表符号也可以用 type 来设置,并用 start 来指定编号的起始值,如〈ol type="1" start="2"〉表示列表符号是数字,起始值从 2 开始。type 值有 5 种,见表 7 - 3。

start 属性的默认值是从最小编号开始,只能用数字指定起始编号。例如使用 type="a" 时,如果希望从开始编号,不能使用 start="b",而应该使用 start="2"。type 为 A、I、i 时同理。

表7-3 有序列表符号

值	符号	值	符号
1(默认)	数字	I	罗马字母
A	大写字母	i	小写罗马字母
a	小写字母		

上述代码最终预览效果如图 7-18 所示。

图7-18 有序列表

9. 图像标记〈img〉

在网页中添加图片可以使整个网页显示生动形象,常用的图片类型有 GIF、JPEG 和 PNG 格式。

GIF 图片全称为 Graphic Interchange Format,即可交换图形文件格式,文件扩展名为 .gif,适合纯色和简单几何图片。GIF 格式可以显示动画图片,还支持透明背景图片。

JPEG 图片全称为 Joint Photographic Experts Group,即联合照片专家组,文件扩展名为.jpg 或.jpeg。PGE 格式对色颜信息保留较好,支持 24bit 真颜色,且文件尺寸较小,下载速度快,是目前网络上最流行的格式。

PNG 图片全称为 Portable Network Graphic,文件扩展名为.png。它结合了 GIF 和 JPEG 图片的优势,支持 24bit 图像并产生无锯齿状边缘的背景透度,但目前有些浏览器还不支持。

HTML 语言中,插入图片的标记为〈img〉。它是一个单独标记,语法结构为〈img src=" 图片名"〉。src 属性值指引用的图片路径。网页上的图像是以链接的方式从外部加载显示,所以需要把图片文件和网页文件放到一起,一般为站内相对路径。如在下面代码中,把图片和网页文件放到了同一个目录下,所以 src 的值直接写文件名(上海外国语大学校徽)及其扩展名(.jpg)。如果图片放在和网页相同目录下的一个文件夹(如 images)中,则要把文件夹名一并写上,中间加上符号/连接,如"images/上海外国语大学校徽.jpg"。

```
〈body〉
    〈h2〉上海外国语大学校徽〈/h2〉
    〈img src="上海外国语大学校徽.jpg" width="150" height="150"〉
    〈p〉上海外国语大学校徽以展开的书本及茁壮的橄榄枝为主体构型,书本象征对学
问与真理的求索,橄榄枝象征对和平与友谊的向往。两者衬托并环绕着代表我校的三个
文字元素,依次为中文校名简称(上外)、英文校名缩写(SISU)、建校时间(1949年)。
    〈/p〉
〈/body〉
```

〈img〉默认显示的大小为图像本身的大小,如果想要改变图像大小,可以设置 width 和
height 属性。上述代码最终预览效果如图 7 - 19 所示。

图 7 - 19　图像标记显示效果

表 7 - 4 是图像标记 img 比较常用的属性。

表 7 - 4　图像标记 img 常用属性表

属性名称	属性值说明
src	引用图像文件的路径
width	图片宽度,以像素为单位
height	图片高度,以像素为单位
align	图像的排列方式,有 left(默认)、right、middle、top、bottom 等属性值。align 属性值使用 left、right 时,页面可以实现图文混排
hspace	图片周围的水平间距
vspace	图片周围的垂直间距
alt	描述图像的文本。目前很多浏览器不支持该属性
border	图片边框尺寸,以像素为单位

10. 超链接标记〈a〉

网站是由许多网页组成,网页之间通过超链接来建立关联。因此超链接是网页中极其

重要的一部分，单击超链接即可跳转至相应的位置，显示相应的内容，实现网页文档间或文档中的跳转。

在网页上用超链接标记添加链接。它以〈a〉开头，以〈/a〉结尾，中间放置可以点击的链接文字。用 href 属性来配置超链接目标地址，target 属性来设置是否在新窗口中打开。如下面代码：

```
〈body〉
    〈h2〉〈a href="http://www.shisu.edu.cn/about/introduction.html"target="_
    blank"〉上海外国语大学〈/a〉〈/h2〉
    〈ul〉
    〈li〉上外校徽〈/li〉
    〈li〉上外校训〈/li〉
    〈li〉上外校歌〈/li〉
    〈/ul〉
〈/body〉
```

超链接目标地址也叫做路径，Dreamweaver 中的超链接路径有绝对路径和相对路径。

（1）绝对路径　每个网页页面都有一个唯一的地址，称为统一资源定位符（URL，Uniform Resource Locator）。如 http://www.shisu.edu.cn/about/introduction.html 就是一个统一资源定位符，其中 http:// 是文件传输协议，www.shisu.edu.cn 是域名，about 是文件路径，introduction.html 是文件名，这几部分用斜杠"/"连接。

如果超链接的路径使用一个完整的 URL 地址，那么这个路径叫做绝对路径。绝对路径的地址一般不会发生变化，如 http://www.shisu.edu.cn/about/introduction.html。D:/SisuWeb/about/introduction.html 是一个存储在本地电脑上的一个文档路径，也是一个绝对路径。

（2）相对路径　相对路径可分为文档相对路径和站点根目录相对路径。

文档相对路径指以当前文档所在的位置为起点到目标文档所经过的路径。相对路径有3 种情况，以图 7 - 20 所示的站点目录来说明。

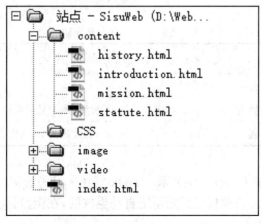

图 7 - 20　SisuWeb 站点目录

◁ 情况 1：如果当前文档是 index. html，链接到 index2. html，这相对路径只需要提供目标文档的名字就可以了，即〈a href＝"index2. html"〉。

◁ 情况 2：如果当前文档是 index. html，链接到 content 文件夹下的 history. html 网页，这时相对路径是文件夹名和文档名，即〈a href＝"content/history. html"〉。

◁ 情况 3：如果当前文档是 content 文件夹下的 history. html 网页，链接到 index. html 文档，这时相对路径要用.. /index. html。".. /"表示上一层目录，".. /.. /"表示上上一层目录，依次类推。

站点根目录相对路径，指从当前站点的根目录开始描述网页路径，站点根目录用"/"表示，如链接网页 history. html，站点根目录相对路径可表示为〈a href＝"/content/history. html"〉。

在 Dreamweaver 制作网站过程中，一般用文档相对路径，因为当整个网站文件夹改变位置时，其内部网页链接的路径无需变动，不受影响。

常用的 target 值有两个：_self 和_blank。_self 是默认值，链接的网页在本窗口打开即覆盖当前网页。_blank 是链接的网页在新的网页窗口或者网页标签中打开。

运行上述代码，得到图 7－21 所示预览效果。点击链接，网页就会在新的标签页或窗口中打开。如果希望在原窗口中打开，只要在代码处去掉 target＝"_blank"，或者将_blank 改为_self 即可。

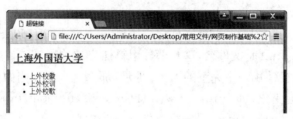

图 7－21　超链接显示

11. 音频标记〈audio〉

音频标记〈audio〉可以在网页上播放音频文件，它是 HTML 5 里的新标记。使用〈audio〉标记播放音频文件，不需要计算机安装其他插件。〈audio〉标记有 3 个常用的属性，见表 7－5。

表 7－5　音频标记〈audio〉常用属性表

属性	属性值说明
src	引用音频文件的路径
controls	属性值为 controls，显示播放控件；不设置，则不显示播放控件
autoplay	默认属性值为 false，音乐不自动播放；属性值为 true，网页打开时自动播放

音频文件常用的格式有 mp3、ogg 等。〈audio〉和〈/audio〉标记之间的文字"此浏览器不支持该 HTML 5 的 audio 音频标记！"是系统自动生成的，在浏览器不支持此标记时会显示在网页上。

下述代码的显示预览效果如图 7－22 所示。

```
〈!doctype html〉
〈html〉
  〈head〉
    〈title〉音频〈/title〉
  〈/head〉
  〈body〉
    〈h2〉上海外国语大学校歌〈/h2〉
    〈audio src="上外之歌.mp3" controls="controls"〉
    此浏览器不支持该 HTML 5 的 audio 音频标记！
    〈/audio〉
  〈/body〉
〈/html〉
```

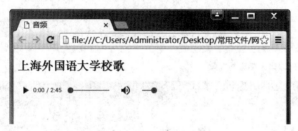

图 7－22 音频标记显示效果

▶▶ 注 制作背景音乐，代码如下：
〈audio src="上外之歌.mp3" autoplay="true"〉

12. 视频标记〈video〉

视频标记〈video〉可以在网页上播放视频文件，它同 audio 标记一样，是 HTML 5 里的新标记。使用〈video〉标记播放视频文件，不需要计算机安装其他插件。〈video〉标记有 4 个常用的属性，见表 7－6。

表 7－6 视频标记〈audio〉常用属性表

属性	属 性 值 说 明
src	引用视频文件的路径
controls	属性值为 controls，指定是否显示播放控件，一般要加上
width	单位是像素值，指定视频的宽度
height	单位是像素值，指定视频的高度

视频文件常用的格式有 mp4、ogg 等。〈video〉和〈/video〉标记之间的文字同样是在浏

覧器不支持此标记时显示。

下述代码显示预览效果如图 7 - 23 所示。

```
〈!doctype html〉
〈html〉
  〈head〉
    〈title〉视频〈/title〉
  〈/head〉
  〈body〉
    〈h2〉上海外国语大学宣传视频〈/h2〉
    〈video src="上外宣传视频.mp4" controls="controls"〉
      此浏览器不支持该 HTML5 的 video 视频标记!
    〈/video〉
  〈/body〉
〈/html〉
```

图 7 - 23　视频标记显示效果

13. 表格标记〈table〉

表格的作用是组织网页上的信息,是最基本的网页布局技术,几乎所有网页中都能见到表格。表格中可包含文本、图片等其他 HTML 标记。表格用〈table〉标记开头,〈/table〉结束。表格中的每一行用〈tr〉开头,用〈/tr〉结束。表格中的单元格用〈td〉开头,用〈/td〉结束。

```
〈body〉
    〈h2〉表格〈/h2〉
    〈table border="1"〉
```

```
    ⟨tr⟩
      ⟨td⟩上海⟨/td⟩
      ⟨td⟩北京⟨/td⟩
    ⟨/tr⟩
    ⟨tr⟩
      ⟨td⟩上海外国语大学⟨/td⟩
      ⟨td⟩北京外国语大学⟨/td⟩
    ⟨/tr⟩
  ⟨/table⟩
⟨/body⟩
```

上述代码中,border 是表格的一个属性,规定表格边框的大小,单位为像素。默认值为0,表示表格没有边框。两对⟨tr⟩…⟨/tr⟩表示表格有两行,每对⟨tr⟩…⟨/tr⟩中有两对⟨td⟩…⟨/td⟩,表示这一行有两个单元格。图 7-24 是显示的效果。

图 7-24　表格标记显示效果

表 7-7 和 7-8 列出了⟨table⟩标记、⟨tr⟩、⟨td⟩的一些常用属性。

表 7-7　⟨table⟩标记常用属性表

属性	属性值	说　　明
border	0~100	边框的大小,默认为 0,表示没有边框
width	像素或百分比	指定表格的宽度
align	left、center、right	表格整体的水平对齐方式,默认为 left
bgcolor	有效颜色值	表格的背景颜色
backgound	有效颜色值	表格的背景图片
bordercolor	有效颜色值	表格线颜色
cellpadding	像素	默认为 1,单元格内容四周的间距
cellspacing	像素	默认为 2,单元格之间的间距

表 7 - 8 〈tr〉标记常用属性表

属性	属性值	说　　明
align	left、center、right	表行里面内容的水平对齐方式
valign	top、middle、bottom	表行里面内容的垂直对齐方式
bgcolor	有效颜色值	表行的背景颜色
height	像素	表行高。注意:tr 标签 width 属性是不起作用的

这里重点强调下〈td〉标记的 rowspan 和 colspan 属性的用法,见表 7 - 9。rowspan 和 colspan 属性用来合并单元格,如下面代码,这是一个 3 行 4 列的表格。

表 7 - 9 〈td〉标记常用属性表

属性	属性值	说　　明
align	left、center、right	单元格里面内容的水平对齐方式
valign	top、middle、bottom	单元格里面内容的垂直对齐方式
bgcolor	有效颜色值	单元格的背景颜色
Width	像素或表格宽度的百分数	单元格宽度
Height	像素或表格宽度的百分数	单元格高度
bordercolor、bgcolor、background	有效颜色值	单元格边框颜色、背景色、背景图片。单元格可以单独设置边框颜色、背景色和背景图片,与网页、表格的边框颜色、背景色和背景图片设置无关
rowspan	行数	单元格所占行数
colspan	列数	单元格所占列数

```
〈body〉
    〈h2〉合并单元格〈/h2〉
    〈table width="300" border="1"〉
        〈tr〉
            〈td〉A1〈/td〉
            〈td rowspan="2"〉A2〈/td〉
            〈td〉A3〈/td〉
            〈td〉A4〈/td〉
        〈/tr〉
        〈tr〉
            〈td〉B1〈/td〉
```

```
        <td colspan="2">B3</td>
      </tr>
      <tr>
        <td>C1</td>
        <td colspan="3">C2</td>
      </tr>
    </table>
</body>
```

上述代码描述如下：

① 第一行使用 4 个〈td〉标记，其中第二个〈td〉标记使用 rowspan="2"，占据两行。

② 第二行使用 2 个〈td〉标记，其中第二个〈td〉标记使用 colspan="2"，占据两列。加上第一行占用的第二列单元格，一共 4 个单元格。

③ 第三行使用 2 个〈td〉标记，其中第二个〈td〉标记使用 colspan="3"，占据 3 列，一共 4 个单元格

运行上述代码后，在浏览器中显示的效果如图 7 - 25 所示。

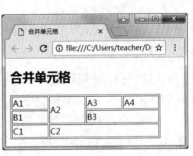

图 7 - 25　合并单元格显示效果

7.3 CSS 样式

本节主要介绍 CSS 样式的语法规则、使用方式以及一些常见的样式属性应用。

7.3.1　CSS 介绍

CSS 是 Cascading Style Sheet 的缩写，即层叠样式表，它由一系列样式规则组成，用于控制网页的外观，目前 CSS 最新版本为 CSS 3。

CSS 样式扩展了 HTML 的功能，如 CSS 能控制行间距或字间距，而 HTML 标记却不能。CSS 样式的应用简化了网页的源代码，避免了重复劳动，如可以同时控制多个网页的样式，当 CSS 样式更新后，所有使用了该样式的页面都发生变化。所以 CSS 是网页设计中必不可少的工具。

7.3.2　CSS 使用

1. CSS 语法

CSS 样式表由规则组成，每条规则由选择符和声明组成。如图 7 - 26 所示是一个简单的 CSS 规则例子。

选择符通常是需要改变样式的 HTML 元素，这里是标题标记 h1。声明由属性和值构

成,这里声明属性为 color,即文字颜色,声明值为 red,表示文字颜色为红色。声明属性和声明值中间用冒号,声明两侧用大括号。这个 CSS 规则是把所有 h1 标题文字颜色设置成红色。

一个规则里面可以放多个声明,声明之间用分号来隔开。如图 7-27 所示,用 CSS 规则把段落文字设置成蓝色,字号为 15 像素,单位像素用 px 表示。

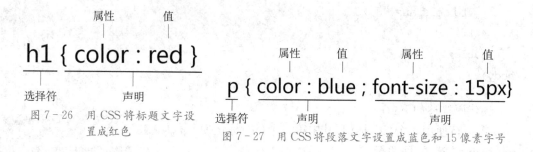

图 7-26 用 CSS 将标题文字设置成红色

图 7-27 用 CSS 将段落文字设置成蓝色和 15 像素字号

可以把 CSS 规则放到〈style〉…〈/style〉标记中,使 CSS 起作用。〈style〉…〈/style〉标记放到〈head〉…〈/head〉标记中使用。

如图 7-28 所示,是上述两个 CSS 规则显示效果。可以发现,标题"上海外国语大学"放在〈h1〉…〈/h1〉标记中,所以变成了红色,而正文放在段落标记〈p〉…〈/p〉标记中,所以变成了蓝色 15 px 字体。

图 7-28 CSS 规则应用到〈h1〉和〈p〉标记上的效果

其代码如下:

```
〈!doctype html〉
〈html〉
    〈head〉
    〈title〉CSS 语法〈/title〉
    〈style〉
      h1{color:red}
      p{color:blue;font-size:15 px}
    〈/style〉
    〈/head〉
```

```
〈body〉
    〈h1〉上海外国语大学〈/h1〉
    〈p〉上海外国语大学(Shanghai International Studies University, SISU),创建于
1949 年 12 月,是新中国成立后兴办的第一所高等外语学府,是教育部直属并与上海市共
建、进入国家"211 工程"建设的全国重点大学。上外秉承"格高志远、学贯中外"的校训精神,
筚路蓝缕,奋发有为,现已发展成一所培养卓越国际化人才的高水平特色大学,蜚声海内外。
    〈/p〉
    〈p〉上海外国语大学与新中国同龄,其前身为华东人民革命大学附设上海俄文学校,
首任校长是著名俄语翻译家、出版家、中国百科全书事业的奠基者姜椿芳。
    〈/p〉
〈/body〉
〈/html〉
```

2. 选择符

CSS 中用 HTML 元素作为选择符,称为标记选择符,如上述案例。还可以用 class(类)选择符,进一步丰富 CSS 的使用。class 是可以在任何标记内使用的样式。

class 选择符的名称可以由用户定义,名称前添加句点符号"."。class 选择符名称以字母开始,可包含字母、数字和下划线,名称中不能出现空格。如图 7-29 所示,是 class 选择符 CSS 规则。

sisu 规则表示字体颜色为蓝色,该 class 选择符配置的 CSS 规则在 HTML 元素中使用 class＝" sisu"(〈标记 class＝"选择符名称"〉…〈/标记〉),使文字显示为蓝色。

看下述代码,来具体了解 class 选择符的应用。

属性　　　　值

.sisu { color : blue }

class选择符　　　声明

图 7-29　class 选择符 CSS 规则

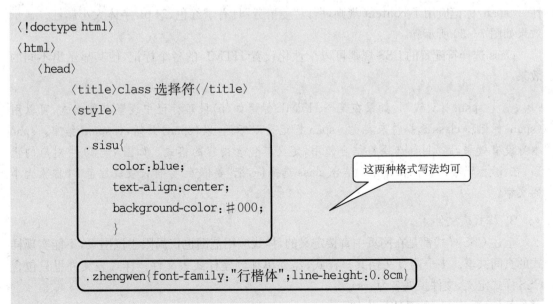

```
〈!doctype html〉
〈html〉
    〈head〉
        〈title〉class 选择符〈/title〉
        〈style〉

            .sisu{
                color:blue;
                text-align:center;
                background-color:＃000;
            }

            .zhengwen{font-family:"行楷体";line-height:0.8cm}
```

这两种格式写法均可

```
        .content{
                color:red;
                font-size:24 px;
                }
        </style>
    </head>
    <body>
        〈h1 class="sisu"〉上海外国语大学〈/h1〉
        〈p class="zhengwen"〉上海外国语大学(Shanghai International Studies
University,SISU),创建于 1949 年 12 月,是新中国成立后兴办的第一所高等外语学府,是
教育部直属并与上海市共建、进入国家"211 工程"建设的全国重点大学。上外秉承"格高
志远、学贯中外"的校训精神,筚路蓝缕,奋发有为,现已发展成一所培养卓越国际化人才
的高水平特色大学,蜚声海内外。
        〈/p〉
        〈p class="zhengwen"〉上海外国语大学与新中国同龄,其前身为华东人民革命大
学附设上海俄文学校,首任校长是著名俄语翻译家、出版家、中国百科全书事业的奠基者
〈span class="content"〉姜椿芳〈/span〉。
        〈/p〉
    〈/body〉
〈/html〉
```

在代码〈style〉标记中有 3 个 class 选择符规则:sisu、zhengwen 和 content。〈h1〉标记应用了 sisu 规则,所以标题"上海外国语大学"具有了蓝色字体、黑色背景、居中的属性;〈p〉标记应用了 zhengwen 规则,所以〈p〉标记内的文字具有了行楷体的字体、行距为 0.8 cm 的属性。〈span〉标记应用了 content 规则,所以"姜椿芳"具有了红色、24 px 字体大小属性。显示效果如图 7 - 30 所示。

class 选择符配置的 CSS 规则可以个性化设置 HTML 的各个标记,使其显示出不同的效果。

▶▶ 注 〈span〉标记说明:如果在某个 HTML 标记如〈p〉段落标记中设置其他格式,可以用〈span〉标记和 class 选择符来实现。span 标记是双标记,以〈span〉开始,〈/span〉结束。span 本身没有效果,跟 class 选择符结合使用,定义其包含内容的格式。如图 7 - 30 中对应的代码,在〈p〉标记中间,用 span 标记结合 class 选择符,把"姜椿芳"字样设置成红色 24 像素大小的文字。

3. 样式表文件

上述 CSS 样式都是在网页中直接定义的,样式应用范围也仅局限于该网页,不能实现样式的页间共享。多个网页文档共享样式,需要单独创建样式表文件。样式表文件里只包含 CSS 样式定义,文件扩展名为 .css。

例如,图 7 - 30 的具体操作如下:

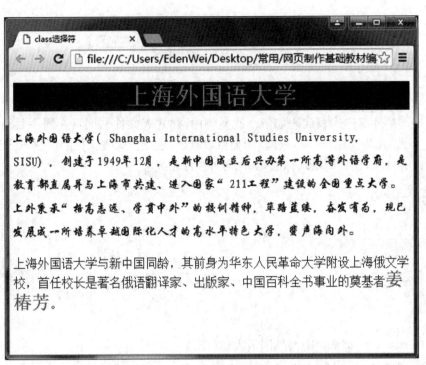

图 7-30 class 选择符的 CSS 规则应用

（1）在记事本中输入下面内容

```
.sisu{
     color:blue;
     text-align:center;
     background-color:#000;
}
.zhengwen{
     font-family:"行楷体";
     line-height:0.8cm;
}
.content{
     color:red;
     font-size:24px;
}
```

（2）将其保存为.css 文件　本例将其保存在网页文件所在文件夹中,并命名为 styles. css。

（3）使用样式表文件　在网页中使用样式表文件常用的方式是链接外部文件,这种方式只是将样式表文件链接到页面中即可实现样式表共享,不需要占用存储空间。在网页中链接外部样式表的标记格式如图 7-31 所示。

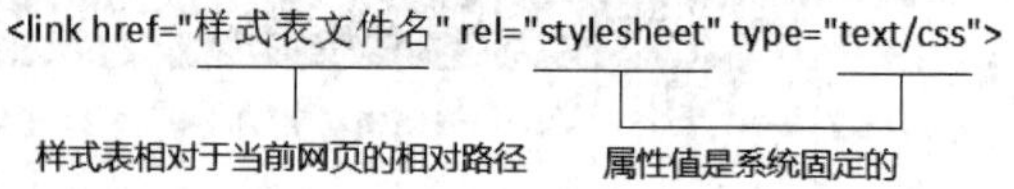

```
<link href="样式表文件名" rel="stylesheet" type="text/css">
```

样式表相对于当前网页的相对路径　　属性值是系统固定的

图7-31　网页中链接外部样式表的标记格式

网页中链接外部样式表代码如下。此案例中,样式表文件与网页在同一目录下。运行下述代码,预览结果与图7-30一样。明显可以看出,独立样式表文件的创建,真正做到了格式处理与内容分离,使页面格式标准化,代码可读性增强。

```
〈!doctype html〉
〈html〉
〈head〉
    〈title〉class 选择符〈/title〉
    〈link href="styles.css" rel="stylesheet" type="text/css"〉
〈/head〉
  〈body〉
    〈h1 class="sisu"〉上海外国语大学〈/h1〉
    〈p class = "zhengwen"〉上 海 外 国 语 大 学(Shanghai International Studies
University,SISU),创建于 1949 年 12 月,是新中国成立后兴办第一所高等外语学府,是教
育部直属并与上海市共建、进入国家"211 工程"建设的全国重点大学。上外秉承"格高志
远、学贯中外"的校训精神,筚路蓝缕,奋发有为,现已发展成一所培养卓越国际化人才的
高水平特色大学,蜚声海内外。
    〈/p〉
    〈p〉上海外国语大学与新中国同龄,其前身为华东人民革命大学附设上海俄文学校,首
任校长是著名俄语翻译家、出版家、中国百科全书事业的奠基者〈span class="content"〉
姜椿芳〈/span〉。
    〈/p〉
〈/body〉
〈/html〉
```

7.3.3　常见 CSS 属性

CSS 中使用的属性和 HTML 标记属性有所不同,不能混用。

1. 字体属性

(1) font-family 属性　定义字体名称。属性值中可以指定多个字体名称。多个字体名称间用英文输入法状态下的逗号连接。当系统没有第一个字体时,按顺序显示后面的字体。如果所列的字体系统都没有,则显示系统默认的字体。如:

```
p{font-family:impact,隶书}
```

font-family 第一个属性值 impact 字体只对英文起作用,对中文不起作用,所以中文上使

用了第二个属性值"隶书"。

（2）font-size 属性　用于设置文字的大小，常用单位是像素 px，如 18 px。

（3）color 属性　用于设置文字的颜色。color 的值有多种表示方式，可以直接用英文颜色名称，如 red、blue 等，也可以用十六进制颜色值表示，如♯FF0000，以♯号开头。十六进制颜色值共 6 位数值，前 2 位代表红色位，中间 2 位代表绿色位，最后 2 位代表蓝色位，由此组合成各种颜色。

（4）font-weight 属性　用于设置字体加粗显示，类似于 HTML 中的〈strong〉或〈b〉标记显示效果。属性值使用 normal（正常）、bold（加粗）、bolder（特粗）、lighter（细体）或使用 100～900 表示字体的粗细，400 为正常字体。常用的值为 font-weight：bold。

（5）font-style 属性　用于设置字体倾斜显示，和 HTML 中的〈i〉或〈em〉有相同的效果。常用值为 font-style：italic。

字体属性代码示例如下，显示效果如图 7 - 32 所示。

```
〈!doctype html〉
〈html〉
    〈head〉
      〈title〉字体属性〈/title〉
      〈style type="text/css"〉
        .content1{font-family:impact,隶书}
        .content2{font-size:20 px}
        .content3{color:blue}
        .content4{color:♯0000ff}
        .content5{font-weight:bold}
        .content6{font-style:italic}
      〈/style〉
    〈/head〉
    〈body〉
      〈p class="content1"〉用 font-family 设置字体〈/p〉
      〈p class="content2"〉用 font-size 设置 20 像素大小的字号〈/p〉
      〈p class="content3"〉用 color:blue 设置字体为蓝色〈/p〉
      〈p class="content4"〉用 color:♯0000ff 设置字体为蓝色〈/p〉
      〈p class="content5"〉用 font-weight:bold 设置字体加粗〈/p〉
      〈p class="content6"〉用 font-style:italic 设置字体倾斜〈/p〉
    〈/body〉
〈/html〉
```

2. 文本属性

（1）line-height 属性　设置文本的行间距大小，可以用％作单位，如 line-height：150％，表示 1.5 倍的行间距。

下面是设置 line-height 不同属性值的代码，预览效果如图 7 - 33 所示。

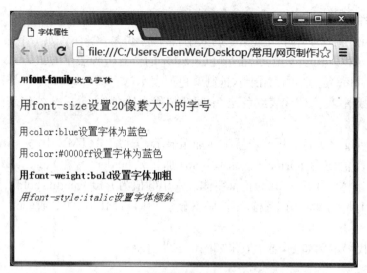

图 7-32 字体属性显示效果

```
〈!doctype html〉
〈html〉
  〈head〉
    〈title〉文本属性〈/title〉
    〈style type="text/css"〉
      .content1{line-height:150%}
      .content2{line-height:200%}
    〈/style〉
  〈/head〉
  〈body〉
    〈p〉这是正常行间距的文字。这是正常行间距的文字。这是正常行间距的文字。这是
正常行间距的文字。这是正常行间距的文字。这是正常行间距的文字。这是正常行间距
的文字。这是正常行间距的文字。这是正常行间距的文字。这是正常行间距的文字。这
是正常行间距的文字。〈/p〉
    〈p class="content1"〉这是1.5倍行间距的文字。这是1.5倍行间距的文字。这是
1.5倍行间距的文字。这是1.5倍行间距的文字。这是1.5倍行间距的文字。这是1.5
倍行间距的文字。这是1.5倍行间距的文字。这是1.5倍行间距的文字。这是1.5倍行
间距的文字。〈/p〉
    〈p class="content2"〉这是2倍行间距的文字。这是2倍行间距的文字。这是2倍
行间距的文字。这是2倍行间距的文字。这是2倍行间距的文字。这是2倍行间距的文
字。这是2倍行间距的文字。这是2倍行间距的文字。这是2倍行间距的文字。这是2
倍行间距的文字。这是2倍行间距的文字。〈/p〉
  〈/body〉
〈/html〉
```

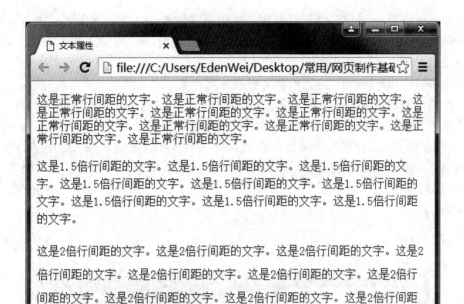

图 7 - 33 line-height 属性显示效果

（2）text-align 属性 设置段落文本的对齐效果，其值有 3 个，left、center 和 right，默认为左对齐。

（3）text-indent 属性 设置段落第一行缩进，如设置首行缩进两个字符 2em。

下面是 text-align 和 text-indent 属性应用的代码，预览效果如图 7 - 34 所示。

```
〈!doctype html〉
〈html〉
  〈head〉
    〈title〉文本属性〈/title〉
    〈style type="text/css"〉
      .content1{text-align:center}
        .content2{text-align:right}
        .content3{text-indent:2em}
    〈/style〉
  〈/head〉
  〈body〉
  〈p〉这是段落文字默认对齐效果。这是段落文字默认对齐效果。这是段落文字默认对齐效果。这是段落文字默认对齐效果。这是段落文字默认对齐效果。这是段落文字默认对齐效果。〈/p〉
```

```
    〈p class="content1"〉这是段落文字居中对齐效果。这是段落文字居中对齐效果。
这是段落文字居中对齐效果。这是段落文字居中对齐效果。这是段落文字居中对齐效
果。这是段落文字居中对齐效果。〈/p〉
    〈p class="content2"〉这是段落文字右对齐效果。这是段落文字右对齐效果。这是
段落文字右对齐效果。这是段落文字右对齐效果。这是段落文字右对齐效果。这是段落
文字右对齐效果。〈/p〉
    〈p class="content3"〉段落首行缩进效果。段落首行缩进效果。段落首行缩进效
果。段落首行缩进效果。段落首行缩进效果。段落首行缩进效果。段落首行缩进效果。
段落首行缩进效果。〈/p〉
  〈/body〉
〈/html〉
```

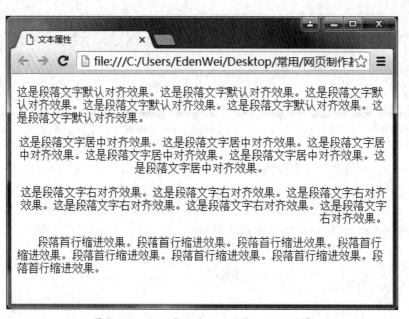

图 7 - 34   text-align 和 text-indent 显示效果

（4）letter-spacing 属性　设置字符间距，单位一般为像素，即 px。对于英文，设置每个字母间的距离。对于中文，一个汉字认为是一个字符，所以 letter-spacing 设置每个汉字之间的距离。

（5）word-spacing 属性　设置字符串之间的距离，由空格包围的认为是一个字符串。

下面是 letter-spacing 和 word-spacing 属性应用的代码，预览效果如图 7 - 35 所示。

```
〈!doctype html〉
〈html〉
  〈head〉
    〈title〉文本属性〈/title〉
```

```
〈style type="text/css"〉
    .content1{letter-spacing:10 px}
    .content2{word-spacing:10 px}
〈/style〉
〈/head〉
〈body〉
〈p〉This is a normal paragraph.〈/p〉
〈p class="content1"〉This is a text using 10 px letter-spacing.〈/p〉
〈p class="content1"〉使用了 10 个像素字符间距的文字〈/p〉
〈p class="content2"〉This is a text using 10 px word-spacing.〈/p〉
〈p class="content2"〉使用了  10 个像素  字间距的文字.〈/p〉
〈/body〉
〈/html〉
```

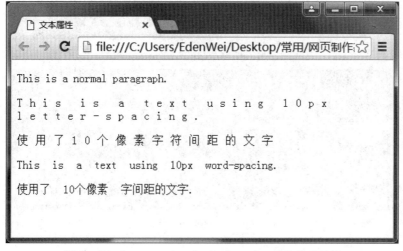

图 7 - 35 letter-spacing 和 word-spacing 属性显示效果

▶▶ 注   标记说明:在 DreamWeaver 中,默认只能识别一次键盘空格键。如果网页中要多次使用空格,就需要在代码视图下输入 这个标记符。

3. 背景属性

（1）background-color 属性   前面介绍的 color 属性是设置文字的颜色,background-color 属性则是设置元素背景颜色,如 body、p、a 等元素。与 color 属性类似,background-color 的值可以用英文颜色名称,也可以用十六进制颜色值表示。如下列代码中,设置网页背景为灰色,字体为蓝色。具体运行效果如图 7 - 36 所示。

```
〈!doctype html〉
〈html〉
```

```
〈head〉
  〈title〉背景属性〈/title〉
  〈style type="text/css"〉
    body{
        background-color:gray;
        color:blue;
      }
  〈/style〉
〈/head〉
〈body〉
  用 background-color 属性来设置网页的背景颜色
〈/body〉
〈/html〉
```

图 7-36　background-color 属性设置网页背景颜色

（2）background-image 属性　设置网页等元素的背景图像，其格式为 background-image:url(图片位置及名称)。具体应用见下面代码。"上海外国语大学.jpg"这张图片作为网页的背景，并且这张图片的位置跟网页在同一个目录下。

```
〈!doctype html〉
〈html〉
  〈head〉
    〈title〉背景属性〈/title〉
    〈style type="text/css"〉
      body{background-image:url(上海外国语大学校徽.jpg);
        }
    〈/style〉
```

```
〈/head〉
〈body〉
    用 background-image 来设置背景图片
〈/body〉
〈/html〉
```

运行上述代码,显示如图 7 - 37 所示效果。可以看到网页上有多张"上海外国语大学.jpg"图片平铺满了整张网页。这是因为默认情况下,background-repeat 的属性值是 repeat,当设置有背景图片的元素的宽或高大于背景图片本身的宽或高,就会出现平铺效果。如果不想设置背景图片重复,只要设置 background-repeat:no-repeat 即可。

图 7 - 37 background-image 属性显示效果

4. 宽度和高度属性

(1) width 属性 设置元素的宽度,如 width:300 px,设置某个元素的宽度为 300 像素。

(2) height 属性 设置元素的高度,如 height:100 px,设置某个元素的高度为 100 像素。

下面代码中,设置标题 1 的背景为灰色,宽为 400 像素,高位 100 像素。运行效果如图 7 - 38 所示。

```
〈!doctype html〉
〈html〉
    〈head〉
        〈title〉宽度和高度属性〈/title〉
        〈style type="text/css"〉
            h1{background-color:gray;
                width:400 px;
                height:100 px;
            }
        〈/style〉
```

```
〈/head〉
〈body〉
  〈h1〉用 width 和 height 属性设置标题宽度和高度〈/h1〉
〈/body〉
〈/html〉
```

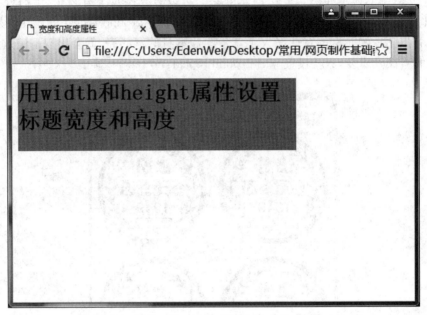

图 7 - 38   width 和 height 属性

5. 边框、边距和填充属性

网页文档中的每一个元素都可以看作一个矩形框,每个矩形框里面包含着要显示的内容。矩形框有边框,即 border 属性。两个矩形框之间的距离称作边距,即 margin 属性。矩形的边框和里面内容之间的距离称作填充,即 padding 属性。

(1) border 属性   设置元素的边框,默认值为 0,即不显示边框。border 属性值依次为边框宽度、边框样式和边框颜色,3 个值中间用空格隔开。边框宽度可以用像素值来表示,如 5 px。边框样式表示边框的外观形式,如 solid(实线)、double(双实线)、dashed(虚线)、dotted (点)等。边框颜色可以用颜色的英文单词或者"♯"开头的十六进制值表示,如 blue 或 ♯ 0000FF。例如,定义一个边框宽度为 3 px、样式为点状式、颜色为蓝色的段落文字:

```
border:3 px dotted blue;
```

如果对 4 条边的样式要分别设置,可以用 border-top、border-bottom、border-left 和 border-right 来分别表示 4 条边的属性。下面的具体应用代码,运行结果如图 7 - 39 所示。

```
〈!doctype html〉
〈html〉
```

```
〈head〉
    〈title〉border 属性〈/title〉
    〈style type="text/css"〉
        .pborder1{background-color:gray;
            width:400 px;
            height:100 px;
            border:2 px dotted orange;
        }
        .pborder2{background-color:gray;
            width:400 px;
            height:100 px;
            border-left:3 px dotted orange;
            border-right:5 px dotted red;
            border-top:3 px dotted blue;
            border-bottom:3 px dashed ♯23ff00;
        }
    〈/style〉
〈/head〉
〈body〉
    〈p class="pborder1"〉用 border 设置边框属性〈/p〉
    〈p class="pborder2"〉用 border-left、border-right、border-top、border-bottom
分别设置边框属性〈/p〉
〈/body〉
〈/html〉
```

(2) margin 属性 margin 属性设置元素的边距,即元素到相邻元素之间的距离,其单位可以为像素,如 margin:10 px,设置元素各个边到相邻元素的距离为 10 像素大小。margin后面的值可以是 1 个、2 个、3 个和 4 个,中间用空格隔开。

◁ margin:10 px 表示上下左右的边距为 10 像素大小。

◁ margin:10 px 15 px 表示上下边距为 10 像素大小,左右边距为 15 像素大小。

◁ margin:10 px 15 px 20 px 表示上边距为 10 像素大小,左右边距为 15 像素大小,下边距为 20 像素大小。

◁ margin:10 px 15 px 20 px 25 px 表示上边距为 10 像素大小,右边距为 15 像素大小,下边距为 20 像素大小,左边距为 25 像素大小。

也可以用 margin-top、margin-right、margin-bottom、margin-left 分别设置上、右、下、左 4 个边距值。

下面通过对两个内容块设置 margin 属性,来了解其用法。运行下述代码后,得到图 7-40 所示预览效果。这里需要注意的是:两个相邻元素的边距不是相加显示的,而是显示较大的值。所以两个内容块之间的距离是以较大值 30 像素来显示的。

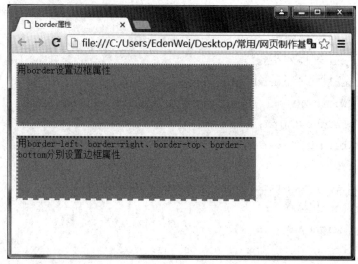

图 7-39 border 属性

```
〈!doctype html〉
〈html〉
    〈head〉
        〈title〉margin 属性〈/title〉
        〈style type="text/css"〉
            .pmargin1{background-color:gray;
                width:400 px;
                height:100 px;
                border:2 px dotted blue;
                margin:15 px;
            }
            .pmargin2{background-color:gray;
                width:400 px;
                height:100 px;
                border:2 px dotted blue;
                margin:30 px;
            }
        〈/style〉
    〈/head〉
    〈body〉
        〈p class="pmargin1"〉这里是内容 1 的区域〈/p〉
        〈p class="pmargin2"〉这里是内容 2 的区域〈/p〉
    〈/body〉
〈/html〉
```

第七章　Dreamweaver 网页制作

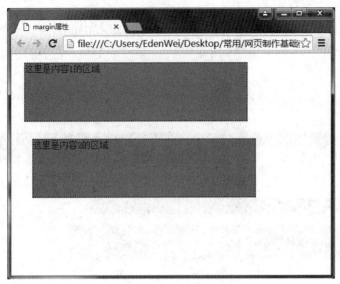

图 7 - 40　margin 属性

（3）padding 属性　设置元素内容和边框的空隙，默认值为 0。如 padding:10 px，设置元素内容到各个边框的空隙为 10 个像素大小。也可以用 padding-top、padding-bottom、padding-right、padding-left 来分别设置内容到上边框、内容到下边框、内容到右边框、内容到左边框的空隙。

在下述代码中，padding1 中没有设置 padding 属性，padding2 中设置了 15 像素的 padding 值。运行代码，得到图 7 - 41 所示预览效果。

```
〈!doctype html〉
〈html〉
    〈head〉
        〈title〉padding 属性〈/title〉
        〈style type="text/css"〉
            .padding1{background-color:gray;
                width:400 px;
                border:2 px dotted blue;
            }
            .padding2{background-color:gray;
                width:400 px;
                border:2 px dotted blue;
                padding:15 px;
            }
        〈/style〉
    〈/head〉
```

209

```
   〈body〉
      〈p class="padding1"〉不设置 padding 值,即 padding 值为 0 的区域〈/p〉
      〈p class="padding2"〉设置 padding 值为 15 的区域〈/p〉
   〈/body〉
〈/html〉
```

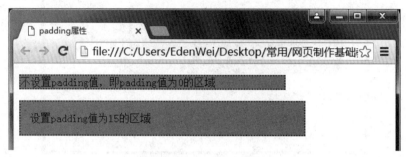

图 7-41　padding 属性

6. 链接属性

可以为 color、text-decoration、font-family 等设置属性。text-decoration 设置文字是否有下划线,text-decoration:none 设置文字没有下划线,text-decoration:underline 设置文字有下划线。

链接一般有 4 种不同的状态:

◁ a:link:普通的未被访问过的状态。

◁ a:visited:用户已访问过的链接状态。

◁ a:hover:鼠标指针位于链接上方的状态。

◁ a:active:链接被点击时的状态。

不同的状态设置有不同的显示效果,但要注意状态的顺序,a:hover 必须位于 a:link 和 a:visited 之后,a:active 必须位于 a:hover 之后。

在下述代码中,定义了超链接默认颜色为红色,用户访问过后的链接颜色为灰色,鼠标经过链接时的颜色为蓝色,鼠标按下去的颜色为绿色。其效果显示如图 7-42 所示。

```
〈!doctype html〉
〈html〉
   〈head〉
      〈title〉链接属性〈/title〉
      〈style type="text/css"〉
         a:link{color:red;
             text-decoration:none
         }
         a:visited{color:gray;
             text-decoration:none
```

```
        }
        a:hover{color:blue;
            text-decoration:underline
        }
        a:active{color:green;
            text-decoration:underline
        }
    </style>
  </head>
  <body>
    <a href="http://www.shisu.edu.cn">这是一个链接,用了 4 个不同的显示状态!
</a>
  </body>
</html>
```

图 7-42 链接属性

7. 列表属性

(1) list-style-type 属性 设置列表项的标志,如 list-style-type:square 表示列表项前的标志为小方块。表 7-10 列出了主要使用的列表项标志关键字及其显示效果。

表 7-10 list-style-type 标志关键字

关键字	显示效果	关键字	显示效果
disc	实心圆	lower-alpha	a, b, c, d, …
square	正方形	upper-roman	Ⅰ, Ⅱ, Ⅲ, Ⅳ, …
circle	空心圆	lower-roman	ⅰ, ⅱ, ⅲ, ⅳ, …
decimal	1,2,3,4,…	none	没有任何符号
upper-alpha	A, B, C, D, …		

(2) list-style-image 属性 列表项前的标志也可以用 list-style-image 属性来设置,如

list-style-image:url(icon. jpg),设置列表项前的标志为 icon. jpg 这张图片。

（3）list-style-position 属性　设置在何处放置列表项标志，默认值为 outside，也可以设置为 inside，列表项有一定的缩进效果。

上述 3 个属性也可以放到 list-style 属性里面一起设置，如 list-style:inside url(icon. jpg)。属性值间的顺序没有规定。

下面代码中，类 first 定义了列表项前标志为 icon. jpg 这张图片且不缩进。类 second 定义了列表项前标志为正方形且缩进，具体预览效果如图 7 - 43 所示。

```
〈!doctype html〉
〈html〉
    〈head〉
      〈title〉列表属性〈/title〉
      〈style type="text/css"〉
        first{
            list-style-position:outside;
            list-style-image:url(icon. jpg);
        }
        second{list-style:square inside;}
      〈/style〉
    〈/head〉
    〈body〉
      〈p〉上海外国语大学〈/p〉
      〈ul class="first"〉
      〈li〉历史承传〈/li〉
          〈li〉办学优势〈/li〉
          〈li〉人才培养〈/li〉
          〈li〉卓越研究〈/li〉
        〈/ul〉
        〈p〉上海外国语大学〈/p〉
        〈ul class="second"〉
      〈li〉历史承传〈/li〉
          〈li〉办学优势〈/li〉
          〈li〉人才培养〈/li〉
          〈li〉卓越研究〈/li〉
      〈/ul〉
    〈/body〉
〈/html〉
```

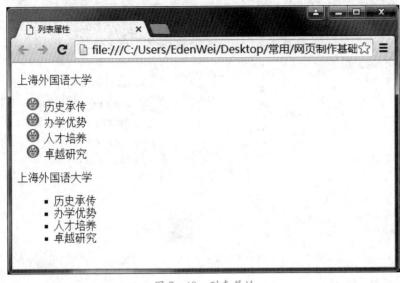

图 7-43 列表属性

7.4 Dreamweaver 网页制作

网页是由一系列 HTML 元素组成,可以在记事本里编写网页代码。但用这种方式制作网页,效率会非常低。本节将介绍如何用 Dreamweaver CC 软件来高效地制作网页。

7.4.1 初识 Dreamweaver

Dreamweaver 是可视化的网页编辑软件,即使用户没有 HTML 和 CSS 基础,也可以制作出基本的网页。但如果需要制作出精美、功能强大的网页,还是需要编写 HTML 标记和 CSS 样式。

Dreamweaver 有很多版本,本书使用的是 Dreamweaver CC 版。相较之前的版本,具有全新的代码编辑器以及代码提示、代码着色等多种功能,兼容 32 位和 64 位操作系统,而且也是 Adobe 公司首次直接内置官方简体中文语言。

打开 Dreamweaver CC 软件,首先出现如图 7-44 所示的开始界面。

点击 HTML 选项新建 HTML 网页,进入 Dreamweaver 工作界面。Dreamweaver 工作界面如图 7-45 所示。菜单栏包含了网页制作的各种命令。网页编辑区用于编辑网页内容。属性面板是相关网页元素的属性设置区域。面板组是一些常用命令面板,如插入、文件、CSS等面板。文档工具栏主要实现网页编辑视图切换,默认是设计视图。点击"代码"按钮则切换至代码视图,显示当前网页的 HTML 代码,如图 7-46 所示。点击"拆分"按钮,一半是设计界面,一半是代码界面,可以方便地察看或修改网页元素所对应的代码。在后续Dreamweaver 相关操作中,新手可以在拆分视图下制作网页,便于熟悉 HTML 标记和 CSS样式。

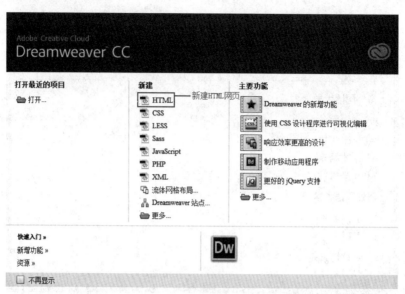

图 7-44 Dreamweaver 开始界面

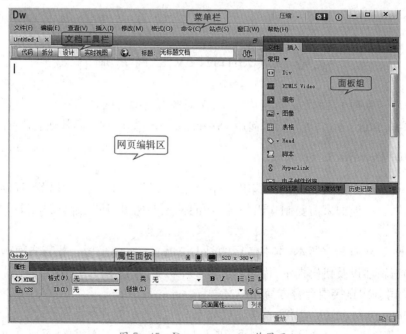

图 7-45 Dreamweaver 工作界面

网页页面制作完成后,可以点击"文档工具栏"中的"实时视图"按钮 实时视图 或"预览"按钮 ，选择浏览器查看网页效果。

7.4.2 创建和管理站点

1. 站点的含义

在用 Dreamweaver 制作网页前,首先要建立一个站点,有利于管理网站中的所有文档及素材。虽然在不创建站点也可编辑网页,但非常容易出错,特别是引用外部素材时,会涉及

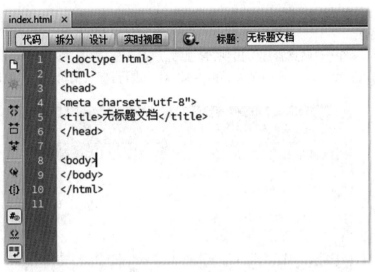

图 7-46 代码视图

路径问题。Dreamweaver 中站点包括本地站点、远程站点和测试站点这 3 类,这里主要介绍本地站点。创建了本地站点后,用户在站点中编辑网页时,Dreamweaver 会提示将链接到站点目录之外的素材复制到站点目录中,所有链接地址均自动采用相对路径,避免发生路径错误。所以,一定要养成在站点内编辑网页文件的良好习惯。

2. 定义本地站点

在 Dreamweaver CC 开始页面,点击"站点"菜单→"新建站点",弹出"站点设置对象"对话框,如图 7-47 所示。

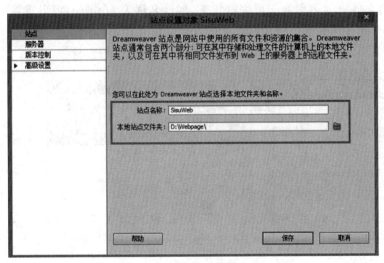

图 7-47 站点设置对象对话框

图 7-48 SisuWeb 站点目录

输入站点名称并选择本地站点文件夹,这里输入站点名称为 SisuWeb。D 盘下的 Webpage 文件夹是本地站点存放目录,用来存放做网站用到的所有网页文件和网页素材。点击【保存】按钮,这个本地站点就创建完成了。在"文件"面板中会显示 SisuWeb 站点的根目录,如图7-48所示。

3. 管理站点

点击"站点"菜单→"站点管理",出现"管理站点"对话框,如图7-49所示,显示已经建立的 SisuWeb 站点。点击选中 SisuWeb 站点,可以对其进行打开、编辑、复制、删除等操作。

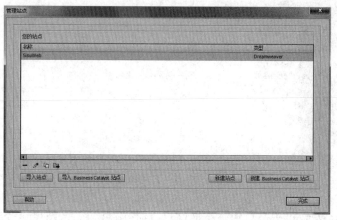

图7-49　管理站点对话框

4. 管理站点资源

本地站点建好后,可以在"文件"面板(如图7-48)中新建、移动、复制、删除文件和文件夹。

(1) 新建文件夹　如果网站根目录(如 Webpage 文件夹)下需要分类存放文档,可以在网站根目录下创建若干个子目录备用。在"文件"面板本地站点根目录上右击,选择"新建文件夹",建立文件夹。新建的文件夹的名称处于可编辑状态,默认名称为 untitled,可以重新命名。如图7-50所示,content 文件夹存放各个网页文件,css 文件夹存放 CSS 文件,image 文件夹存放网页上的各个图片,video 文件夹存放音视频文件。

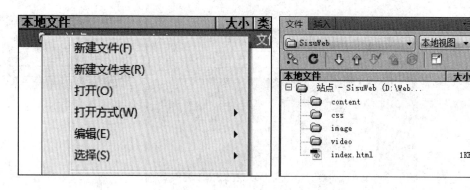

图7-50　新建文件夹和站点结构

(2) 新建文件　在菜单栏上选择"文件"→"新建",出现"新建文档"对话框,如图7-51所示,点击创建"HTML"网页文件,网页文件就生成了。然后在菜单栏上选择"文件"→"保存"把网页文件保存到站点目录下。

也可直接在站点目录文件夹上右击,选择"新建文件"建立网页文件。新建文件的名称处于可编辑状态,默认名为 untitled. html,可以重新命名,如图 7 - 50 中的 index. html 网页文件是 SisuWeb 站点的主页面。

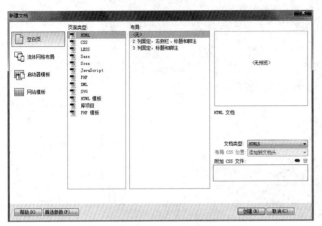

图 7-51　新建文件对话框　　　　　　　　　图 7-52　"更新文件"对话框

（3）文件、文件夹的复制、移动和删除　在站点文件或文件夹上右击,在弹出菜单中,单击"编辑"→"拷贝"或"剪切",再选择目标文件夹右键,在弹出菜单中,单击"编辑"→"粘贴",可以把文件或文件夹复制或移动到目标文件夹中。也可以用[Ctrl]＋[C]、[Ctrl]＋[X]和[Ctrl]＋[V]快捷键分别实现复制、剪切和粘贴操作。

选中某个文件或文件夹右击,在弹出菜单中,单击"编辑"→"删除",删除相应的文件或文件夹,也可以用[Delete]键来删除。

如果网页中包含链接,把文件移动到其他文件夹中时,会出现"更新文件"对话框,如图 7-52 所示,一般选择【更新】按钮。表示移动文件后,所有与其有链接关系的页面中的链接地址都会更新为新的路径地址,无需手动改变。

7.4.3　编辑文本

1. 输入文本

在 Dreamweaver 中插入文字的方法类似于 Word 文档。在设计视图下将光标定位在要输入文字的位置,就可以从左向右在网页上输入文字了。

当一行文字输满后,会自动换行。按[Enter]键开始新的一段,如果只是想换行,按[Shift]＋[Enter]。

默认情况下,只能输入一个空格,不能连续输入多个空格。可以在代码窗口输入 HTML标签" "来实现多个空格的输入。或者单击"编辑"菜单→"首选项"→"常规",勾选"允许多个连续的空格",这时在设计视图下就可以用空格键连续输入多个空格了。

2. 设置文本属性

设置文本属性主要是设置网页文本的格式,包括设置文本的字体、字号、颜色和样式等。

（1）设置字体　在网页编辑区,选中要设置字体的文本。在属性面板里面点击"CSS"按钮,"目标规则"中选择内联样式,在"字体"下拉列表中选择相应的字体,即可设置选中的文本为相应字体,如图 7-53 所示。

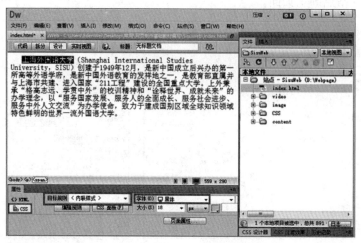

图 7-53　设置网页文本字体

如果下拉列表里面没有想要的字体,可以点击下拉列表中的"管理字体"选项,弹出"管理字体"对话框,选择"自定义字体堆栈"选项卡,如图 7-54 所示。在"可用字体"列表框内选择想要的字体,点击中间的添加按钮,把选择的字体添加到"选择的字体"列表框内,同时"字体列表"里面出现刚选出的字体,点击【完成】按钮,在属性面板"字体"下拉列表中就会有刚刚设置的字体。

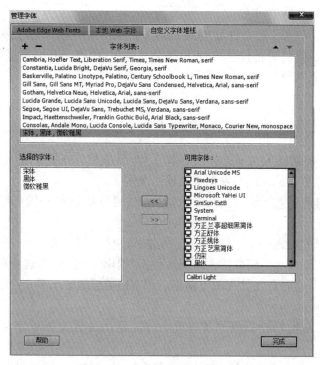

图 7-54　自定义字体堆栈对话框

在选择字体时,可以多选几个字体。因为网页文字先以第一种字体显示,如果系统没有第一种字体,则以第二种字体显示,依次类推。一般网页中的中文字体设置为宋体或黑体,因为大部分计算机里面默认都安装了这两个字体。

(2)设置字号 在网页编辑区,选中要设置字号的文本。在属性面板里面点击"CSS"按钮,在"大小"列表中选择字号或填写字号数值,并选择字号的单位,一般选择像素单位px。

(3)设置文本颜色 在网页编辑区,选中要设置颜色的文本。在属性面板里面点击"CSS"按钮,在"颜色"列表中选择颜色,如图7-55所示。选择了某种颜色之后,后面的文本框内会显示颜色相对应的十六进制数值。也可以在文本框内直接填写数值来设置文本的颜色。

(4)设置文本样式 文本样式包括粗体、斜体、下划线、删除线等样式。选中要设置样式的文本,点击"格式"菜单→"HTML样式",再选择相应的样式,如图7-56所示。

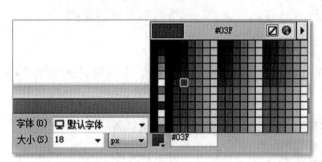

图7-55 设置文本颜色　　　　　　　　图7-56 设置文本样式

3. 插入特殊符号

在菜单栏中点击"窗口"→"插入",右侧出现"插入"面板,单击"常用"下拉按钮→"字符",出现如图7-57所示特殊符号列表。也可在"插入"菜单→"字符"列表中选择插入特殊符号。

4. 水平线

水平线是网页中经常用到的元素,主要用于分隔网页文档,使网页结构更加清晰。水平线对应HTML的⟨h⟩标签。在"插入"面板中单击"水平线"命令,即可在网页中插入一条水平线,如图7-58所示。

选中水平线,在属性面板中可设置水平线的宽度、高度、对齐和阴影等属性,如图7-59所示。

▶▶ 注 要设置水平线的颜色,只能修改HTML标记属性。可以单击图7-59中的快速标

签编辑器 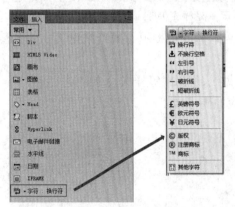，在〈hr〉标记中增加 color 属性。不过增加的颜色属性只有在浏览器中预览时才能看到效果。

5. 段落和标题

(1) 段落　在网页编辑区，输入一段文字后，按［Enter］键，文字就自动形成一个段落。切换到代码视图，可以看到文字在段落标记〈p〉…〈/p〉中。

图 7-57　常用工具面板中特殊符号列表　　　　　　　图 7-58　水平线

图 7-59　水平线属性设置

也可把光标放在文字中，在属性面板上单击"HTML"按钮→"格式"下拉列表→"段落"，把文字定义成段落，如图 7-60 所示。选择"无"，把段落文字转换成普通文字。

图 7-60　设置段落文字

(2) 标题　标题对应 HTML 的〈h〉标签，标题文字以粗体显示。输入文字内容，把光标放入文字内，在属性面板上单击"HTML"按钮→"格式"下拉列表中的"标题"，把文字定义成标题文字，标题文字有 6 种格式，从标题 1 到标题 6，文字逐渐变小。

(3) 段落格式　选中某个段落，在属性面板上点击"CSS"按钮，右侧就会看到左对齐、居中对齐、右对齐和两端对齐这 4 种对齐方式，如图 7-61 所示。

图 7-61　段落对齐方式

6. 项目列表

列表分为无序列表和有序列表。无序列表用项目符号来标记无序的列表项,有序列表用编号来标记列表项。

(1)无序列表 首先将每个列表项设置为段落,接着选中所有列表项,在属性面板上,单击"HTML"按钮→"项目列表"命令,系统自动会在列表项前添加黑色圆点无序列表,如图 7-62 所示。

单击图 7-62 属性面板上的【列表项目】按钮,弹出"列表属性"对话框,如图 7-63 所示。在样式下拉列表中可以更改列表项符号。

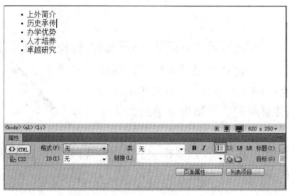

图 7-62 无序列表

图 7-63 列表属性对话框

(2)有序列表 有序列表和无序列表操作类似,选中列表项后,单击图 7-62"编号列表" 命令,即可把文字内容设置成有序列表。同样地,可在"列表属性"对话框→"样式"下拉列表中选择编号形式。

(3)列表嵌套 列表可以嵌套使用,选择要嵌套的列表项,在属性面板上点击缩进命令 ,把列表项设置成子列表项。

7.4.4 编辑图像

1. 插入图像

把光标放在网页上需要插入图片的地方,单击"插入"菜单→"图像"命令,弹出"选择图像源文件"对话框,选择要插入的图像,单击【确定】按钮,即在当前位置插入了图像。

这里需要注意的是:插入图像前先把图像文件复制到站点目录下,在"选择图像源文件"对话框中选择"站点根目录"按钮,在根目录下选择要插入的图像,操作会比较方便,不容易出错。否则插入图片时会弹出图 7-64 所示的对话框,选择是否把图像文件复制到站点文件夹中。选择【否】,在网页中引用的图片路径是绝对路径,这在制作网页时是需要避免的;

图 7-64 "复制图像文件到站点文件夹"对话框

选择【是】按钮,弹出"复制文件为"对话框,在站点目录下选择要存放图片文件的位置,一般选择站点内用于存放图像的文件夹。点击"保存"命令后,图像即被插入到网页中,同时也复制到站点目录相应文件夹中。

2. 图像属性面板

在页面中插入图像后,选中图像,在属性面板中可设置图像属性,如图 7-65 所示。

图 7-65　图片属性面板

(1) 图像源文件　"Src"显示了图像的存放路径,通过后面的"浏览文件"按钮 📁 来重新选择一个图像。也可按住"指向文件"按钮 ⊚ ,连接到"文件"面板中想要插入的图像上。

(2) 图像的宽和高　在"宽"和"高"属性栏中可改变插入图像的宽和高。

(3) 替换文字　替换文字是在不能正常显示图像的情况下显示的文字内容。

3. 鼠标经过图像

鼠标放到一个图像上,该图像会变成其他图像,这就是鼠标经过图像。将光标定位到网页中需要插入图片的地方,选择"插入"菜单→"图像"→"鼠标经过图像",弹出如图 7-66 所示的"插入鼠标经过图像"对话框。

图 7-66　"插入鼠标经过图像"对话框

"原始图像"选择默认显示的图像,"鼠标经过图像"选择鼠标经过时显示的图像,点击【确定】完成鼠标经过图像的设置。在 Dreamweaver CC 中的"实时视图"模式下可直接查看鼠标经过图像的效果。

7.4.5　创建超链接

网页中的超链接主要有文本、图像、图像热点、电子邮件、下载文件、特定位置等链接。

1. 创建文本超链接

文本超链接是指源端点为文字的超链接,单击设置了超链接的文字,跳转到目标页面上查看相关内容。创建文本超链接有两种方式:

方式一:通过"属性"面板　选中要设置文本超链接的文字,在属性面板上的"链接"框内填写目标页面的路径,即可设置文本的超链接。也可以通过鼠标按住"指向文件" 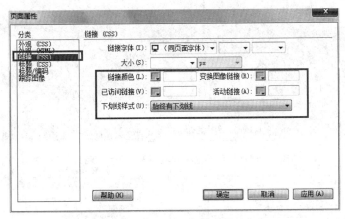 按钮拖到站点目录下的目标页面,或者通过"浏览文件" 按钮来选择目标文件,在"链接"框内会自动生成目标页面的路径。

    方式二:通过"插入"菜单 单击"插入"菜单或"插入"面板中的"Hyperlink",弹出如图 7-67 所示的"Hyperlink"对话框,在"链接"框内选择目标文件。

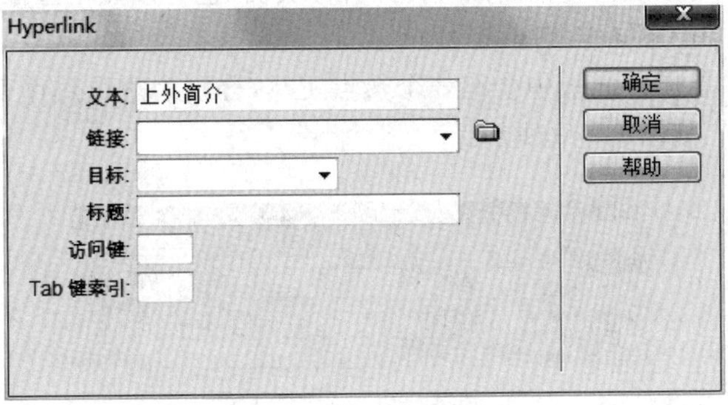

图 7-67 "Hyperlink"对话框

    不管用哪种方式实现超链接,都有一个重要的属性——目标。目标属性是指目标页面显示的位置。目标属性一般有_blank、_self、_parent、_top 等值。_blank 是指目标页面在一个新的浏览器窗口或选项卡窗口打开;_self 是指目标页面在当前浏览器窗口中打开,不设置目标属性值的话,自动为_self 值。_parent 和_top 值和框架有关,这里不作介绍。

    添加过超链接的文本自动变为蓝色,并加有下划线,如果该链接被访问过,文本的颜色变为紫色。链接的状态可以通过单击属性面板中的"页面属性"按钮设置,在弹出的"页面属性"对话框中,选择"链接"栏,如图 7-68 所示。超链接颜色是文本设置过链接后的颜色,变换图像链接颜色是鼠标悬浮在链接文字上显示的颜色,已访问过的链接颜色是点击链接后所显示的颜色,活动链接颜色是鼠标按下链接但不弹起时链接的颜色。下划线样式有始终有下划线、始终无下划线、仅在变换图像时显示下划线、变换图像时隐藏下划线这 4 种。

图 7-68 超链接状态色设置对话框

2. 创建图像超链接

图像链接是把图像作为源端点的链接,设置超链接的方法与创建文本超链接类似。但是有一点需注意:图像添加超链接后,有时会自动给图像加上边框,可在 HTML 图像标签〈img〉中加上 border="0",不再显示边框。

3. 创建图像热点链接

在网页中,不但可以点击整幅图像跳转到目标页面,也可以点击图像中的不同区域跳转到不同页面。图像中的不同链接区域叫做热点。

单击选中图像,在属性面板中会有 3 个热点工具,分别为矩形热点工具、椭圆形热点工具、多边形热点工具,如图 7-69 所示。

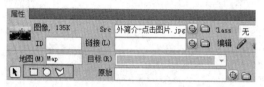

图 7-69 热点工具

选择矩形热点工具 □,按住鼠标左键,在图像上需要创建热点的区域拖动,即可创建热点。选中热点区域,在属性面板里可以设置超链接,如图 7-70 所示。拖动热点边缘的控制点可改变热点的大小。鼠标拖动热点区域,可以移动整个热点区域的位置。椭圆形热点工具操作和矩形热点工具类似。多边形热点工具可以通过多次单击画出不规则形状的热点区域。

图 7-70 设置图像热点链接

4. 创建电子邮件链接

电子邮件链接是一种特殊的链接,单击这种链接,会自动启动计算机中的电子邮件程序,编辑邮件并发送到指定的邮箱。

单击"插入"菜单→"电子邮件链接",弹出如图 7-71 所示的"电子邮件链接"对话框。

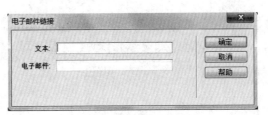

图 7-71 电子邮件链接对话框

"文本"框中填入的内容是显示在网页上的链接文字,"电子邮件"框中填入要发送邮件的邮箱地址。

也可以先选中要设置电子邮件链接的文字,在属性面板"链接"框内填入"mailto:邮箱地址",如 mailto:admin@shisu.edu.cn。

5. 创建下载文件链接

当 href 属性指定的文件格式浏览器不能直接打开时,单击超链接就可以获得下载功能。选中要创建链接的对象,在属性面板"链接"框中设置要下载的链接文件。浏览网页,单击下载文件链接,页面上就会弹出下载文件的提示框。

6. 创建锚点链接

浏览一些网页的时候,有时候会发现网页内容很长,需要不断地拉动浏览器边上的滑动条才能继续浏览,锚点可以很好地解决这个问题。网页中加入锚点并建立一个链接到该锚点的超链接,可以迅速地定位到想要浏览的位置。

在 Dreamweaver CC 中,锚点链接功能已经被弱化,需要通过添加代码才能完成。

首先命名锚点。切换到"代码"视图,将鼠标定位到需要添加锚点的位置,输入代码〈div id="top"〉〈/div〉,这里的 top 指用户命名的锚点名称。

接着设置超链接,链接到该锚点。选中需要添加链接的对象,在属性面板的"链接"框中输入锚点的名字,注意输入时需要在前面加一个"♯"号才可以,如♯top。这样锚点链接就创建好了。单击链接对象,就可以跳转到设置锚点的位置了。

如果需要链接到其他网页中的锚点,操作步骤同上,唯一的区别是,在属性面板"链接"框中输入"其他网页名称♯锚点的名称",如 index.html♯top。单击链接对象,就会跳转到 index 网页中设置锚点的地方。

7.4.6 多媒体的应用

在网页上使用多媒体,可以丰富网页的效果。Dreamweaver CC 不支持 HTML 5 音频的直接插入,可以直接在 HTML 代码中添加,具体操作参考 HTML 标记语言中的音频标记〈audio〉。

单击"插入"菜单→"HTML 5 Video",在网页编辑区插入视频元素,如图 7-72 所示。

选中 HTML 5 Video 元素,属性面板显示其相关属性,如图 7-73 所示。"源"框显示的是添加的视频的路径。"W"和"H"可设置视频播放时的宽度和高度。"Controls"选项默认是选中的,表示播放界面有相关控制按钮。"AutoPlay"表示视频自动播放设置,"Loop"表示视频循环播放设置,"Muted"表示开始播放视频时默认是静音状态设置。

图 7-72　HTML 5
Video 元素

图 7-73　HTML 5 Video 元素属性面板

7.4.7　表格的使用

1. 表格基础

表格可以把相关的数据放在一起,使信息能够更直观地显示,方便阅读。网页中的表格由若干个单元格组成,表格中可以插入文本、图像、多媒体等内容。

如图 7-74 是网页中的表格,共 3 行 3 列,由 9 个单元格组成。整个表格有边框,每个单元格又有自己的边框。单元格中的内容到单元格边框的距离叫做单元格边距(Cellpadding),单元格和单元格之间的距离叫做单元格间距(CellSpacing)。

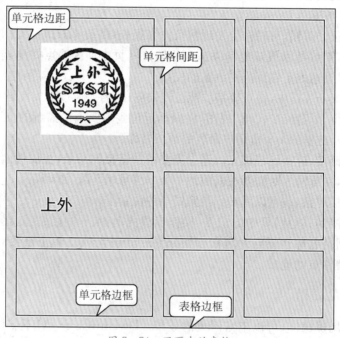

图 7-74　网页中的表格

2. 插入表格

单击"插入"→"表格"菜单命令,弹出如图 7-75 所示的"表格"对话框。"行数"和"列"设置为3,插入的表格为3行3列。"表格宽度"设置为600像素,表格宽度单位有像素和百分比两种,像素是固定大小,百分比表示表格占浏览器大小的比例。"边框粗细"设置为1像素,"单元格边距"和"单元格间距"均设置为0。其他选项默认设置,单击【确认】按钮,插入表格,表格的效果如图7-76所示。

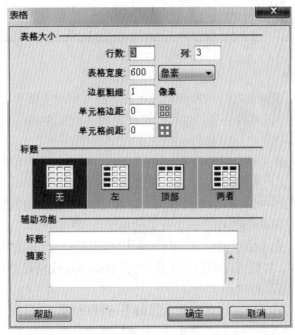

图7-75 "表格"设置对话框

图7-76 网页表格

3. 添加单元格内容

将光标定位到单元格内,可以输入文字、插入图片、多媒体等对象。

单元格内除了能添加文本、图像外,还可以嵌套表格,即在表格单元格内添加另外的表格。将光标放在单元格内,点击"插入"→"表格",弹出"表格"对话框,设置相应的参数,即可在单元格内嵌套添加另外一个表格。

4. 表格的基本操作

网页中插入表格后,可以对表格进行选定、剪切、复制、添加和删除行或列、合并和拆分单元格等操作,实现所需效果。

(1) 选定表格 选定表格有多种方法,这里介绍比较常用的两种。鼠标移动到表格的任一框线(除了左边框线和上边框线),呈现双向箭头的形状时,单击框线,即可选中整个表格。当表格被选中后,表格周围会出现一个带黑色控制点的加粗边框,如图7-77所示。

另外一种是鼠标置于任意一个单元格中,在状态栏上单击〈table〉标签,则选中了当前表格,如图7-78所示。

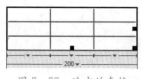

图7-77 选中的表格

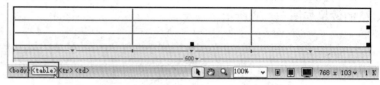

图7-78 单击〈table〉标签选中表格

(2)选定行或列 鼠标放在行的左侧框线上或者放在列的上面框线上,指针变成粗箭头时,单击框线即可选定一行或者一列。也可以按住左键不放从左向右或从上向下拖动,即可选定一行或一列。

(3)选定单个单元格 按住[Ctrl]键,单击单元格,即可选中单个单元格,或者把光标放到某个单元格内,在状态栏上点击〈td〉标签,则选中了该单元格。

(4)选定多个单元格、行或列 按住[Ctrl]键,再选中单元格、行或列,可选中多个单元格、行或列。如果按住[Shift]键,则是选中相邻的单元格、行或列。

(5)剪切和复制 先选中单元格、行或列,单击"编辑"→"剪切"或"复制",把光标定位到其他单元格,粘贴即可。如果选定的是单元格,则内容被剪切或粘贴到新的单元格内。如果选择的是行或列,则会新加行或列。

(6)添加行或列 把光标定位在要插入行的下一行中,单击鼠标右键→"表格"→"插入行",即可在该行上面插入新的一行。类似地,把光标放置在要插入列的下一列中,单击鼠标右键→"表格"→"插入列",即可在该列左侧插入新的一列。也可单击"修改"菜单→"表格"→"插入行"或"插入列"命令中操作。

把光标放置在表格最后一个单元格,按[Tab]键,则在表格最后添加了一个行。

(7)删除行或列 选定一行或一列,按[Delete]键,即可删除整行或整列。也可把光标放置在某一个单元格中,单击鼠标右键→"表格"→"删除行"或"删除列"。

(8)合并或拆分单元格 选择连续的单元格区域,单击鼠标右键→"表格"→"合并单元格",生成一个跨多行或多列的单元格。

把光标定位到要拆分的单元格中,单击鼠标右键→"表格"→"拆分单元格",弹出"拆分单元格"对话框,选择"把单元格拆分成行"或"把单元格拆分成列",填写"行数"或"列数",即可把单元格拆分成多行或多列。

也可以单击属性面板中的 ▦ 或 ╫ 按钮合并或拆分单元格。

(9)调整行高、列宽和表格大小 鼠标左键按住水平框线拖动,改变水平框线上方行的高度。鼠标左键按住垂直框线拖动,改变框线左右列的宽度比例。

选定整个表格,在整个表格周围显示3个黑色控制点,分别在下方、右侧和右下角的顶点处。拖动下方或右侧黑色控制点,改变表格的高度或宽度。拖动右下角的控制点,同时改变表格的宽度和高度。

5. 设置表格属性

选中整个表格,"属性"面板变为表格的相关属性,如图7-79所示。

图 7-79　表格的属性面板

修改"行"和"列"文本框中的值，增加或删除行和列。"宽"用于设置表格的宽度，单位可以是像素或百分比。"CellPad"和"CellSpace"设置单元格边距和单元格间距。"Align"下拉列表中可以选择表格在页面中的水平位置，如左对齐、居中对齐和右对齐，默认为左对齐。"Border"设置边框宽度为 1 像素。在 Dreamweaver CC 版本中，表格背景颜色和边框颜色不能在属性面板中直接设置，可以通过 CSS 样式 background 和 border-color 属性设置。

选中单元格、行或列后，属性面板下方将显示单元格、行或列的属性，如图 7-80 所示。"水平"和"垂直"文本框表示单元格内容在水平方向和垂直方向的对齐方式，水平方向对齐方式有左对齐、居中对齐和右对齐。垂直方向对齐方式有顶端对齐、居中对齐、底部对齐和基线对齐。"宽"和"高"设置单元格的宽度和高度。"背景颜色"设置单元格的背景颜色。

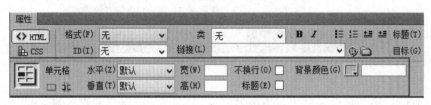

图 7-80　单元格属性面板

7.5　网页布局案例

利用表格布局网页，可以将网页中的对象快速地定位到合适的位置。

接下来利用表格布局和 CSS 样式制作出如图 7-81 所示效果的网页。

1. 创建站点

在 Dreamweaver CC 中创建站点（见 7.4.7 节），并把制作在网页用到的素材拷贝到站点中。

2. 创建文档，设置页面属性

在 Dreamweaver 中新建空白网页文档，并保存为 Index.html，存储到站点中。选择"修改"菜单→"页面属性"命令（或在属性面板中单击"页面属性"命令），弹出"页面属性"对话框，如图 7-82 所示，单击"外观"栏，设置"页面字体"为华文细黑，"大小"为 14 px，"文本颜色"为黑色，"背景颜色"为白色，上边距为 0 px。单击"标题/编码"栏，在"标题"框处输入"认识上外"，此标题即是⟨title⟩标签的内容，在浏览器标题栏中显示。

3. 插入表格

分析图 7-81 可知，可以将网页从上到下分成 4 部分：第一部分是网页的标识区域；第二

图 7-81　网页布局

部分是空白区域;第三部分是网页主体内容区域;第四部分是网页底部区域内容。

因此在页面上插入一个 4 行 2 列的表格,其参数如图 7-83 所示。用表格来布局网页,表格边框、单元格边距和单元格间距往往都设置为 0。单击【确定】按钮,选中表格,在属性面板中设置表格为居中对齐。网页中插入的表格效果如图 7-84 所示。

接下来设置表格中已知的行高和列宽,共 4 行,设置效果如图 7-85 所示。

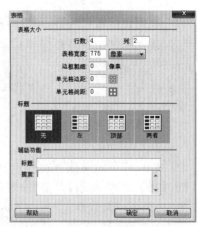

图 7-82　页面属性对话框　　　　　　　　　　图 7-83　插入的表格参数

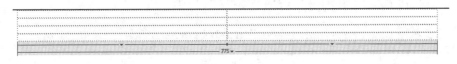

图 7 - 84　插入的表格效果

（1）第一行是网页的标识区域,放置背景图片、校徽和名称。合并第一行的两个单元格,设置行高为 172 像素。

（2）第二行是空白区域。合并所有单元格,设置行高为 15 像素左右。这一行留空,起分隔网页内容的作用。

（3）第三行是网页主体内容区域。包括左右两个单元格,左侧单元格放置链接菜单,右侧单元格放置内容介绍。根据内容,适当调整两个单元格宽度,使左侧比右侧单元格宽度小。在第三行左侧单元格插入 4 行 1 列的嵌套表格,边框为 0 px,宽度为 100%,单元格边距和间距均为 0 px。在第三行右侧单元格插入 2 行 2 列的嵌套表格,边框为 0 px,宽度为 100%,单元格边距和间距均为 0 px。

（4）第四行是网页底部区域内容,用来放置版权等信息。合并单元格,高度设置 50 像素左右。

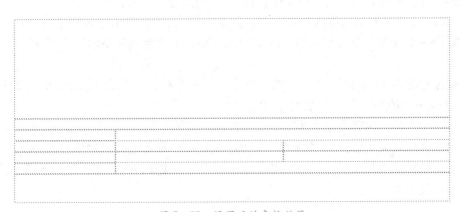

图 7 - 85　设置后的表格效果

▶▶注　单元格高度设置由以下因素决定:

（1）根据单元格输入内容,事先设定好单元格高度,如此例中的第一行。

（2）当无法确定单元格高度时,就不预设,单元格会根据输入的内容自动扩展高度。

4. 制作网页标识区域

网页的标识区域是在表格的第一行,本案例中标识区域由背景图片 logo-background. jpg 和包含校徽和校名的 logo. png 图片组成。

首先,给第一行添加背景图片。Dreamweaver CC 不再支持单元格直接添加背景图片,所以用 CSS 样式来添加:background-image:url(images/logo-background. jpg)。

再添加标识图片。点击"插入"菜单→"图像",插入 logo. png 的图片。logo. png 图片插入后,是紧贴着单元格左边框显示的,通过在 CSS 代码中添加 padding-left 属性,使 logo. png 图片与单元格左边框留有一定空隙。

综合上述,在单元格〈td〉标签中添加内嵌 CSS 代码:

```
style=" background-image:url(images/logo-background.jpg); padding-left:35 px;"
```

其效果如图 7-86 所示。

图 7-86　设置标识区域后的效果

5. 制作主体内容区域

主体内容区域分为左右两个单元格,其内已分别嵌套了表格。

(1) 编辑左侧单元格　将光标定位在左侧嵌套的表格内,单击状态栏中的〈td〉标签(从右往左数第一个〈table〉标签左侧的〈td〉),在属性面板中,设置单元格的垂直对齐方式为顶端对齐。

设置嵌套的表格中的每一个单元格高度为 40 px,并在 5 个单元格内分别填入文字:认识上外、上外简介、历史沿革、大学章程、使命愿景。

设置第一个单元格背景颜色为蓝(♯0062AC),字体为黑体,字号为 24 px,颜色为白色。这些可以在属性面板中设置,如图 7-87 所示。此时〈td〉标签里会自动生成 CSS 内嵌样式。接着再设置单元格边距为 5 px,这需要在内嵌样式里手动添加 padding-left:5 px,最后〈td〉标签里生成的代码如下:

```
〈td height="40" bgcolor="♯0062AC" style="color:♯FFF; font-size:24 px; font-
family:'黑体','微软雅黑','仿宋';padding-left:5 px;"〉认识上外〈/td〉
```

图 7-87　属性设置

接着以相同的方法设置第二～第五个单元格:字号为 18 px,在〈td〉的内嵌 CSS 代码中加入 border-bottom:1 px solid ♯CCC,实现第二～第五个单元格的下边框为灰色实线。

左侧单元格最后运行效果如图 7-88 所示。

图 7-88　左侧菜单栏设置效果

（2）编辑右侧单元格　将光标定位在右侧嵌套的表格内，单击状态栏中的〈td〉标签（从右往左数第一个〈table〉标签左侧的〈td〉），在属性面板中，设置单元格的垂直对齐方式为顶端对齐。

设置嵌套表格的 4 个单元格 CSS 样式。在每个〈td〉标签内添加 CSS 代码：

```
style="line-height:20 px; padding:0 px 0 px 15 px 15 px"
```

意思是设置行间距为 20 px，每个单元格左侧和下方留 15 px 的空白。

4 个单元格内分别插入图片和输入文字。图片分别为：上外简介.jpg、历史沿革.jpg、大学章程.jpg、使命愿景.jpg，并统一设置图片的宽度和高度为 298 px、165 px。在图片下方添加相关文字。将标题文字和描述文字分别放在〈span〉〈/span〉标签内。标题文字设置为黑体，字号为 18 px，描述文字颜色为灰色（♯444）。如第 1 个单元格内的代码为：

```
……
〈td style="line-height:20 px; padding:0 px 0 px 15 px 15 px"〉
    〈img src="images/上外简介.jpg" width="298" height="165" alt=""/〉
    〈span style="font-size:18 px; font-family:'黑体';"〉上外简介〈/span〉〈br〉
    〈span style="color:♯444"〉上海外国语大学是中国著名的高等外语学府，是一所
培养卓越国际化人才的高水平特色大学，蜚声海内外。〈/span〉
〈/td〉
……
```

右侧主体内容区域最后运行效果如图 7-89 所示。

6. 制作网页底部区域内容

设置单元格背景颜色为蓝（♯0062AC），输入文字"Copyright © 2017 上海外国语大学"，设置单元格居中对齐，文字颜色为白色。©版权符号在"插入"菜单→"字符"里。

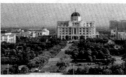

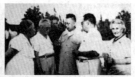

认识上外
上外简介
历史沿革
大学章程
使命愿景
上外简介
上海外国语大学是中国著名的高等外语学府，是一所培养卓越国际化人才的高水平特色大学，蜚声海内外。
历史沿革
上海外国语大学创建于1949年12月，是新中国成立后兴办的第一所高等外语学府，其前身是上海俄文学校。
大学章程
《上海外国语大学章程》是上海外国语大学的根本制度，旨在促进依法治校、规范管理、科学发展。
使命愿景
上外校训为“格高志远 学贯中外”，英译为：Integrity, Vision and Academic Excellence；上外校歌为《上外之歌》。

图 7 - 89　主体内容区域效果

至此，这个用表格布局结合 CSS 样式的网页就制作完成了，整个网页的效果如图 7 - 81 所示。

▶▶注　用表格布局时，很少会去拆分单元格。因为结构复杂，有时会把一个表格的单元格拆分的七零八落。Dreamweaver 和浏览器对于一个表格里不同行，有不同列数的控制，很难驾驭，所以为了使表格的每行列数相同，往往引入表格嵌套实现拆分，即用嵌套的表格扩展列。

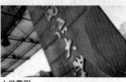

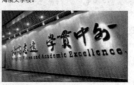

第四篇　多媒体信息处理

第
八
章

Adobe PhotoShop 2020 图像处理

PhotoShop 是 Adobe 公司开发的专业数字化图像编辑软件，因其强大的图像编辑、制作、处理功能，广泛应用于平面设计、广告摄影、网页制作、UI 设计等领域，被平面设计师誉为"思想照相机"。

8.1　图像处理基础知识

使用 PhotoShop 软件，首先需要了解一些与图像处理相关的知识，以便更好地、精确地处理图像。

1. 位图与矢量图

计算机中的图像分为两大类：位图（点阵图或像素图）和矢量图。

（1）位图（点阵图或像素图）　由点构成，如同用马赛克去拼贴图案一样，每个马赛克就是一个点，这些点称为像素。每个像素点代表一个颜色，若干个像素点以矩阵排列构成图案。把图片放大到一定程度，图像就会出现小方格，即失真，边缘出现锯齿。

（2）矢量图　用数学的矢量方式来记录图像内容。矢量图记住了图片的计算方法，不管缩放多少，计算方法不变，即图片不会失真，边缘光滑。矢量图形占用的存储空间要比位图小很多，但最大的缺点是难，以呈现色彩层次丰富且逼真的图像效果。

2. 分辨率

分辨率确定了一幅图像的品质和能够打印或显示的细节。分辨率表示最终打印的图像上每一线性英寸的像素数。之所以说线性是因为在直线上计算像素数。如果图像的分辨率是 72，即每英寸 72 个像素。假设图像中的像素数是固定的，增加图像的尺寸将降低其分辨率，反之亦然。如图 8-1 所示，图中的 3 幅图片大小都一样，但是分辨率不同，显示的大小不同。左边是中间分辨率的两倍，中间是右边分辨率的两倍。

3. 颜色模式

颜色模式是一种确定显示和打印电子图像色彩的模型，即一幅电子图像用什么方式在计算机中显示或打印输出。Adobe PhotoShop 2020 中有 5 种颜色模式：位图模式、灰度模式、RGB 模式、CMYK 模式和 Lab 模式。不同的模式，图像描述、重现色彩的原理及所能显示的颜色数量各不相同。

图 8-1　相同图形不同分辨率的效果

（1）位图模式　位图是由一个个黑色和白色的点组成的，也就是说，它只能用黑白来表示图像的像素。每个像素都是用 1 位的分辨率来记录色彩信息。要将一幅彩色图像转换成黑白图像，必须先将其转化为灰度模式，然后再转换成位图模式。如图 8-2 所示是将图 8-1 转化为位图模式的结果。

图 8-2　位图模式　　　　图 8-3　灰度模式

（2）灰度模式　灰度模式的图像只有明暗值。在图像中使用不同的灰度级，没有色相和饱和度这两种颜色信息。图像中的每个像素是由 8 位、16 位或 32 位的分辨率来记录，能够分别表现出 2^8、2^{16} 和 2^{32} 种灰度级，从而使黑白图像表现得更完美。灰度值也可以用黑色油墨覆盖的百分比来度量，使用黑白或灰度扫描仪生成的图像通常以灰度模式显示。图 8-3 所示是将图 8-1 转化为灰度模式的结果。

（3）RGB 模式　RGB 是最常用的颜色模式。基于自然界中三原色的加色混合原来，通过红（R）、绿（G）和蓝（B）3 种基色各种值的组合，来改变像素的颜色。RGB 三基色各有 8 位编码，每种颜色的取值范围是 0～255，可以产生 256×256×256 种颜色，约 1670 种，这就是常说的真彩色。电视机和计算机的显示器都是基于 RGB 颜色模式来创建其颜色的。

当 R、G、B 三种基色混合值相等时，产生灰色；值都为 255 时，产生纯白色；值都为 0 时，产生纯黑色。初学者要理清颜色混合之间的关系，可以通过一个色相环来辅助理解，见表 8-1。

（4）CMYK 模式　CMYK 颜色模式是一种印刷模式，4 个字母分别指青（cyan）、洋红（magenta）、黄（yellow）、黑（black），在印刷中代表 4 种颜色的油墨。CMYK 模式本质上与 RGB 模式没有区别，只是产生色彩的原理不同。但在 PhotoShop 中处理图像时，一般不采用 CMYK 模式，因为这种模式的图像占用的存储空间比较大，且不支持很多滤镜效果。所以，一般在需要印刷时才将图像转换成 CMYK 模式。

表 8 - 1　色相环理解

RGB 两原色等量混合公式	
R(红)＋G(绿)＝Y(黄)	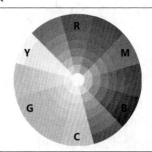
R(红)＋B(蓝)＝M(洋红)	
B(蓝)＋G(绿)＝C(青)	

（5）Lab 模式　Lab 颜色是以一个亮度分量 L 及两个颜色分量 a 和 b 来表示颜色,因此,Lab 模式也是由 3 个通道组成的。一个通道是亮度,即 L,取值范围是 0～100;另外两个是色彩通道,用 a 和 b 表示。a 通道包括的颜色是从深绿色(底亮度值)到灰色(中亮度值)再到亮粉红色(高亮度值);b 通道则是从亮蓝色(底亮度值)到灰色(中亮度值)再到黄色(高亮度值)。

4. 图像存储格式

PhotoShop 支持 PSD、TIF、BMP、JPG、GIF 和 PNG 等 20 余种格式的文件。在实际工作中,由于工作环境不同,要使用的文件格式需求也不一样。下面针对常用的几种图片格式进行具体讲解。

（1）PSD 格式　后缀名.psd,是默认的图像格式,可以自动保留图像编辑的所有数据信息(如图层、通道、路径等),便于后期修改。

（2）BMP 格式　后缀名.bmp,是 Windows 平台上常用的点阵式图形文件格式,包含的图像信息较丰富,几乎不压缩,但占用磁盘空间较大。

（3）JPEG 格式　后缀名.jpg,是目前所有格式中压缩率最高的格式,广泛应用于图像显示和网页中。

（4）GIF 格式　后缀名.gif,最多只能保存 256 色的 RGB 色阶数,支持透明背景以及动画。文件占用的磁盘空间比较小,非常适合网络传输,也是网页中常用的图像格式。

（5）PNG 格式　后缀名.png,是一种新兴的网络图形格式,采用无损压缩格式,体积小,支持透明背景,结合了 GIF 和 JPEG 格式的优点。由于 PNG 格式不完全适用于所有浏览器,所以目前在网页中用得较少。

（6）AI 格式　后缀名.ai,是 Adobe Illustrator 软件特有的矢量图存储格式,放大图像不会产生马赛克现象,在广告、印刷、包装等方面非常常用。在 PhotoShop 中,可以将图片保存为 AI 格式,能够在 Illustrator 软件等矢量图形软件中直接打开编辑。

（7）TIFF 格式　后缀名.tif,主要应用于在不同的应用程序和不同的计算机平台之间交换文件。几乎所有的绘画、图像编辑软件都支持该文件格式。在 PhotoShop 中,TIFF 格式与 PSD 格式类似,能够保存图层、通道和路径信息,但在其他软件中,所有图层都会被合并。

8.2 Adobe PhotoShop 2020 工作界面

8.2.1 新建和打开文件

1. 新建文件

启动 Adobe PhotoShop 2020,点击"文件"→"新建"命令,弹出"新建文件"选择界面,如图 8-4 所示。与早前版本相比,2020 版的新建文件界面提供了很多常用模板样式尺寸的选择,有"照片""打印""图稿和插图""Web""移动设备""胶片和视频"。如 Web 设计模板中预设了很多网页的尺寸,最大网页的尺寸设计为 1920×1080 像素,也是目前做全屏海报或者大网页的首选尺寸。"移动设备"中预设了专门针对手机界面尺寸的模板。目前手机端的像素已经扩展支持到 2560 像素高度和 1440 像素宽度。这些预设的模板更加方便用户快速新建文件。

用户也可以在右侧面板中,通过设置合适的单位、图像宽度、图像高度、分辨率值、颜色模式、背景内容、颜色配置文件、像素长宽比等内容,来自定义文件。

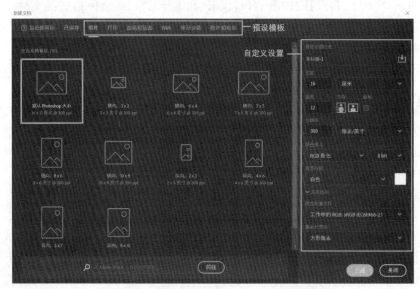

图 8-4　Adobe PhotoShop 2020 新建文件界面

注意,右侧自定义面板中有一个"画板"选项,当设计的对象需要正反面时非常有用。比如设计名片,因为名片有正反面,所以正常情况下需要创建 2 个 PSD 文件或者创建两个图层文件夹(但其中一个是被压住或者隐藏的);勾选"画板"后,就可以通过创建画板同时管理正面和反面。在移动工具状态下按住[Alt]键可以复制画板,不同的画板管理各自下面的图层,不冲突。

2. 打开文件

在 PhotoShop 打开文件最常用的方法有两种:

第一种：单击"文件"菜单→"打开"命令，在弹出的对话框中选择需要打开的文件即可。

第二种：选中文件，按住鼠标左键，拖动文件到 PS 界面中，释放鼠标左键即可打开图片。但在打开第二个文件时，如果第一个文件处于工作区的标签栏中，需要将文件拖至"标签栏"处，标签栏处提示"复制"字样时松开鼠标左键，才能打开文件，如图 8-5 所示。

图 8-5　打开文件

8.2.2　主界面介绍

在新建文件界面点击【确定】后，即进入 PhotoShop 的工作界面，如图 8-6 所示，由菜单栏、选项栏、工具栏、面板区域和工作区域等组成。

图 8-6　PhotoShop CS6 工作界面

1. 菜单栏

点击菜单栏最左边的 PS 软件的标志 **Ps**，可以对窗口进行放大、缩小、关闭等操作。软件标志的右边一行是 PS 的命令菜单。在任意一个菜单命令上单击，会弹出下拉菜单。有些下拉菜单还有二级、三级菜单。PS 软件所有的操作命令都可以在菜单栏找到。

2. 工具栏

左边的这一列是工具栏，各种常用的图像处理工具就摆放在这里。工具箱主要包括选择工具、绘图工具、填充工具、编辑工具、快速蒙版工具等。只要将光标放置在相应工具的上方就会显示每个工具的具体名称。工具名称后面括号中的字母,代表选择此工具的快捷键。在英文输入法状态下,只要在键盘上按下此字母,就可以快速切换到想要工具上。

工具后面都有一个小三角,表示该工具还有其他工具。按住鼠标左键1秒钟或者直接右键,会显示包含的其他工具。

3. 选项栏

在菜单栏下方是选项栏。选项栏是每一个工具或者命令的详细选项设置面板。当选中某个工具后,该工具相应的控制参数会显示在选项栏中,用户可以设置和调节。

选项栏中的一些设置对于许多工具都是通用的,但也有一些设置专用于某个工具。

4. 工作区域

PhotoShop 界面中间区域是工作区域。工作区域的中间是画面区域。使用[Alt]键+鼠标可以放大、缩小画面。如果打开了多个图像文件,文件会以选项卡的形式放置在标签栏处。单击标签名或者按[Ctrl]+[Tab]组合键切换文件。用鼠标左键按住一个文件的标签名,可将其从标签栏处拖出,成为一个浮动窗口。鼠标移动到标签名字上方,按住鼠标左键不放,拖动到标签栏上方,显示蓝色方框时释放鼠标即可恢复到标签栏中。

工作区域的左下角显示画面的大小,可以设置想要的画面显示百分比。右侧是当前图像的大小。按住鼠标左键,可以查看基础信息;点击旁边的小三角,会显示画面的工作信息栏、文档大小、文档尺寸等。

在画面区域以外的工作区域也是可以修改的。在工作区域深灰色空白处右键单击,调出命令栏,可以选择系统预设的几种背景颜色,也可以选择自定义颜色。一般选择默认颜色。

5. 控制面板

工作区域右边有很多面板,也可以随意拖动、摆放。如果需要恢复面板位置,只要单击"窗口"菜单→"工作区"→"复位基本功能",凌乱的面板就恢复到初始的样子了。

8.3 移动工具与基本图层功能

8.3.1 移动工具

移动工具 ✥ (或者在英文输入法状态下按[V]键)主要用于图像、图层或选择区域的选择、移动、复制、排列等一系列的操作。

(1)一个文件中的对象移动 首先要确保图层没有锁定(如果图层锁定,双击图层即可解锁),直接用移动工具就可移动当前图层中的对象。

(2)两个文件间的对象移动 将光标放置在需移动的图像或选择区域内,按住左键不放,拖曳到另一个文件的文件名(即标签名)处。出现另一个文件的窗口后,移动到需要放置的位置,松开左键,即完成文件间图片的移动。

(3)对象的复制操作 将光标放置在需移动的图像或选择区域内,按住[Alt]键不放,移动工具下面会多一个白色三角,此时移动对象,会在原对象上复制出一个新对象。

(4)剪切选区 光标移动到选区内,移动工具下面会多一个剪刀图形。移动这个选区,等于在原对象中剪切了这块选区。

（5）移动对象 按住[Shift]键不放，可使对象沿水平、垂直或 45°方向移动。

（6）图片的放大和缩小 按住[Alt]键，利用鼠标中间的滚动键放大缩小图片。

使用 PhotoShop 其他工具（除钢笔、抓手和裁剪工具及其隐藏工具除外）时，按住[Ctrl]键，光标将自动变为移动图标，达到临时使用移动工具的目的。

8.3.2 图层的概念及其面板

将图像中的不同对象分别放置到不同的图层中，每个图层都相对独立，便于调整图层中的对象。但如果将所有的对象都放置在一个图层中，就无法单独编辑。可以将每个图层理解为一片透明玻璃，图像中的每个对象单独绘制在一片玻璃上，透过这片玻璃的透明区域，可以看到下面的对象。

图层面板是编辑图层不可缺少的工具，如图 8-7 所示，具体的功能见表 8-2。

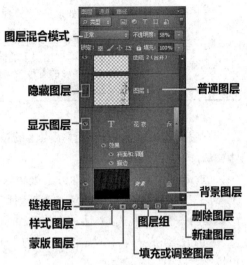

图 8-7 图层面板

表 8-2 图层面板功能介绍

名称	功 能
普通图层	可以执行所有 PhotoShop 命令及编辑功能的图层
背景图层	始终在面板的最底层，作为整个图像的背景。该图层处于锁定状态，通过双击可以转化为普通图层
新建图层	创建一个新的普通图层
删除图层	选中需要删除的图层，点击"删除图层"按钮，即可删除当前图层
蒙版图层	实质是将原图层的画面适当遮盖，从而显示出设计者需要的部分。也可以使被隐藏的图像重新显示。蒙版是 PS 的核心功能
样式图层	PhotoShop 中的图层样式效果非常丰富，以前需要很多步骤制作的效果，在这里设置几个参数就可以轻松实现
填充或调整图层	覆盖面比较大，该特性直接作用于它以下的所有图层。如调整下面所有图层的色调、饱和度、反相、阈值等。使用调整图层，就像是在图像上覆盖了一块带颜色的透明玻璃，对图像是一种非破坏性的调整
图层组	在设计作品过程中，有时会用到很多图层，需要对图层进行归类管理。创建图层组（类似文件夹），将多个图层归为一个组。还可以创建组中组
链接图层	可以实现两个或多个图层或组的链接，链接的图层将保持关联，如可以同时移动、变换等。链接图层的方法很简单，只要按住[Ctr]键选择要链接的图层，单击图 8-7 中的"链接图层"按钮，选中的这些图层右侧就会出现符号

名称	功　能
显示图层与隐藏图层	为了便于图像的编辑,经常需要隐藏或显示图层。图层前面有一个眼睛图标 ,表示显示当前图层;如果是一个空的复选框 ,表示隐藏当前图层
图层混合模式	图层混合模式决定了当前图层与下一图层颜色的合成方式(正常模式和溶解模式不依赖于其他图层)。两个图层上的图像不是直接混合,而是通过各自的红、绿、蓝通道混合,可以创作出丰富多彩的着色效果。在其他许多控制面板(如画笔工具、图层样式等)中也有类似的混合模式

图层面板中除了上述可直接点击的按钮功能外,在图层操作中经常会用到合并图层、盖印图层。

(1) 合并图层　虽然图像分层编辑较为方便,但有时候需要把几个图层的内容合并到一个图层中操作。选择多个图层,右键选择"合并图层"(或者[Ctrl]+[E]快捷键)将所有选择的图层合并为一层。合并后的图层将继承原先位于最上方的图层。连续图层的合并可以配合[Shift]键完成。单击起始图层,按住[Shift]键不放,再单击终止图层。不相邻图层的合并可以配合[Ctrl]键选择。

(2) 盖印图层　盖印可以将多个图层的内容合并为一个新的目标图层,同时其他图层仍然保持完好。先选择多个需要盖印的图层,按[Ctrl]+[Alt]+[E]快捷键,生成一个包含合并内容的新图层,原来的图层结构保持不变。

案例1　详解移动工具和图层。

样张如图8-8所示,需掌握以下知识点:

◄ 掌握移动工具的用法,如移动图像、利用移动工具复制图像等。

◄ 理解图层的涵义,掌握图层面板上的基本功能操作。

◄ 掌握变换工具的应用,如缩放、扭曲、斜切、透视、变形图像。

◄ 会使用色相饱和度来改变图像的色相。

第一步:实现花的移动和编辑

① 用 PhotoShop 打开案例 8.3.3 文件夹中的所有素材。

图8-8　案例样张

② 切换到"花素材. tif"界面,选中"花"图层。选择移动工具,将鼠标放置到画布上的"花"对象上,按住鼠标左键并拖到"背景素材. psd"文件名(即选项卡)处。出现"背景素材. psd"画布后,移动到需要放置的位置,松开左键即可。

③ 按住[Alt]键,用鼠标拖动"花"对象(也可以右键"花"图层→"复制图层"),重复操作3次。此时画布上出现了相同的3朵花,图层面板上复制出了3个"花"图层,如图8-9所示。

图 8-9 移动"花"并且复制"花"

④ 继续选中"花"图层,点击菜单"编辑"→"自由变换"(快捷键为[Ctrl]+[T]),"花"四周会出现 8 个控制点。按住控制点,适当缩小。完成后,按快捷键[Enter](或选项栏中的

✓),确认变换完成,控制点消失。表 8-3 为常用的变化命令(点击菜单"编辑"→"变换")。

表 8-3 常用变化命令

变化命令	作用	示例
缩放	沿着水平和垂直方向拉伸或者挤压,来修改图像的大小	
旋转	改变图像的方向	
斜切	影响图像的倾斜度	
扭曲	只要拖动一个控制点,两条相邻边将沿着该控制点拉伸	
透视	挤压或拉伸图像的单条边,向内外倾斜两条相邻边	

变化命令	作用	示例
变形	使图像任意拉伸从而产生各种变换	

⑤ 点击菜单"图像"→"调整"→"色相/饱和度"弹出对话框,主要有色相、饱和度和明度这 3 个值。改变这 3 个值的参数,可以实现"花"的色彩切换,做如图 8-10 所示设置,第 1 朵花调整结果如图 8-11 所示。对话框中各个参数的作用见表 8-4。

表 8-4 "色相/饱和度"面板说明

参数	作 用
色相	简单理解就是"纯色"。下方的色谱会随着色相滑杆的移动而改变。例如图 8-8 中的第 1 朵花,值由 0 变为 -116 后,色相已发生了变化
饱和度	指色彩的鲜艳程度,也称为色彩的纯度。纯度越高表现越鲜明,纯度越低表现越黯淡
明度	色彩明暗,可以把图像整体变亮或者暗
着色	着色是一种单色代替多色的操作。勾选"着色"后,统一变为明暗不一的单一色
预设	下拉列表中有许多系统自带的调色效果
编辑	默认值为全图,也可以点击下拉列表选择需要调整的单个颜色成分

⑥ 选中"花副本"图层,按快捷键[Ctrl]+[T],适当缩小花。将光标移动到这朵花中,右键选择"透视",按住右上角的控制点,适当水平向外拉伸,按快捷键[Enter]完成变换编辑。重复第⑤ 操作,调整这朵花的色相/饱和度。最后,在图层面板右上角找到"不透明度",降低透明度值为 60%。效果如图 8-11 的第 2 朵花所示。

图 8-10 色相/饱和度参数设置　　　　图 8-11 花朵编辑效果图

⑦ 选中"花副本2"图层和"花副本3"图层,重复步骤⑥ 操作,结果如图8-11的第3、4朵花所示。

第二步：竹子素材编辑

① 切换到"Bamboo. tif"界面,选中"竹子"图层,选择移动工具,将鼠标放置到画布上的"竹子"对象上。按住鼠标左键并拖到"背景素材. psd"文件名(即标签名)处,出现"背景素材.psd"画布后,移动到需要放置的位置,松开左键即可。

② 适当缩小竹子并且降低竹子的不透明度至36%,并在图层面板中将竹子图层移动到所有花图层下面。

第三步：文本编辑

① 选择文本工具 T ,在选项栏处找到更改字体、字体大小、更改文本颜色的属性,将设置字体为行楷,大小为100点,颜色为♯6a6a6a。鼠标点击画布,图层面板上会自动生成文本图层按钮 ○ T 图层6 ,输入文本"花夜"。

② 将图层面板上的图层混合模式中修改为"溶解",并将不透明度设置为48%。

③ 点击图层面板底部的"添加图层样式"按钮,在弹出的对话框中勾选"斜面和浮雕"和"描边"(大小1像素、黑色),其余参数默认,如图8-12所示。

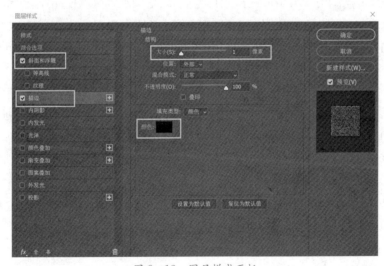

图8-12　图层样式面板

至此,案例制作完成。

8.4 选区工具

选区的功能十分强大,一幅完整的作品基本是离不开选区工具的。利用选区,可以对图像进行局部处理,如抠取、填充、描边、变形等操作。选区是封闭的区域,可以是任何形状,但一定是封闭的,不存在开放的选区。选区一旦建立,大部分操作只在选区范围内有。如果要针对全图操作,必须先取消选区。

8.4.1 创建选区

总共有 8 个选区工具：矩形选框工具、椭圆选框工具、单行选框工具、单列选框工具、套索工具、多边形套索工具、磁性套索工具、魔棒工具、快速选择工具和对象选择工具。前 4 个是规则选框工具。

1. 矩形选框工具

选择矩形选框工具 ▦ ，按住鼠标左键在画布上拖动，即可创建一个选区。创建矩形选区时，有以下小技巧：

◁ 按住[Shift]键同时拖动，可以创建一个正方形选区。

◁ 按住[Alt]键同时拖动，可创建一个以单击点为中心的选区。

◁ 按住[Alt]+[Shift]键同时拖动，可以创建一个以单击点为中心的正方形选区。

◁ 点击"选择→取消选择"([Ctrl]+[D]快捷键)，可取消当前选区。

◁ 想要得到精确的选区，可以设置选区对应的选项栏 样式: 固定大小 ▾ 宽度: 64 像素 ⇄ 高度: 64 像素 中的样式。默认为"正常"，可以修改为"固定大小"或"固定比例"。

2. 椭圆选框工具

椭圆选框工具 ◯ 用法与矩形选框工具类似，只是该工具可以使用"消除锯齿"功能。由于每个像素本身就是正方形，所以在创建圆形、多边形等不规则选区时便容易产生锯齿。勾选选项栏中的"消除锯齿"，会在选区边缘 1 像素的范围内添加与周围图像相近的颜色，使选区看上去光滑。

3. 单行选框工具和单列选框工具

单行选框工具 ▭ 和单列选框工具 ▮ 是为了方便选择一个像素的行和列而设置的，方便加一些辅助线条。选择单行选框工具，将光标移动至画布并单击，即可绘制出高度为 1 像素的选区。该选区的宽度为当前画布的宽度。可用同样方法操作单列选框工具。

4. 套索工具

套索工具类似于手绘，在画布上按住鼠标任意拖动，松开或按[Enter]键，即可建立一个与拖动轨迹相符的封闭选区。想要绘制直线，按住[Alt]键不放，可以切换到多边形套索工具。

5. 多边形套索工具

多边形套索工具 ◹ 对于绘制选区边框的直边线段十分有用。选择该工具，在画布上单击确定起点；拖动鼠标至目标处再单击，创建新的端点，形成直线段。当终点与起点重合时，◹ 指针旁边会出现一个闭合的小圆圈，单击即可创建一个封闭的选区。

使用多边形套索工具创建选区有以下实用小技巧：

◁ 在未封闭选区的情况下，按[Delete]键可删除当前端点(即退回到上一步)。按[ESC]键可退出当前选区编辑。

◁ 按住[Shift]键不放，可以沿水平、垂直或 45°角方向绘制线段。

◁ 在绘制线段的过程中，按住[Alt]键不放，指针切换到套索工具，绘制完后，放开[Alt]，指针又会回到多边形套索工具。

6. 磁性套索工具

使用磁性套索工具 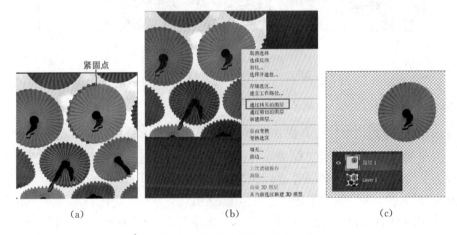时,边界会对齐图像中已定义区域的边缘,特别适用于快速选择与背景对比强烈且边缘复杂的对象,能抠背景比较简单的图。使用技巧与多边形套索工具类似。

打开 PhotoShop 软件自带的素材"伞.jpg",用磁性套索工具将图中一把伞抠取出来:

① 单击其中一把伞的边缘设置第一个紧固点,紧固点将选框固定住。

② 释放鼠标按键,然后沿着图像边缘移动指针,后面的紧固点会自动吸附相似的颜色。在指针移动过程中,如果边框没有与所需的边缘对齐,则单击手动添加一个紧固点。继续跟踪边缘,并根据需要添加紧固点,如图 8-13(a)所示。

③ 当终点与起点重合时,指针旁边会出现一个闭合的小圆圈,单击即可创建一个封闭的选区。

④ 将光标移动至选区内,右键选择"通过拷贝的图层"命令,如图 8-13(b)所示。

此时伞已被抠出,同时图层面板上新增一个具有透明背景的伞图层,隐藏 layer1 图层,画布上就只显示伞图层,如图 8-13(c)所示。

(a)   (b)   (c)

图 8-13 用磁性套索工具抠取伞

7. 魔棒工具

魔棒工具 可以快速选择色彩变化不大且色调相近的区域,而不必跟踪其轮廓,达到快速抠图的目的。对应的选项栏中有一个非常重要的设置容差。容差是指容许差别的程度,取值范围是 0~255。在选择相似的颜色区域时,容差值的大小决定了色彩选择范围的大小,容差值越大则选中的色彩范围越大。容差值默认为 32。

打开 PhotoShop 软件自带的素材"伞.jpg",用魔棒工具将图中所有伞抠取出来:

① 选择魔棒工具,鼠标单击图片白色背景。此时图片中与点击处相近(包含在容差值为32)的色调都会被选中,如图 8-14(a)所示,即白色背景全部选中。需要注意的是,如果色调多选或者少选了,可以调整容差值来调整选区范围。

② 点击菜单"选择"→"反向",选区由白色背景切换为伞。

③ 将光标移动至选区内,右键选择"通过拷贝的图层"命令,人物即被抠取出来,如图

8－14(b)所示。

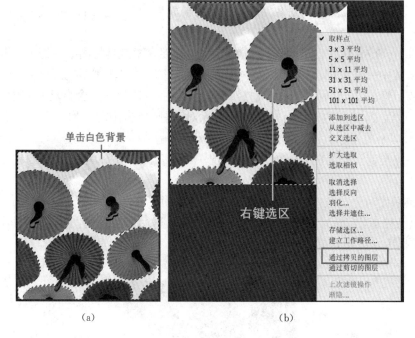

单击白色背景

右键选区

（a）　　　　　　　　　　　　（b）

图 8－14　用魔棒工具抠取人物

8. 快速选择工具

快速选择工具 比魔棒工具更加智能和准确，是基于画笔模式的。也就是说，拖动涂抹的方式快速创建选区，会自动感知像素对比较大的边缘。适合在主体和背景反差较大，但主体又较为复杂时使用，而魔棒工具适合在选择单色调时使用。

打开素材"人物.jpg"，用快速选择工具抠取人物：

① 选择快速选择工具，在选项栏中设置画笔大小为 10 像素左右。在人像上按住鼠标左键拖动，根据移动的轨迹画出所需的选区。如果选区选取不理想，可以调整画笔大小，并在选项栏中点击 （"添加到选区"和"从选区减去"）按钮调整选区。最后效果如图 8－15（a）所示。

② 将光标移动至选区内，右键选择"通过拷贝的图层"命令，人物即被抠取出来，如图 8－15（b）所示。

9. 对象选择工具

对象选择工具 是 PhotoShop 2020 新增功能，最大的特点是方便在图像中选择单个对象或对象的某个部分。只需在对象周围绘制矩形区域或套索，对象选择工具就会自动选择已定义区域内的对象。对象选择工具的选择模式有两种：矩形或套索。

（1）矩形模式　拖动指针可定义对象周围的矩形区域。选择对象选择工具，在选项栏中的模式中选择"矩形"，框选图中一把伞，如图 8－16（a）所示。释放鼠标，如图 8－16（c）所示。

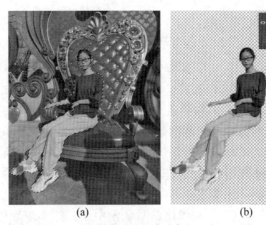

图 8-15　用快速选择工具抠取人物

（2）**套索模式**　在对象的边界外绘制粗略的套索。选择对象选择工具，在选项栏中的模式中选择"套索"，给伞绘制一个粗略的轮廓，如图 8-16(b)所示。释放鼠标后，效果如图 8-16(c)所示。

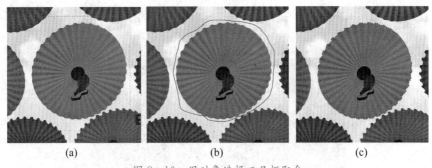

图 8-16　用对象选择工具抠取伞

8.4.2　选区运算

用选框、套索或者魔棒等工具创建选区时，在选项栏中都有一个共同的属性选区运算 （依次为新选区、添加到选区、从选区减去、与选区交叉），可以实现选区与选区之间相加、相减或相交，从而形成新的选区。

如图 8-17 所示，就是通过选区运算完成的。先用椭圆选框工具绘制一个大圆，切换到矩形选框工具，点击选项栏中的"添加到选区"按钮，在与大圆的交叉区域绘制一个矩形，会形成叠加在一起的选区。切换到多边形套索工具，仍然点击选项栏中的"添加到选区"按钮，在与大圆顶部交叉区域绘制两个三角形。再切换到椭圆选框工具，点击选项栏中的"从选区减去"按钮，在大圆内部绘制两个小圆。

图 8-17　选区运算

案例 2 利用选区抠图的其他技巧。

需掌握以下知识点:

◁ 掌握利用色彩范围抠取图像方法,理解色彩范围对话框中的参数。

◁ 掌握利用通道抠取图像方法,理解通道构成及抠图原理。

◁ 初步学习用钢笔工具抠取图像,掌握工具的用法。

第一步:用色彩范围抠取对象 色彩范围命令在抠图中能够发挥不小的作用,适用于颜色比较统一,并且色相差距较大的图像。如案例中的"头发. png"素材,这张图片背景颜色非常统一,背景的灰色跟人物的头发对比很大,非常适合利用色彩范围来抠图。

① 用 PhotoShop 打开案例 8.4.3 文件夹中的"头发. png"素材。

② 点击"选择"菜单→"色彩范围",在弹出的对话框中,勾选"本地颜色蔟"(本地颜色蔟指以吸管点取的颜色为中心,选取颜色容差范围内的色调,构建选区),颜色容差设置为200。用吸管工具单击素材背景,此时色彩范围对话框中出现黑白显示的人物画面,白色部分即为选区。

③ 按住[Shift]键和鼠标左键,在色彩范围对话框中的人物背景上拖动(或者点击右侧的添加到取样吸管 ,将背景全部变为白色,如图 8-18 所示。如果色调多选了,按住[Alt]键和鼠标左键,在背景上拖动,可以去除多余部分(或选择右侧的"从取样中减去"吸管)。

图 8-18　色彩范围对话框

④ 单击【确定】按钮后,如图 8-19(a)所示,除了背景在选区内,人物也部分被载入了选区。因此选择"多边形套索工具",在选项栏中单击"从选区减去"按钮,框选人物中的选区,效果如图 8-19(b)所示。

⑤ 点击"选择"菜单→"反向",人物被选中,如图 8-19(c)所示。

⑥ 点击图层面板底部的添加图层蒙版按钮 ,如图 8-19(d)所示。此时可以看到,人物有些透明。选中图层面板中的图层蒙版,单击工具栏中的画笔工具 ,并将前景色 设置为白色。用画笔在人物处涂抹,随时调整画笔大小,不要超出蒙版范围。

⑦ 新建图层并将其拖到其他图层下面,作为背景图层。选择工具栏中的油漆桶

工具,前景色设置为蓝色,在画布上点击,为新图层填充背景色。最终效果如图8-19(e)所示。

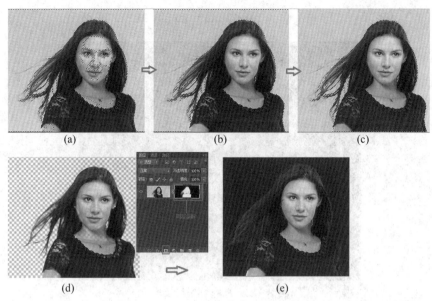

(a)　　　　　　　(b)　　　　　　　(c)

(d)　　　　　　　(e)

图8-19　色彩范围抠取

▶▶ 注　如果抠出来的人物头发有白毛边,可以在步骤④后,点击"选择"菜单→"修改"→"收缩",将收缩量设置为2像素左右即可。如果在步骤②的色彩范围对话框中勾选了"反相",那么选区选中的就是人物,步骤④无须再做。

第二步:用通道抠取对象　通道是基于色彩模式衍生出来的编辑环境。一幅RGB颜色模式的图像有3个默认通道:R(红)、G(绿)、B(蓝),基于颜色模式衍生的通道称为原色通道,如图8-20所示。每一个通道其实就是图像中某一种基本颜色的单独参数层,在通道中编辑选区或者调整颜色,其实就是利用图像的色彩值进行的。

① 用PhotoShop打开"头发.png"素材。

② 分别查看红、绿、蓝3个通道,选择颜色对比强烈的一个通道。这里比较强烈的是绿色通道。为了不破坏原图,复制一层绿通道,得到绿副本通道,如图8-21所示。

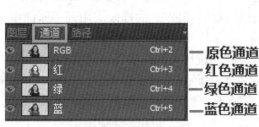

图8-20　通道面板

图8-21　复制绿色通道

③ 点击"图像"菜单→"调整"→"色阶",在弹出的对话框中输入色阶中,滑动左侧和右侧滑块,如图 8 - 22 所示。观察图中黑白色调的变化,使背景和人物黑白对比突出。调整过程中注意头发丝的损失情况。

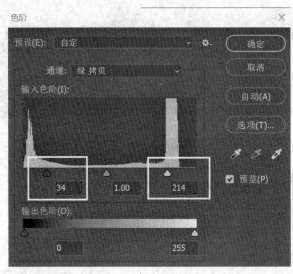

图 8 - 22　色阶对话框设置

色阶对话框主要分为两部分:

≺ 输入色阶:可以把图像中最暗的颜色变得更暗,把最亮的变得更亮,来修改图像的对比度。将左侧的滑块向右滑动就可以使阴影部分变得更暗。将右侧的滑块向左滑动就可以使图像的高光部分变得更亮。中间的滑块用来调节灰场,左滑动是将图片的灰色调亮而不是调暗;相反,向右调整则是图片变暗。

≺ 输出色阶:可以缩小图像高密度的范围,使图像整体最暗的像素变亮,最亮的像素变暗。

④ 点击"图像"菜单→"调整"→"反相",将图像中的所有像素都反相处理,使人物变为白色区域,也就是选区部分,效果如图 8 - 23(a)所示。

⑤ 选择工具箱中的画笔工具 ，将前景色设置为白色,涂抹人物成白色。画笔硬度设置为 100%,画笔的大小随着涂抹位置的不同,随时调整。效果如图 8 - 23(b)所示。这一步的目的是为了方便后面抠取人物,白色部分为选区。

⑥ 按住[Ctrl]键并用鼠标左键单击绿通道副本,人物被载入选区,如图 8 - 23(c)所示。

⑦ 由通道面板切换到图层面板,单击背景图层。此时步骤⑥ 的选区应用到了原图中,如图 8 - 23(d)所示。

⑧ 选择选区工具,将光标移至选区内,右键选择"通过拷贝的图层",这时图层面板中出现一个新图层,将背景图层隐藏,最终效果如图 8 - 23(e)所示。

创建人物选区这一过程非常重要,如果所选区域不理想,不要怕麻烦,可以继续使用色阶或者曲线命令调整。

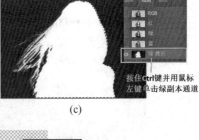

(a)　　　　　　　　(b)　　　　　　　　(c)

按住**Ctrl**键并用鼠标
左键单击绿副本通道

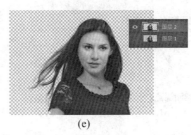

(d)　　　　　　　　　(e)

图 8-23　利用通道抠图

▶▶ **注**　如果图片背景不是黑色,可以将前景色设置为黑色,用画笔在背景上涂抹。背景与人物边缘处不用涂抹得很细腻。最后,用色阶命令来调整,在少损失头发细节的前提下,尽量使边缘处黑白对比突出。

　　第三步:用钢笔工具抠取图像　钢笔工具 主要用于光滑图像的区域选择及辅助抠图,绘制光滑和精细的图形,定义画笔等工具的绘制轨迹,输出输入路径以及和选择区域之间转换。

　　使用钢笔工具绘制路径,可分为绘制直线路径和绘制曲线路径。在绘制之前,先选择钢笔工具,在选项栏的选择工具模式 路径 中选择"路径"。

　　(1) 绘制直线路径　在画布上创建第一个锚点,在该锚点附近再次单击,两个锚点之间即会形成一条直线路径,如图 8-24(a)所示。

　　(2) 绘制曲线路径　在画布上创建第一个锚点,在该锚点附近再次单击并按住鼠标左键,拖动鼠标创建一个平滑点,两个锚点之间会形成一条曲线路径,如图 8-24(b)所示。

　　在绘制曲线时,按住[Ctrl]键不放,会将"钢笔工具"暂时变为直接选择工具。此时,按住方向点拖动,可以调整曲线路径的弧度,如图 8-24(c)所示;按住锚点并拖动,可以调整锚点的位置,如图 8-24(d)所示。

　　在绘制曲线时,按住[Alt]键不放,会将钢笔工具暂时变为转换点工具,点击"平滑点",可将其转换为"角点",如图 8-24(e)所示。在绘制曲线后想接着绘制直线,只要用转换点工具点击平滑点,转为角点后,再创建新的锚点,绘制出来的便是直线;按住角点并拖动,又可以将角点转化为平滑点,如图 8-24(f)所示。

　　在编辑路径时,想要选中整条路径,可以用路径选择工具。需要在路径上添加锚点,将钢笔工具移动到创建的路径上,则钢笔工具会自动转换为添加锚点工具(或者直接选择工具箱中的"添加锚点工具"),在路径上单击即可添加锚点。需要删除锚点,将钢笔工具放

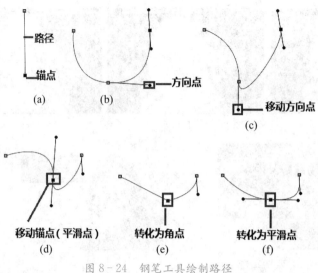

图 8-24 钢笔工具绘制路径

在路径的锚点上,则钢笔工具会自动转换为删除锚点工具 (或者直接选择工具箱中的"删除锚点工具"),单击锚点将其删除。想快速绘制弧线路径并快速调整弧线的位置、弧度等,可以使用弯度钢笔工具 。

① 用 PhotoShop 打开"香蕉.png"素材。

② 香蕉边缘创建第一个锚点。由于香蕉整体是曲线形状,确定第二个锚点位置后,单击并按住鼠标左键不放,拖出符合香蕉边缘的曲线路径。为了避免影响下一条曲线方向,按住[Alt]键同时鼠标单击第二个锚点,将平滑点转为角点。再确定第三个锚点位置和绘制第三条曲线路径,依次类推。当最后一个锚点与第一个锚点重合时,就会形成封闭路径,如图 8-25(a)所示。如果路径不是很理想,可以用直接选择工具、转换点工具、添加锚点工具或删除锚点工具调整。

③ 切换到路径面板。路径面板列出了当前画布中的所有路径。选中香蕉所在路径,点击路径面板底部的"将路径作为选区载入"按钮,将路径转化为选区,如图 8-25(b)所示。

④ 按快捷键[Ctrl]+[C]复制,按[Ctrl]+[V]键粘贴,图层面板中会出现另一个图层,将背景图层隐藏,最终效果如图 8-20(c)所示。

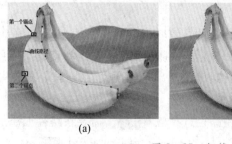
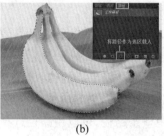
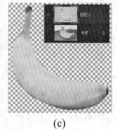

图 8-25 钢笔工具抠取香蕉

8.5 蒙版的使用

蒙版是 PhotoShop 的核心,最常用的是图层蒙版、剪贴蒙版、矢量蒙版、快速蒙版。蒙版可以理解成浮在图层之上的一块玻璃挡板,它本身不包含图像数据,只是对图层的部分起到遮挡的作用。操作图层时,被挡的数据不会受到影响。蒙版的原理是:将不同灰度色值转化为不同的透明度值,并作用到它所在的图层,让图层不同地方透明度发生变化。纯黑色表示完全透明,纯白色表示完全不透明。

8.5.1 图层蒙版及案例分析

图层蒙版跟橡皮擦工具差不多。橡皮擦工具能把图片上不要的内容擦掉,而图层蒙版不但可以擦掉,而且还可以把擦掉的地方还原。图层蒙版原理是:用蒙版控制显示范围,白色 100％显示,黑色 100％隐藏,灰色控制透明效果,往往结合画笔工具或渐变工具来实现。

下面通过具体案例来介绍图层蒙版,掌握以下知识点:

◁ 理解曲线命令,会利用曲线来调整图片的明暗。

◁ 掌握图层蒙版的操作,学会利用画笔或渐变工具来调整蒙版。

◁ 理解羽化的作用。

◁ 熟悉渐变工具及其选项栏中的属性设置。

第一步:提亮"背景. png"素材

① 用 PhotoShop 打开案例 8.5.1 文件夹中的"背景. png"。

② 点击"图像"菜单→调整→"曲线",来提亮"背景. png"图片,如图 8 - 26 所示。

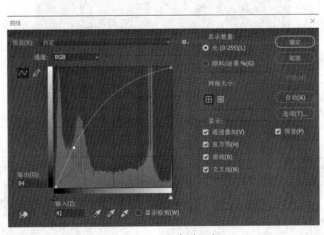

图 8 - 26　曲线对话框

曲线对话框中的参数说明:

◁ 通道选项:可选择 R、G、B,调整其相应通道所对应的曲线。

◁ 曲线面板:直线的两个端点分别表示图像的高光区域和暗调区域,直线的其余部分统称为中间调。改变中间调可以使图像整体加亮或减暗(在线条中单击即可产生拖动点）。曲线上的点，直接按住节点拉到框外即可删除。

◁ 黑白灰 3 个吸管：分别用来确定图形中黑色、灰色、白色的场景。

◁ 显示修剪：勾选复选框，移动滑块时，图形中出现的黑色或者白色则代表修图时损失的颜色细节；出现的彩色部分则说明，修剪时，有一部分颜色层次有损失。

第二步：制作天空并替换"背景. png"素材中的天空

① 在图层面板中双击背景图层，弹出新建图层对话框，直接点【确定】按钮，将其转化为普通图层（即图层上的锁消失），如图 8 - 27 所示。

图 8 - 27　创建普通图层

② 新建图层，命名为"天空"。在工具栏中设置前景色为＃0648DC，选择油漆桶工具，在"天空"图层单击填色。将此图层移至底部，如图 8 - 28 所示。

图 8 - 28　"天空"图层

③ 在图层面板中选中"图层 0"，单击图层面板底部的"添加图层面板"按钮，为图层 0 添加图层蒙版。选中图层蒙版，点击"滤镜"菜单→"渲染"→"云彩"命令，效果如图 8 - 29 所示。

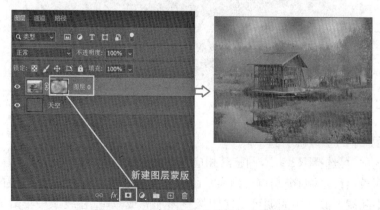

图 8 - 29　创建图层蒙版并添加云彩滤镜

④ 在工具栏中选择画笔工具,在选项栏中设置画笔硬度为 0,画笔大小设置为 80,并设置前景色为白色。选中蒙版,用画笔涂抹图层 0 画布上的树木以下部分,以完全显示当前图层内容。在树与天空的边缘,在选项栏中调整画笔的不透明度为 18%,涂抹。也可以将前景色设置为黑色,隐藏当前图层内容。最终效果如图 8-30 所示。

图 8-30 用画笔在图层蒙版中涂抹显示或隐藏当前图层内容

⑤ 选中"天空"图层,选择"滤镜"菜单→"渲染"→"镜头光晕"命令。在弹出的对话框中,选择"105 毫米聚焦",亮度设置为"120%",将光晕移动到左上角,效果如图 8-31 所示。

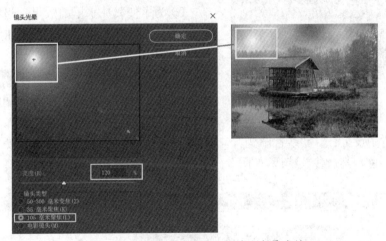

图 8-31 为"天空"图层添加镜头光晕滤镜

第三步:根据光照效果局部提亮背景

① 为了符合光照的角度,调整背景图层 0 的局部亮度。选中"图层 0",在工具栏中选择套索工具,按照光照的角度绘制出选区。点击"选择"菜单→"修改"→"羽化"命令,在弹出的对话框中设置羽化值为 50 像素。此时选区会适当收缩,收缩的范围即为羽化的范围。羽化的设置能让光照的地方与没有光照的地方过渡自然。

② 点击"图像"菜单→调整→"曲线",在弹出的对话框中调整曲线提亮选区,如图 8-32 所示。然后,点击"选择"菜单→"取消选择"命令(或快捷键[Ctrl]+[D]),即退出选区编辑。

▶▶ 注 羽化可以使选区内外衔接部分虚化,达到自然衔接的效果。羽化值越大,虚化范围越宽,也就是说颜色递变柔和。羽化值越小,虚化范围越窄。羽化处理过的地方会更自然,不会感觉有太多人为更改的痕迹。

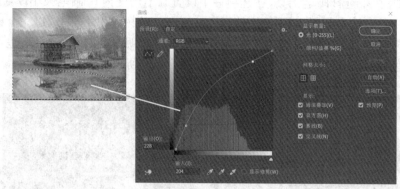

图 8-32　局部提亮操作

图 8-33　将素材鹅放置至水面

第四步：制作鹅在水中效果

① 打开和"鹅. png"素材，在工具栏中选择移动工具，将"鹅"移动到"背景. png"画布上。然后，按快捷键[Ctrl]+[T]，适当缩小鹅，如图 8-33 所示。

② 为了使鹅在水里的效果更逼真，选中鹅所在图层，点击图层面板底部的"添加图层面板"按钮，为鹅图层添加图层蒙版。

③ 在工具栏中选择渐变工具，在对应的选项栏中点按"可编辑渐变"，在弹出的渐变编辑器对话框的预设中选择"黑白渐变"，单击【确定】。继续在选项栏中设置：选择"线性渐变"，勾选"反向"（代表渐变的起点由黑色变为白色，终点由白色变为黑色），其余参数默认，如图 8-34 所示。

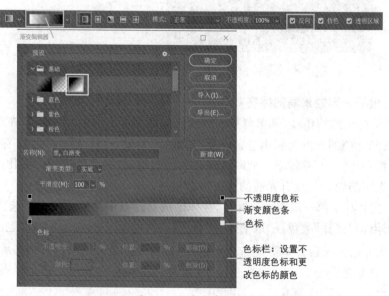

图 8-34　渐变色设置

渐变工具的选项栏和渐变编辑器:

⤶ 选项栏

- ● 可编辑当前的渐变颜色。单击右侧的下拉按钮,可以打开预设的渐变。
- ● 用于设置渐变类型,从左到右依次为线性渐变、径向渐变、角度渐变、对称渐变和菱形渐变。
- ● 模式 用来选择渐变时的混合模式。
- ● 不透明度 用来设置整个渐变效果的不透明度。
- ● 反向 可转换渐变中的颜色顺序,得到反方向的渐变效果。
- ● 仿色 勾选此项,可以使渐变效果更加平滑,默认是勾选的。
- ● 透明区域 勾选此项,可启用编辑渐变时设置的透明效果,默认是勾选的。

⤶ 渐变编辑器

- ● 将光标移至"渐变颜色条"的下方,当指针变为手的形状后单击即可增加色标。想要删除某个色标,只需将该色标拖出对话框即可。双击色标,会弹出拾色器对话框,可更改色标颜色。
- ● 将光标移至渐变颜色条的上方,单击可以添加不透明度色标。通过色标栏中的"不透明度"和"位置"可以设置颜色的不透明度和不透明色标的位置。

设置好所有渐变参数后,将光标移至需要填充的区域,按住鼠标左键并拖动,即可渐变填充。可根据需求调整鼠标拖动的方向和范围,以得到不同的渐变效果。

④ 选中鹅图层蒙版,将光标移至画布中鹅与水面接触上方,垂直往下拉1~2厘米,如图8-35所示。

图 8-35 给鹅应用图层蒙版效果

⑤ 图层蒙版中,上方白色代表显示当前图层内容,下方黑色代表隐藏当前图层,即鹅的底部被隐藏。上方和下方的交接处是灰色,使过渡自然。

最终效果如图8-36所示。

8.5.2 剪贴蒙版及案例分析

剪贴蒙版可用处于下方图层的形状限制上方图层的显示区域,达到一种遮罩的效果。

图 8-36 图层蒙版案例最终效果

下面通过案例来讲解剪贴蒙版的使用,掌握以下知识点:

◀ 掌握创建剪贴蒙版的方法。

◀ 熟练应用图层样式。

◀ 理解图层混合模式中的"正片叠底"模式。

① 用 PhotoShop 打开案例 8.5.2 文件夹中的"枫林.jpg"。

② 在工具栏中选择文本工具,在选项栏设置字体(样张中为经典行楷简),大小为 150 点,颜色随意。在画布中"枫林.jpg"输入文本"霜叶如花",如图 8-37 所示。

图 8-37 输入文字

③ 复制背景图层,命名为背景副本,并移至文本图层上面。按[Ctrl]+[T]对该图层内容进行缩小、旋转−180°变换,盖住文字。右键单击背景副本图层名称(注意不是图层缩略图),在弹出的菜单中选择"创建剪贴蒙版",效果如图 8-38 所示。

图 8-38 创建剪贴蒙版

④ 选中文本图层,点击图层面板底部的"添加图层样式"按钮,在弹出的图层样式对话框中,勾选"斜面和浮雕"和"投影"两个效果。单击左侧"斜面和浮雕"样式,在右侧的"样式"中选择"浮雕效果",取消勾选"使用全局光";单击左侧"投影"样式,在右侧的结构栏中取消勾选"使用全局光",距离设置为 9,扩展设置为 11,大小设置为 9。效果见图 8-39 所示。

图 8-39　设置图层样式

⑤ 用 PhotoShop 打开"枫叶.jpg"。在工具栏中选择移动工具,将"枫叶"移动到"枫林.jpg"画布中,枫叶图层放置在文本图层下面。然后,按快捷键[Ctrl]+[T],适当缩小枫叶。在图层面板的"模式"中选择"正片叠底",不透明度设置为 60%。复制枫叶图层(命名为枫叶2),移动到整个画布的左下角,适当旋转枫叶,设置不透明度为 25%。最终效果如图 8-40所示。

图 8-40　剪贴蒙版案例最终效果图

▶▶ 注　图层混合模式中的"正片叠底"是把基色和混合色的图像叠放在一起凑到亮处看,图片整体变暗。换句话说,正片叠底作用后,会使整个画面的颜色和亮度变得更暗,即将白色隐藏。所以,将白色背景的图片放置到其他图片上,直接使用正片叠底模式,白色背景就会隐藏。

8.5.3　矢量蒙版及案例分析

矢量蒙版是通过路径建立蒙版来控制图层像素的显示和隐藏。路径区域内为白色,用于显示;路径外为灰色,用于隐藏。需要注意的是:矢量蒙版只能由矢量图的钢笔工具、形状工具来生成。

下面通过案例来讲解矢量蒙版的使用,需掌握以下知识点:

◄ 掌握创建矢量蒙版的方法。

◄ 学会使用"形状工具"。

◄ 学会操作沿路径呈现文字。

◄ 理解图层面板中的"填充""透明度"的作用。

第一步:为动物图片做矢量蒙版

① 用 PhotoShop 打开案例 8.5.3 案例文件夹中的"背景.jpg""dog1.jpg""dog2.jpg"和"dog3.jpg"。

② 在工具栏中选择移动工具,将"dog1.jpg"移动到"背景.jpg"中的左上角。选择钢笔工具,在选项栏中选择"路径"模式,在 dog1 图片上绘制心形路径。点击"图层"菜单→"矢量蒙版"→"当前路径"命令,得到如图 8-41 效果。在图层中取消选中矢量蒙版,可以隐藏心形路径。

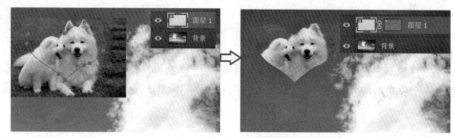

图 8-41 矢量蒙版

③ 为 dog1 图层设置图层样式。点击图层面板底部的"添加图层样式"按钮,在弹出的图层样式对话框中,勾选"外发光"和"投影"两个效果。单击左侧"外发光"样式,在右侧设置发光颜色(♯fffccb),图素栏中的大小设置为 65 像素。单击左侧"投影"样式,在右侧取消勾选"使用全局光",距离设置为 32,扩展设置为 22,大小设置为 40。效果如图 8-42 所示。

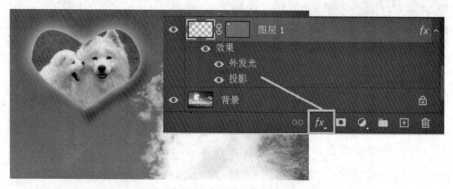

图 8-42 设置图层样式

④ 用移动工具将"dog2.jpg"移动到"背景.jpg"中,然后在工具栏的形状工具中选择椭圆

工具。在选项栏中选择"路径"模式,为"dog2.jpg"绘制椭圆路径。点击"图层"菜单→"矢量蒙版"→"当前路径"命令,给 dog2 图层设置与步骤③ 一样的图层样式。效果如图 8 - 43 所示。

图 8 - 43　椭圆形状矢量蒙版

⑤ 用移动工具将"dog3.jpg"移动到"背景.jpg"中,然后在工具栏的形状工具中选择自定义形状工具。在对应选项栏的形状中选择"花卉"→形状 45 。接着在"dog3.jpg"上绘制路径。点击"图层"菜单→"矢量蒙版"→"当前路径"命令,给 dog3 图层设置与步骤③ 一样的图层样式。效果如图 8 - 44 所示。

图 8 - 44　自定义形状矢量蒙版

第二步:文字沿路径布局

步骤如图 8 - 45 所示。

① 用钢笔工具在背景图片上绘制路径曲线。选择文本工具,设置字体(样张中为经典行楷简),大小为 72 点,颜色随意。将光标移动到路径上,光标上会显示曲线标志 。点击鼠标左键,输入文本"天上飘着可爱的动物"。

② 为文本图层添加图层样式。首先添加"渐变叠加"样式,在"图层样式"对话框右侧的

图 8-45　文字沿路径

"渐变"选项中选择"彩虹色"中的"彩虹色 15"。接着添加"斜面和浮雕"样式,"样式"选项中选择"浮雕效果"。最后添加"投影"样式,取消勾选"使用全局光",距离设置为 18,扩展设置为 11,大小设置为 13。

▶▶ 注　当路径为封闭区域时,将光标移动到路径内,输入光标会被一个圆圈包围。点击鼠标左键,就可以在封闭的路径内部输入文字。

第三步:泡泡制作

步骤如图 8-46 所示。

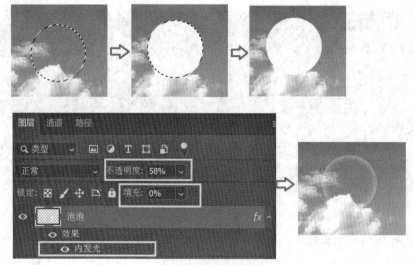

图 8-46　泡泡制作

① 新建图层(命名为"泡泡"),选择工具栏中的"椭圆选框工具",绘制椭圆选区。

② 选择工具栏中的"油漆桶工具",前景色设置为白色,在椭圆选区中单击鼠标,为椭圆填充白色。按[Ctrl]+[D]取消选区。

③ 在图层面板中,设置"填充"的值为0。此时椭圆不可见。接着单击图层面板底部的"添加图层样式"按钮,添加"内发光"样式,选择"设置发光颜色"单选按钮,并将颜色设置为♯ffccb,大小设置为38像素。最后将图层面板中的不透明度值设置为58%。

④ 多复制几个泡泡图层,适当调整泡泡的位置、大小和不透明度。

至此,案例全部完成,最终效果如图8-47所示。

图8-47　矢量蒙版案例

8.5.4　快速蒙版及案例分析

快速蒙版模式是创建和查看图像的临时蒙版,可以将图像中的选区作为蒙版编辑。优点是几乎可以使用任何PhotoShop工具或滤镜修改蒙版。例如,用选框工具创建一个矩形选区,可以进入快速蒙版模式并使用画笔扩展或收缩选区,或者使用滤镜扭曲选区边缘。快速蒙版按钮位于工具箱的下方,类似图层蒙版按钮。

通过案例了解快速蒙版的应用,掌握以下知识点:

◄ 掌握创建快速蒙版的方法。

◄ 了解"波浪"滤镜的参数设置。

① 用PhotoShop打开案例8.5.4文件夹中的"枫林.jpg"。

② 在工具栏中选择"椭圆选框工具",绘制一椭圆,如图8-48(a)所示。

③ 点击工具栏下方的快速蒙版按钮，进入快速蒙版状态,如图8-48(b)所示。红色是蒙色即遮罩区,椭圆内是显示区。用白色画笔在蒙色区上涂抹是去掉蒙色,显示区上涂抹无效;用黑色画笔在蒙色区涂抹无效,在显示区上涂抹是添加蒙色。这种形式的蒙版特别方便手动编辑选区。

④ 选择"滤镜"菜单→"扭曲"→"波浪"命令,在波浪界面进行参数设置。类型:正弦;生成器:6;波长:[1,14];波幅:[1,44];其他参数默认。图片效果如图8-48(c)所示。

⑤ 再次点击"快速蒙版"按钮,退出快速蒙版。对选区的操作,如图8-48(d)所示。

⑥ 按[Ctrl]+[J](或者选择选区工具,将光标移动到选区中,右键选择"通过拷贝的图层"),拷贝出选区图形,并将此图层命名为"拷贝图形",隐藏背景图层,如图8-48(e)所示。

⑦ 新建一图层(命名为"渐变色背景"),放置在"拷贝图形"下面。选择渐变工具,在对应

选项栏中单击"编辑渐变",在弹出对话框中的渐变条中设置 5 个色标(颜色分别为♯f5ee3b 和♯fffff)。回到选项栏,单击"线性渐变"按钮。然后按住鼠标左键,从画布左上角拖到画布右下角,最终效果如图 8-48(f)所示。

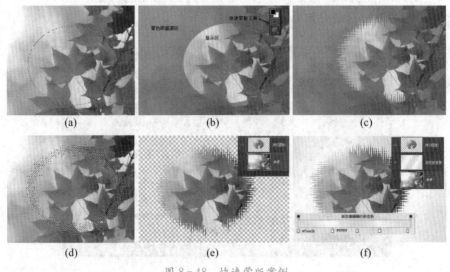

图 8-48　快速蒙版案例

8.6　画笔的创意设计

画笔工具 的主要功能是绘制图形,与实体画笔的作用一样,是最基本的绘画工具。通过画笔的形状、大小、颜色、虚实程度、流量等,形成图像。画笔也常常用来局部修图。

8.6.1　画笔工具选项栏

选择画笔工具,可以看到对应选项栏中有很多属性设置,如图 8-49 所示。利用画笔工具的选项栏可以设置画笔的形态、大小、硬度、不透明度以及绘画模式等。

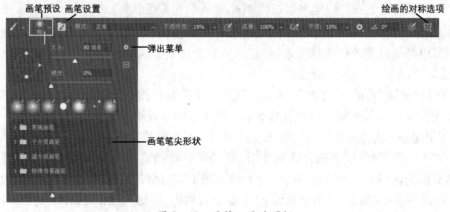

图 2-49　画笔工具选项栏

1. 画笔预设

单击画笔预设的下三角形,打开下拉面板:

(1) 大小　指画笔的直径大小。

(2) 硬度　指边缘的羽化程度。在"硬度"一栏将滑块移动到最左边,设置硬度为"0%",任意在画布上画一笔,如图 8-50 中的第一条线段。可以看出,边缘的羽化程度比较高,周边很平滑、自然;若把画笔的硬度设置为 100%,再在画布上画一笔,如图 8-50 中的第二条线段,四周边缘会显得很生硬,很清晰,羽化的程度比较低。

画笔硬度为0%

画笔硬度为100%

图 8-50　画笔硬度比较

(3) 画笔笔尖形状　也称为笔刷。选择不同的笔尖形状,可以绘制不同的图案。

(4) 弹出菜单 ⚙　点击此按钮,用于改变画笔预设的显示方法、删除画笔、创建新画笔、改变画笔的名称,还可以调用 PhotoShop 提供的其他画笔预设,或是载入用户其他途径获得的画笔预设。

2. 画笔模式

模式是指将绘制的颜色与图像原有的底色以某种模式混合,产生第三种颜色效果。在"画笔工具"的模式选项中有两种模式是"图层混合模式"所不具备的:背后和清除,这两个选项对已"锁定透明像素""锁定图像像素"的图层或"背景"锁定层不起作用。

(1) 背后　只限于为当前图层的透明区域绘画添加颜色。选择"背后"混合模式后,只能更改图层中的透明区域,对已有像素的区域不起作用。

(2) 清除　用于清除图层中的图像,效果等同于使用"橡皮擦工具"擦除图像。

3. 不透明度

该选项用于设置 PhotoShop CS6 画笔颜色的透明程度,取值在 0%～100%,取值越大,画笔颜色的不透明度越高,取 0%时,画笔是透明的。

如果正在使用外部绘图板设备操作画笔工具,按下绘图板压力控制不透明度 🖊 按钮后,在选项栏中设置的"不透明度"不会对绘图板绘制的图形不透明度产生影响。

4. 流量

在画布中涂抹时,用来控制笔尖部分喷出的颜色流量。如果一直按住鼠标左键在某个区域不断涂抹,颜色将根据流动速率增加,直至达到不透明度设置。流量值的范围在 0～100%,流量值越大,流动速率也就越大。此选项设置与不透明度有些类似,不同之处在于,不透明度是指整体颜色的浓度,而流量是指画笔颜色的浓度。

启用喷枪模式 🖌 将使用喷枪模拟绘画。按住鼠标按钮,当前光标所在位置的颜料量会不断增加。画笔硬度、不透明度和流量选项可以控制应用颜料的速度和数量。流量数值的大小和喷枪作用的力度有关:选择一个较大并且边缘柔软的画笔笔尖,调节不同的流量数值,将画笔工具放在画布上。按住鼠标左键不松手,观察笔墨扩散的情况,可以看到流量数值对喷枪效果的影响。

5. 绘图板压力控制大小

可以控制画笔的大小,需要注意的是,该按钮与"绘图板压力控制不透明度"按钮一样,在连接外部绘图板时才能起作用。

8.6.2 画笔面板

图 8-51 画笔面板

除了在选项栏中设置外,PhotoShop 还提供了其他非常详细的设定,画笔丰富多彩。单击图 8-49 中的"画笔设置"按钮,弹出图 8-51 所示面板。

1. 画笔笔尖形状

单击"画笔笔尖形状"栏,如图 8-51 所示,可以设置画笔的大小、角度、圆度、硬度、间距等。

(1)角度 调整画笔形状的角度。

(2)圆度 将画笔形状变为椭圆形状。

(3)间距 间距用来控制画笔笔尖之间的距离。数值越小,间隔的距离越小,绘制出来就是一条线段(图 8-51 中的第一条线)。但实际上这条线段是由许多圆点排列而成的。当把间距设为 100% 时,头尾相接排列的各个圆点(图 8-52 中的第二条线);如果设为 200%,圆点之间有明显的间隙,其间隙足够放一个圆点(图 8-52 中的第三条线)。由此看出,间距实际上就是两个圆点的圆心距离。

2. 形状动态

单击"形状动态"栏,会看到"大小抖动""角度抖动"和"圆度抖动"等选项。

(1)大小抖动 指大小随机,表示画笔直径无规律变化。大小抖动的数值越大,抖动的效果越明显,大小反差就越大。

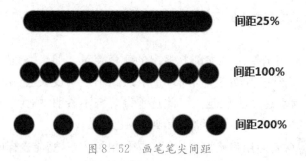

图 8-52 画笔笔尖间距

(2)角度抖动和圆度抖动 就是控制画笔笔尖的角度和圆度。这里需要注意的是,如果画笔形状是圆，圆度设置（在画笔笔尖形状中设置）为 100％且圆度抖动设置 0％时，单独使用角度抖动是没有效果的。因为圆度 100％就是正圆，正圆在任何角度看起来都一样。但如果启用圆度抖动，由于圆度抖动让画笔变成了各种椭圆形，角度抖动就有效果了。

如图 8-53 中的第一条线，在"画笔笔尖形状"栏直径设为 30 像素，间距设置为 150％，在"形状动态"栏大小抖动设置为 70％。第二条线，在第 2 条线的基础上，将角度抖动设置 30％，圆度抖动设置为 50％。

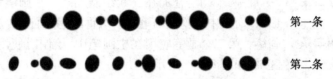

第一条

第二条

图 8-53　形状动态

3. 散布

散布主要实现分布上的随机效果。在"画笔笔尖形状"栏设置画笔大小为 7 像素圆形、间距为 100％，在"散布"栏设置散布为 500％，绘制效果如图 8-54 中的第一条线。圆点不再局限于鼠标的轨迹，而是随机出现在轨迹周围一定的范围内。这就是散布效果。

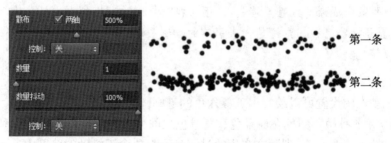

第一条

第二条

图 8-54　散布

"散布"栏中的"数量"参数的作用是成倍地增加笔刷圆点的数量，取值就是倍数。用数量 4 绘制一条线段，如图 8-54 中的第二条线，圆点数量明显多于第一条线，相当于第一条线绘制 4 次。

"数量抖动"参数就是在绘制中随机地改变倍数。参考值是"数量"本身的取值。在抖动中，数值只会变小，不会变大。如第二条线，只会比 4 倍少或相等，但不会比 4 倍更大。

4. 纹理

画笔绘制出的线条中包含图案预设窗口中的各种纹理。需要注意的是，在画笔中添加纹理不会改变画笔的颜色，画笔的颜色仍由前景色控制，纹理仅改变前景色的明暗强度。

单击图案预设右侧的三角箭头，弹出图案预设窗口，在其中可以选取不同的图案纹理。点击 ⚙ 按钮，可以载入 PhotoShop 自带的预设图案，也可以载入其他途径获得的图案文件。

（1）反相　勾选后，使纹理明暗区反向，原始的亮区变成暗区，原始的暗区变成亮区。

（2）缩放　通过拖动滑块或是直接输入数值，使纹理在笔画中缩小或放大。

（3）为每个笔尖设置纹理　将纹理单独应用到画笔绘制线条的每个笔迹中。只有勾选该选项，才能使用"最小深度"和"深度抖动"。

(4) 模式　设置图案纹理与前景色的混合模式。

(5) 深度　设置图案的浓度。数值越高,画笔中的图案纹理越明显;数值越低,图案纹理越淡,前景色越明显。

(6) 最小深度　画笔中图案纹理的最小浓度。

(7) 深度抖动和控制　指定画笔在绘制线条的过程中,图案纹理的深度动态变化。

5. 双重画笔

图 8-55　双重画笔

使两个画笔叠加在一起绘制线条。在画笔调板的"画笔笔尖形状"面板中设置主画笔,在"双重画笔"面板中选择并设置第二个画笔。第二个画笔应用在主画笔中,绘制时使用两个画笔的交叉区域,如图 8-55 所示。

(1) 第一条线参数设置　在"画笔笔尖形状"栏中选择圆形、大小 30、硬度为 0 的笔尖;在"形状动态"栏的大小抖动对应的"控制"中选择"渐隐",值设置为 60,最小直径设置为 0%。

(2) 第二条线参数设置　在第一条参数设置的基础上,在"双重画笔"选项中选择"拖曳混合灰色"画笔。

▶▶ 注　上例两条线逐渐变细直至消失,是因为在"形状动态"栏的大小抖动的"控制"中选择了"渐隐",设置了最小直径。渐隐值代表画笔的绘制长度,最小直径如果为 0%,意味着画笔结束时,画笔就不显示了。

6. 颜色动态

通过颜色动态的设置可以绘制出五颜六色的笔刷。它有以下重要的参数。

(1) 前景/背景抖动　颜色在前景色和背景色之间变换。前景色和背景色只是定义了抖动范围的两个端点,中间一系列随之产生的过渡色彩都包含于抖动的范围中。

(2) 色相抖动　程度越高,色彩就越丰富。色相的呈现往往用色环来表示,为了方便观看,将色相环 180°的地方剪开,拉成一个中间是红色、两头是青色的色相条,如图 8-56 所示。红色正好位于这个色相条的中心点。色相抖动的百分比是指以这个红色为中心,同时向左右两边伸展的范围。

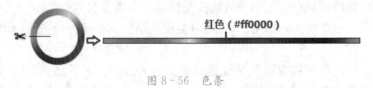

图 8-56　色条

(3) 饱和度抖动　会使颜色偏淡或偏浓,百分比越大变化范围越广。

(4) 亮度抖动　会使图像偏亮或偏暗,百分比越大变化范围越广。

(5) 纯度　这不是一个随机项,因为后面没有"抖动"二字。这个选项的效果类似于饱和度,用来整体地增加或降低色彩饱和度。它的取值为正负 100% 之间。当为 −100% 的时候,绘制出来的都是灰度色;为 100% 的时候,色彩则完全饱和。纯度的取值为这两个极端数值时,饱和度抖动将失去效果。

用图 8 - 57 来说明色相抖动的应用。在工具栏中设置前景色为红色(＃ff0000)，背景色为白色，选择大小 30、硬度 100％ 的圆形笔尖 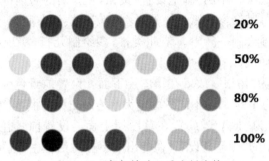，依次调整色相抖动范围(分别为 20％、50％、80％ 和 100％)，关闭颜色抖动中的其他选项，分别绘制 4 条线。从图中可以看到，百分比越大包含的色相越多，出现的色彩就越多。20％ 只有红色和一些橙色；50％ 比上一条多了些紫色和黄色还有洋红色；80％ 比上一条又多了些绿色和蓝色，但是绝对没有青色；100％ 最明显的变化就是多出了青色。

20%

50%

80%

100%

图 8 - 57　色相抖动不同比例比较

7. 传递、画笔笔势、杂色、湿边、建立、平滑、保护纹理

除了上述 7 中常用功能外，画笔面板左侧还有 7 个功能：

(1) 传递　在画笔绘制线条的过程中，设置颜色的不透明度和流量。

(2) 画笔笔势　用于调整毛刷画笔笔尖、侵蚀画笔笔尖的角度，可以调整出更多笔势变化的笔迹效果。

(3) 杂色　在笔刷的边缘产生杂边，也就是毛刺的效果。杂色是没有数值调整的，不过它和笔刷的硬度有关，硬度越小杂边效果越明显。对于硬度大的笔刷没什么效果。

(4) 湿边　是将笔刷的边缘颜色加深，就如同水彩笔效果一样。

(5) 建立　增强边缘效果。没有数值调整。

(6) 平滑　主要是为了让鼠标在快速移动中也能够绘制较为平滑的线段。画笔面板默认情况下是勾选的。

(7) 保护纹理　在使用多个纹理画笔笔尖绘画时，可以模拟出一致的画布纹理。保护纹理也是没有数值调整的。

案例 3　了解画笔的具体操作。

掌握以下知识点：

◁ 掌握 PhotoShop 内置画笔的使用，熟悉画笔选项栏和画笔面板设置。

◁ 了解自定义笔尖形状制作。

◁ 学会用画笔描边路径。

◁ 会使用外部载入的画笔预设。

◁ 会使用橡皮擦工具修图像边缘。

第一步：用 PhotoShop 导入外部画笔笔尖形状绘制对象

① 打开 PhotoShop，创建 600×400 像素的画布，其余参数默认。

② 在工具箱中选择"油漆桶工具"，设置前景色为 ＃1d1112，在背景图层上单击填充

背景。

③ 在工具栏中选择"画笔工具",在选项栏中单击"画笔预设"弹出下拉对话框,单击按钮 ⚙️,在弹出的菜单中选择"导入画笔"命令。导入案例 8.6.3 文件夹中的笔尖形状"草.abr"和"枫叶.abr"。

④ 新建图层,命名为"草"。在工具栏中,设置前景色为♯0aa406,背景色为白色。单击选项栏中的"画笔预设",在弹出的下拉对话框中,选择刚才导入的笔尖形状"草",并设置画笔大小为130。再单击选项栏中的"画笔设置"按钮,在弹出的对话框中选择"颜色动态"栏,将色相抖动设置为20%,其余参数默认。然后在"草"图层画布底部绘制一行草。在选项栏中适当降低不透明度,再绘制一行草。依此类推,多绘制几行,实现由近到远的视觉效果。最终效果如图 8-58(a)所示。

⑤ 新建图层,命名为"树根",放置在草图层下面。设置前景色为♯39050e,将画笔笔尖形状设置为圆形、硬度为100%,用不同的画笔大小绘制出树的根茎,如图 8-58(b)所示。

⑥ 新建图层,命名为"枫叶",放置在草图层上面。设置前景色为♯ff002c,背景色为♯fffc00。单击选项栏中的"画笔预设"。在弹出的下拉对话框中,选择刚才导入的笔尖形状"枫叶",并设置画笔大小为75。再单击选项栏中的"画笔设置"按钮,在弹出的对话框中选择"颜色动态"栏,将前景/背景抖动设置为100%,其余抖动设置为0%,其余参数默认。最后在树上绘制枫叶。效果如图 8-58(c)所示。

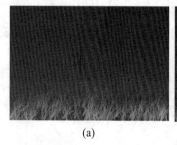 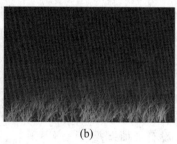 

(a)　　　　　　　　　　(b)　　　　　　　　　　(c)

图 8-58　绘制草、树根和枫叶

第二步:自定义笔尖形状绘制对象

① 新建图层,命名为"曲线"。选择"钢笔工具",绘制曲线,如图 8-59(a)所示。

② 选择"画笔工具",单击选项栏中的"画笔设置"按钮,在弹出的对话框中选择"画笔笔尖形状"栏,设置为圆形笔尖,大小1像素,硬度100%,间距设置为1%。画笔的设置是为画笔描边路径做准备。接着由图层面板切换到路径面板,在路径面板底部选择用画笔描边按钮 ⭕。效果如图 8-59(b)所示。

③ 再次切换到图层面板,按住[Ctrl]键,用鼠标左键单击图层缩览图(注意:不是单击图层的名称),将线条载入选区,如图 8-59(c)所示。

④ 点击"编辑"菜单→"定义画笔预设",在弹出的对话框中,名称命名为"曲线"。至此,已自定义好画笔笔尖。单击画笔工具对应的选项栏中的"画笔预设"(在画笔笔尖处就可以找到),如图 8-59(d)所示。

⑤ 按[Ctrl]+[D]取消选区(如果要隐藏路径,可以在路径面板空白处单击)。取消"曲

线"图层前面的眼睛图标,即隐藏"曲线"图层。再新建图层,命名为"丝带"。设置前景色为♯e8e3e4,画笔大小为180,间距为1%,选项栏中的不透明度设置为9%,然后绘制出如图8-59(e)所示效果。

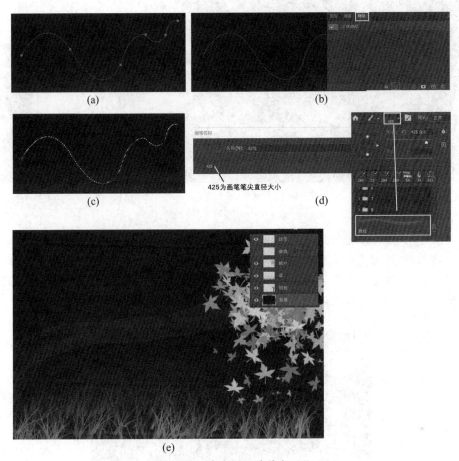

图 8-59　自定义画笔笔尖形状

第三步:自带笔尖形状绘制对象

① 新建图层,命名为"萤火虫"。点击画笔工具对应选项栏中的"画笔预设",在下拉对话框中选择"Kyle 喷溅画笔-喷溅 Bot 倾斜"画笔笔尖形状,设置画笔大小为 80 像素,在选项栏中继续设置不透明度为 45%。在工具栏中设置前景色为♯ffffbe,用画笔在草丛中绘制,营造萤火虫效果。

② 为了使效果更逼真,为"萤火虫"图层添加"外发光"图层样式:设置不透明度为 75%,选择发光颜色单选按钮并设置颜色为♯ffffbe,扩展设置为 1%,大小为 65。

③ 继续用上面设置好的画笔工具在天空处单击几次,营造星空的效果。注意,这里不要用画笔涂抹。最终效果如图 8-60 所示。

第四步:制作月亮

① 新建图层,命名为"月亮"。选择"椭圆选框工具",按住[Shift]键绘制一正圆。设置前景色为♯f4f8d7。选择油漆桶工具,在选区中点击填充。按[Ctrl]+[D]取消选区。选择画

笔工具,前景色设置为黑色,画笔笔尖为圆形,大小为 50 像素,硬度为 0％,在对应选项栏中设置不透明度为 10％,流量为 50％。然后,在月亮上适当涂抹,如图 8 - 61 所示。

图 8 - 60 萤火虫和星星效果 　　　　　　　　　图 8 - 61 制作月亮

② 为"月亮"图层添加图层样式。在图层面板的底部点击"添加图层样式"按钮,在弹出对话框左侧勾选"外发光",右侧的结构栏中设置发光颜色 ♯ ffffbe,图素栏中的扩展设置为 1,大小设置为 62 像素。再在左侧勾选"内发光",右侧的结构栏中设置发光颜色 ♯ ffffbe,图素栏中的大小设置为 43 像素。最后效果如图 8 - 62 所示。

图 8 - 62 案例最终效果

8.7 PhotoShop 中 的 基 本 修 图 技 巧

8.7.1 仿制图章工具及案例分析

仿制图章工具 ，是一种复制图像的工具,它可以将一幅图像的全部或部分复制到同一幅图像或者另一幅图像中。仿制图章工具也经常用来修补图像中的破损,用周围临近的像素填充。

使用仿制图章工具时,首先要定义取样点,也就是原件的位置,然后将采好的点应用到所需位置。

1. 复制草丛

如从图 8-63(a)中仿制 2 个树丛 A 和 B,A 与仿制源一致,B 是仿制源的一半大小且降低不透明度,结果如图 8-63(b)所示。

图 8-63 仿制树丛

① 打开 8.7.1 案例文件夹中的"草丛.jpg"。

② 选择仿制图章工具,在对应选项栏中,选择圆形笔尖,大小为 30 像素,硬度为 100%,勾选"对齐",样本中选择"所有图层",其余参数默认。

③ 新建图层。将光标移动到仿制源对象上,确定一个取样点,按住[Alt]键,同时用鼠标左键单击一下即完成取样。将光标移动到目标点,按下鼠标左键涂抹,即以取样点(十字光标处)内容替代了目标点(圆形光标处)内容,如图 8-64 所示。一定要注意十字光标的位置。最终效果如图 8-64(b)中的 A 处。

图 8-64 操作仿制图章工具

④ 单击仿制图章工具选项栏中的仿制源面板 ,在弹出的面板中,设置仿制源的宽和高(50%,50),不透明度设置为 70%。继续在图中绘制,最终效果如图 8-63(b)中的 B 处。

选项栏中的对齐和样本属性:

◄ 对齐:勾选对齐,会对像素连续取样,而不会丢失当前的取样点。即使松开鼠标按键也是如此。取消勾选,则每次停止并重新开始绘画时使用初始取样点中的样本像素。

◄ 样本:代表取样的图层范围,包括当前图层、当前和下方图层和所有图层。当前图层只能从现用的图层数据中取样,所有图层可以从所有可视图层中对数据取样。

2. 修补图像

如将图 8‐65(a)中的鸽子擦除,效果见图 8‐65(b)所示。

(a)　　　　　　　　　　　　(b)

图 8‐65　仿制图章工具修图

① 用 PhotoShop 打开"孔雀.jpg"。

② 复制背景图层,以免破坏原图。

③ 选择仿制图章工具,在对应选项栏中,选择圆形笔尖,大小为 30 像素,硬度为 60%。按住[Alt]键,用鼠标左键采样鸽子周围临近的草地,点击鸽子替换。注意,由于鸽子周围的草地颜色深浅不一,要不停地采样替换,不能一味涂抹。

仿制图章工具使用提示:

◀ 在操作过程中,可以按键盘上的"["和"]"键(英文输入法状态下)随时调整笔尖大小。

◀ 在修图过程中,画笔的软硬度设置非常重要。合适的软硬度可以使复制的区域与原图像比较好地融合。

◀ 替换过程中可以根据需求随时调整不透明度。

8.7.2　污点修复画笔工具及案例分析

污点修复画笔工具 不需要定义采样点,涂抹点击就可以修复图像。适合消除画面中的细小部分,不适合在较大面积中使用。

图 8‐65(b)中,草地上有很多白色垃圾,可以使用污点修复画笔工具快速去除。选择污点修复画笔工具,在对应选项栏中选择圆形笔尖,大小为 15 像素,硬度为 0%。直接点击图中污点,如图 8‐66 所示。

图 8‐66　污点修复画笔工具修图

8.7.3 修复画笔工具及案例分析

修复画笔工具 ![icon] 的操作方法和仿制图章工具基本类似,都是先采集样点,再在指定区域复制采样的图像。但是其效果却大相径庭。仿制图章工具是将采样点的图像不做任何更改地搬过来;而修复画笔工具则是先将采样点的图像搬过来,然后再根据周围的颜色调整色彩,以便和周围的颜色融为一体,如图 8‐67 所示。

图 8‐67 修复画笔工具与仿制图章工具对比

① 用 PhotoShop 打开"背景. jpg"和"花. tif"素材。

② 在"花. tif"素材中,选择修复画笔工具,在对应选项栏中选择圆形笔尖,大小为 30 像素,硬度为 0%。对花采样。

③ 切换到"背景. jpg"素材,按住鼠标左键涂抹出花的图案。涂抹完毕释放鼠标左键,系统会根据周围的颜色调整色彩,花由原来的粉色融合成暗红色了。

④ 选择仿制图章工具,在对应选项栏中选择圆形笔尖,大小为 30 像素,硬度为 0%。在"花. tif"素材中对花采样。切换到"背景. jpg"素材,涂抹。可以看到,复制的图像与仿制源一致。

8.7.4 修补工具及案例分析

修补工具 ![icon] 与修复画笔工具十分类似,使用方法有所区别。修补工具的操作是基于选区,使用其他区域中的像素来修复选中的区域,并将样本像素的纹理、光照和阴影与源像素匹配。这个选区可以用选区工具、路径工具或者直接用修补工具创建。

1. 移除路灯

图 8‐68(a)中有一个路灯,使用修补工具可以方便地移除路灯,效果如图 8‐68(b)所示。

① 用 PhotoShop 打开 8.7.4 案例文件夹中的"路灯"素材。

② 选择椭圆选框工具,将光标移至灯罩中心处,同时按下[Shift]+[Alt]键,再按住鼠标左键拖动鼠标,从圆心开始绘制出大于等于灯罩的圆。

③ 在工具栏中选择修补工具，将光标移至圆选区内，然后按住鼠标左键，将圆选区拖至能替换灯罩处内容的位置，如图 8 - 68(b)中的 A 处。用 A 处的像素去修补原来灯罩的位置。

④ 选择矩形选框工具，根据灯柱绘制一矩形选区，选区将灯柱包含在内。然后选择修补工具，将光标移至矩形选区内，按住鼠标左键，将选区拖至图 8 - 68(b)中的 B 处。用 B 处的像素修补原来灯柱的位置。

⑤ 按[Ctrl]+[D]取消选区，完成操作。

图 8 - 68　修补工具应用

2. 使用修补工具的透明选项

将图 8 - 69(a)中的小鸭头部放置到右侧的水果中，效果见 8 - 69(b)所示。

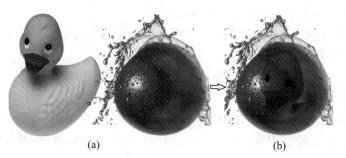

图 8 - 69　修补工具应用中的透明选项

① 用 PhotoShop 打开"小鸭.jpg"素材。

② 选择椭圆选框工具，框选小鸭头部。

③ 选择修补工具，在对应选项栏中选择"目标"单选按钮，勾选透明。将光标移至小鸭头部选区内，按住鼠标左键，将选区拖至水果中。

④ 按[Ctrl]+[D]取消选区，完成操作。

修补工具选项栏中的常用属性设置：

◁ 源：如果将源图像选区拖至目标区域，则源区域图像将被目标区域的图像覆盖。

◁ 目标：表示将选定区域作为目标区域，用其覆盖需要修补的选区。

◁ 透明：勾选此选项，可以将图像中差异较大的形状图像或颜色修补到目标区域中。

◁ 使用图案：创建选区后该按钮被激活，可以在图案下拉列表中选择一种图案，对选区图像进行图案修复。

8.7.5 内容感知移动工具及案例分析

在利用选区移除图片中的某块区域时,内容感知移动工具 可以根据选区周围的像素内容智能填充选区。但此工具只能在比较规则的背景上操作,否则图像效果比较粗糙。

内容感知移动工具使用方法与修补工具一样,要先创建选区,然后将其拖动到所需位置即可。

① 用 PhotoShop 打开"背景.jpg"素材。

② 选择椭圆选框工具,在图 8-70(a)中框选圆 A(也可以只用内容感知移动工具框选)。

③ 选择内容感知移动工具,在对应选项栏中将模式设置为移动(类似于剪切操作)。将光标移至选区内,按住鼠标左键,将选区拖至图 8-70(b)中的 B 处放开,完成了圆的移动,原来 A 处也已被智能填充。

④ 按[Ctrl]+[D]取消选区,完成操作。

图 8-70 内容感知移动工具

▶▶ 注 在内容感知移动工具选项栏中,如果将模式改为"扩展",再重新框选圆,按住鼠标左键拖动就可以实现复制功能。

8.7.6 红眼工具及案例分析

红眼工具 用来修正照片中由于闪光灯所引起的红眼,只需要用红眼工具框选或者单击红眼区域就可以消除红色。它只对图像红色的部分敏感。在任何图像中创建一个红色的圆形或者方形,然后用红眼工具就可以将其变黑,如图 8-71 所示。

图 8-71 红眼工具

8.7.7 海绵工具及案例分析

海绵工具 的作用是改变局部的色彩饱和度。海绵工具选项栏的模式中有两个选项:降低饱和度和饱和。降低饱和度可以减少饱和度,饱和可以增加饱和度。

打开 8.7.7 案例文件夹中的"荷花.jpg"素材。如图 8-72(a)所示。选择海绵工具,在对应选项栏中,设置像素 50、硬度为 0 的圆形笔尖,模式中选择降低饱和度,涂抹荷花的上半部分。然后,模式中选择"饱和",涂抹荷花的下半部分。可以看到,荷花上下部分明显有差异,如图 8-72(b)所示。

(a)   (b)

图 8-72　海绵工具

8.7.8　减淡工具和加深工具及案例分析

减淡工具 ![图标] 的作用是局部加亮图像。加深工具 ![图标] 的效果与减淡工具相反,是将图像局部变暗。这两工具选项栏中有阴影、中间调和高光 3 个选项。画面中较黑的部位属于暗调,较亮的部位属于高光,其余的过渡部分属于中间调。

为图 8-73(a)中的人物添加高光和背光,呈现立体效果,如图 8-73(b)所示。图中假设光源在图像的左上角。

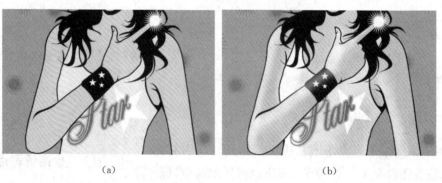

(a)   (b)

图 8-73　减淡工具和加深工具

① 用 PhotoShop 打开 8.7.8 案例文件夹中的"人物.jpg"素材。

② 选择工具栏中的减淡工具,在对应选项栏中调整画笔为 25 像素左右,在范围中选择"中间调",曝光度设置 100%,为人物的左右臂添加高光。注意,为手臂添加高光时要一笔完成一个线段,否则体现不出皮肤光滑的效果。

③ 选择工具栏中的加深工具,在对应选项栏中调整画笔为 40 像素左右,在范围中选择"中间调",曝光度设置 100%,为手臂的背光面添加暗调。

④ 手背的上部使用减淡工具,加入高光;下部使用加深工具,加入背光。注意随时调整画笔大小,适当降低曝光度,多次涂抹来达到效果。

⑤ 最后来处理衣服。选择减淡工具,画笔大小设为 40 像素左右,在范围中选择"中间调",曝光度设置 100%,为衣服的左侧添加高光;选择加深工具,画笔大小设为 70 像素左右,在范围中选择"中间调",曝光度设置 100%,为衣服的右侧添加暗调。

⑥ 护腕也会受到光线影响。选择减淡工具,画笔大小设为 30 像素左右,在范围中选择阴影,曝光度设置 100%,为护腕加入高光。

▶▶ 注 给对象添加高光时,要注意观察光线的来源,只有配合光源才能自然地表现出高光部分。

8.7.9 液化滤镜及案例分析

"液化"滤镜不仅可以对图像做收缩、推拉、扭曲、旋转等变形和特效处理,而且还具有人脸识别液化功能,所以在修图方面用得比较多。点击"滤镜"菜单→"液化"命令,弹出"液化"对话框,如图 8-74 所示。

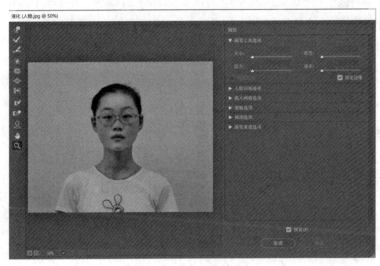

图 8-74 液化滤镜面板

1. 工具栏

(1)向前变形工具 可以移动图像中的像素,得到变形的效果,是液化中最常用的工具。

(2)重建工具 在变形的区域单击鼠标或拖动鼠标涂抹,可以使变形区域的图像恢复到原始状态。

(3)平滑工具 使画面变动平滑,使得图片复原,与重建工具相似。

(4)顺时针旋转扭曲工具 在图像中单击鼠标或移动鼠标,图像会顺时针旋转扭曲;按住[Alt]键单击鼠标,图像则会逆时针旋转扭曲。

(5)褶皱工具 在图像中单击鼠标或移动鼠标,可以使像素向画笔中间区域的中心移动,使图像产生收缩的效果。

（6）膨胀工具 ![icon] 在图像中单击鼠标或移动鼠标，可以使像素向画笔中心区域以外的方向移动，使图像产生膨胀的效果。在增大眼睛处理时经常用到。

（7）左推工具 ![icon] 可以使图像产生挤压变形的效果。使用该工具垂直向上拖动鼠标，像素向左移动；向下拖动鼠标，像素向右移动。围绕对象顺时针拖动鼠标，可增大；逆时针拖动鼠标，则减小。

（8）冻结蒙版工具 ![icon] 可以在预览窗口绘制出冻结区域，冻结区域内的图像不会受到其他液化工具的影响。

（9）解冻蒙版工具 ![icon] 涂抹冻结区域能够解除该区域的冻结。

（10）脸部工具 ![icon] CC 版本以上有脸部工具可以在右侧属性栏中快速实现对人物脸部的调整，加快了设计师的工作效率。

（11）抓手工具 ![icon] 放大图像的显示比例。

（12）缩放工具 ![icon] 在预览区域中单击可放大图像的显示比例；按下［Alt］键在该区域中单击，则会缩小图像的显示比例。

2. 画笔工具选项

画笔工具选项用来设置当前所选工具的各项属性。

（1）画笔大小 用来设置扭曲图像的画笔宽度。

（2）画笔密度 用来设置画笔边缘的羽化范围。

（3）画笔压力 用来设置画笔在图像上产生的扭曲速度。较低的压力适合控制变形效果。

（4）画笔速率 用来设置扭曲速度，该值越大，扭曲速度越快。

3. 人脸识别液化

通过属性设置，单独调整眼睛、鼻子、嘴唇和脸部形状，从而快速实现对人物脸部的微调。

4. 载入网格选项

网格类似于参考线，推的时候不会变形。

5. 蒙版选项

蒙版选项包含以下功能：

（1）替换选区、添加到选区、从选区中减去、选区交叉和相反选区 图像中包含选区或蒙版时，可以通过蒙版选项设置蒙版的保留方式。

（2）无 可解冻所有被冻结的区域。

（3）全部蒙版 会使图像全部冻结。

（4）全部相反 可使冻结和解冻的区域对调。

6. 视图选项

视图选项用来设置是否显示图像、网格或背景，还可以设置网格的大小和颜色、蒙版的颜色、背景模式以及不透明度。

7. 画笔重建选项

重建操作类似于撤销操作。

（1）重建 恢复原始图像的程度。点击"重建"按钮，在弹出的对话框中可以调整数值。

当数值为 0 时,即完全恢复成原始图像。

(2)恢复全部　直接恢复原始图像。

案例4　液化滤镜的常用功能。

① 打开 8.7.9 案例文件夹中的"照片.jpg"素材。

② 观察图片,发现左右脸有点不对称。点击"滤镜"菜单→"液化"命令,弹出液化对话框。选择向前变形工具,在属性面板的画笔工具选项中,设置画笔大小为 140,密度设置为 50,其余参数默认。按住鼠标左键,在右脸微微往内侧推动。用相同的方法调整颈部。如图 8-75 所示。如果出现失误,可以切换成"重建工具"恢复,或者在属性面板中的画笔重建选项中单击"恢复全部"按钮。

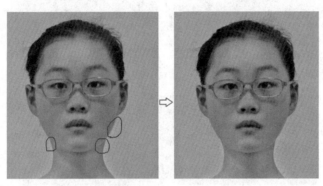

图 8-75　去除痣和嘴角边的痕迹

③ 接下来设置属性面板中的"人脸识别液化",调整眼睛、鼻子、嘴唇和脸部形状,参数设置和效果如图 8-76 所示。

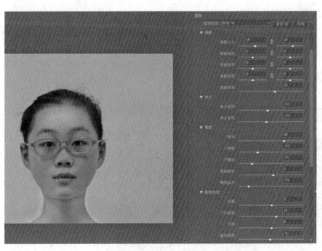

图 8-76　人脸识别液化设置

④ 人物的额头部分皮肤偏黄,与脸颊肤色差距比较大,需要调整。选择多边形套索工具,框选额头,如图 8-77(a)所示。接着单击"选择"菜单→"修改"→"羽化"命令,设置羽化

值为 30,效果如图 8 - 77(b)所示。然后,单击"图像"菜单→"调整"→"色彩平衡",在弹出对话框中设置洋红为－5,黄色为 21,如图 8 - 77(c)所示。最后,按[Ctrl]＋[D]取消选择,效果如图 8 - 77(d)所示。

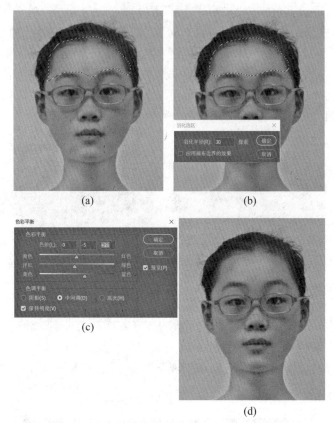

图 8 - 77　处理鼻梁周围及下巴处皮肤

8.7.10　内容识别操作

图 8 - 78　用套索工具框选人物

内容识别是在做填充操作时,自动识别填充选区与背景,是对修补工具功能的放大和提高。虽然机器识别难免会有一些局限,但使用起来相当方便。

① 用 PhotoShop 打开 8.7.10 案例文件夹中的"海边.jpg"素材。

② 选择套索工具,将海中的人物框选起来。这里没有必要过于精确,大致即可,如图 8 - 78 所示。

③ 单击"编辑"菜单→"填充"

命令,在弹出的对话框的"内容"中选择"内容识别",如图8-79所示。

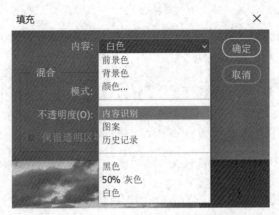

图8-79　填充对话框

④ 单击【确定】按钮后,选区里的内容成功被识别,周围的环境也会被智能填充进去。按[Ctrl]+[D]取消选区,完成操作。依此类推,处理其他海滩上的人物,最终效果如图8-80所示。

图8-80　内容识别后的效果

第九章

Premiere 2020 视频制作

Adobe Premiere 2020 是 Adobe 公司推出的影视制作及 DV 编辑软件,是一款专业级视频编辑软件,能对视频、声音、动画、图片、文字进行编辑加工,可以创建网页上的视频动画,并对视频格式进行各种转换。它被应用于很多领域,包括影视制作、商业广告、DV 编辑和网络动画等。

9.1 视频制作基础

1. 数字视频基础

(1) 像素 像素是组成图像的最小单位,是一个个有色方块,具有颜色信息,可以用 bit (比特)来度量。像素分辨率是指像素含有几比特的颜色属性,例如,1 比特可以表现白色和黑色两种颜色;2 比特则可以辨识 2^2 种颜色。通常所说的 24 位视频,是指具有 2^{24}(即 16777216)个颜色信息的视频。

图像文件包含的像素越多,包含的信息也就越多,文件也就越大,图像品质也就越好。

(2) 帧和帧频 视频是由一幅幅单个画面构成的时间线,每幅画面称为一帧。当帧按顺序播放时,就可以在屏幕上看到运动的画面。

帧频是指每秒显示的图像数(帧数)。如果想让画面播放起来比较顺畅,每秒大约需要显示 10 帧。制作电影通常采用 24f/s(帧/秒),制作电视节目通常采用 25f/s。

(3) SMPTE 时间码 在视频编辑中,为了计量视频素材的长度及单幅图像(帧)的位置,需要使用时间码来精确定位影像,取得需要的数据。从一段视频的起始帧到终止帧,其间的每一帧都有唯一的时间码地址。SMPTE(society of motion picture and television engineers)是在录像磁带上识别帧信号的一种标准,同样可以用于视频处理中,用于表示视频影像的编辑位置。其格式为"小时:分钟:秒:帧:",或者"hours:minutes:seconds:frames:"。

(4) 数据压缩 数据压缩也称为编码技术,准确地说,应该称为数字编码、解码技术,是将图像或者声音的模拟信号转换为数字信号,并可将数字信号重新转换为声音或图像的解码器综合体。

一般数据压缩有两种方法:一种是无损压缩,是将相同或相似的数据根据特征归类,用较少的数据量描述原始数据,达到减少数据量的目的;另一种是有损压缩,是有针对性地简化不重要的数据,减少总的数据量。

常用的影像压缩格式有 MOV、MPG、QuickTime 等。

2. 电视制式

各个国家电视影像的标准不同,其制式也有一定的区别。电视制式的出现,保证了电视、视频解视频播放设备之间所用标准的统一或兼容。目前世界上的电视制式分为 NTSC 制式、PAL 制式和 SECAM 制式 3 种。

(1) NTSC 制式　特点是彩色电视和黑白电视兼容,但是相位失真、色彩不稳定。NTSC 制式电视的供电频率为 60 Hz,场频约为 60 场/秒,帧速率约为 30 帧/秒,扫描线为 525 行,采用隔行扫描的方式播放。

目前使用该电视制式的有美国、加拿大、日本、韩国等。

(2) PAL 制式　PAL 制式克服了 NTSC 制式相位敏感造成色彩失真的缺点,是对 NTSC 制式的一种改进方案。供电频率为 50 Hz,场频为 50 场/秒,帧速率为 25 帧/秒,扫描线为 625 行,也采用隔行扫描的方式播放。

目前使用该电视制式的有中国、新加坡、德国、英国、意大利等。不同国家和地区的 PAL 制式也有一定的差异。

(3) SECAM 制式　SECAM 制式也克服了 NTSC 制式相位敏感造成色彩失真的缺点。该制式的特点是彩色效果好、抗干扰能力强,但兼容性相对较差。帧速率为 25 帧/秒,扫描线为 625 行,也采用隔行扫描的方式播放。

目前使用该制式的有俄罗斯、法国、埃及、中东地区。

3. 常用视频格式

(1) MPEG/MPG　由 MPEG 编码技术压缩而成的视频文件,广泛应用于 VCD/DVD 和 HDTV 的视频编辑与处理方面。

(2) AVI　由微软公司研发的视频格式,其优点是允许影像的视频部分和音频部分交错同步播放,调用方便,图像质量好,缺点是文件体积比较大。

(3) WMV　一种可在互联网上实时传播的视频文件类型,其主要优点有本地或网络回放、多语言支持、可扩充的媒体类型、流的优先级化、扩展性等。

(4) RM/RMVB　是 Real Networks 公司制定的一种视频文件格式。其中,RM 格式的视频文件只适用于本地播放,而 RMVB 除了能本地播放外,还可以通过互联网流式播放。

(5) MOV　苹果公司研发的一种视频格式,是 QuickTime 音视频软件的配套格式。以前只能在 MAC 电脑上,随着基于 Windows 系统的 QuickTime 软件推出,MOV 格式目前也逐步推广开来。

4. 常用音频格式

(1) MP3　采用了有损压缩算法的音频文件格式,可以根据不同需求采用不同的采样率编码,如 96 kbit/s、112 kbit/s、128 kbit/s 等,是目前最为流行的音频文件格式。

(2) MP4　以知觉编码为关键技术的音乐压缩格式,由美国网络技术公司及 RIAA 联合公布的一种音乐格式。MP4 在文件中采用了保护版权的编码技术,压缩比例达到了 1∶15,体积比 MP3 更小,而音质却没有下降。

(3) WAV　也称为波形文件,是 Windows 本身存放数字声音的标准格式。WAV 音频文件是目前最具通用性的一种数字声音文件格式,几乎所有的音频处理软件都支持 WAV 格式。因为该格式文件没有经过压缩处理,而直接对声音信号进行采样得到音频数据,所以音质在各种音频文件中是最好的,但体积也是最大的。

（4）WMA　微软公司研发的数字音频压缩技术，特点是同时兼顾了高保真度和网络传输需求。从压缩比来看，WMA 比 MP3 更优秀，同样音质的 QMA 文件的大小是 MP3 格式的一半或更少。总体来说，WMA 音频文件既适合在网络上实时播放，同时又适用于在本地计算机上播放。

9.2 Premiere 2020 基础知识

9.2.1　启动及项目创建

通过开始菜单或者双击桌面的软件图标，打开 Premiere 2020 软件，弹出如图 9 - 1 所示的界面。在该界面中可以执行新建项目、打开项目和开启帮助的操作。

图 9 - 1　启动界面

① 单击"新建项目"后弹出如图 9 - 2 所示的对话框，设置"新建项目"的参数：

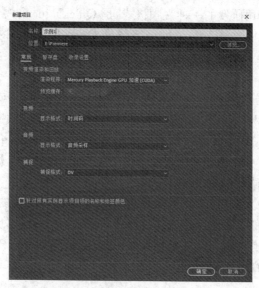

图 9 - 2　"新建项目"对话框

◄ 名称：用于为项目文件命名，如命名为"示例1"。

◄ 位置：用于为项目文件制定存储路径。单击"浏览"按钮，可以自定义保存路径。

◄ 视频和音频显示格式：用于设置视频和音频在项目内的标尺单位。

◄ 捕捉格式：用于设置从摄像机等设备内获取素材时的格式。

② 单击【确定】按钮，弹出如图9-3所示的默认软件界面，根据各种模式界面，显示不同的模块。

图9-3 默认软件界面

③ 单击正上方的不同模式界面按钮，如图9-4所示，可以实现不同模式界面的切换，一般默认使用"编辑"模式界面。

图9-4 不同模式界面按钮

④ 在"项目"面板中新建一个序列。可以通过鼠标右键菜单，如图9-5所示，或面板右下角的"新建项"按钮，如图9-6所示，单击"序列"命令进行新建。

图9-5 "项目"面板鼠标右键菜单

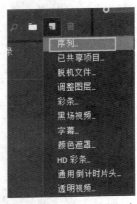

图9-6 "项目"面板右下角"新建项"按钮

⑤ 单击"序列"命令,弹出如图 9-7 所示的"新建序列"对话框,可以设置影片的屏幕类型等参数和命名序列。

⑥ 在"新建序列"对话框中单击"设置"选项卡,如图 9-8 所示,可以设置序列文件的各项参数和属性。

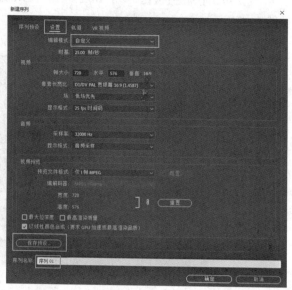

图 9-7 "新建序列"对话框　　　　　　　　　图 9-8 "新建序列"的"设置"选项卡

⑦ 设置完成后,单击"保存预设"按钮,在弹出的"存储设置"对话框中输入名称("模板1"),如图 9-9 所示。要调用时,直接在"序列预设"选项卡中的"自定义"文件中,可以看到保存的预置文件。

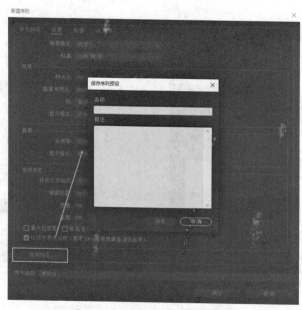

图 9-9 "保存序列预设"对话框

9.2.2 Premiere 2020软件界面介绍

Premiere 2020 提供了 8 种模式的界面,主要是学习、组件、编辑、颜色、音频、图形模式界面等。除了可以单击软件正上方的模式界面按钮,亦可以通过"窗口"菜单的"工作区"子菜单的相应命令,在 8 种模式界面间切换。

Premiere 2020 默认的"编辑"模式界面,大致分为"菜单栏"和"工作窗口区域"两部分,其中"工作窗口区域"又可以细分为"项目"面板、"源"监视器面板、"效果控件"面板、"音频剪辑混合器"面板、"节目"监视器面板、"效果"面板、"信息"面板、"历史记录"面板和"时间线"(序列)面板等,如图 9-10 所示。

图 9-10 默认的"编辑"模式界面

1. 菜单栏

Premiere 2020 的菜单栏中包括了"文件""编辑""剪辑""序列""标记""图形""视图""窗口"和"帮助"9 个菜单。

(1)"文件"菜单 用于创建、打开和存储文件或项目,以及导入、导出等操作。

(2)"编辑"菜单 用于常用的编辑操作,例如恢复、重做、复制文件等。

(3)"剪辑"菜单 用于剪辑的常用编辑操作,包括重命名、插入、覆盖、替换等,以及音频和视频的相关选项设置。

(4)"序列"菜单 用于项目片段的编辑和管理、添加轨道、设置轨道属性等常用操作。

(5)"标记"菜单 用于设置剪辑标记、设置片段标记、移动到入点/出点、删除入点/出点等操作。

(6)"图形"菜单 用于添加文字、矩形、椭圆等图形图层等。

(7)"视图"菜单 用于调整分辨率以及辅助工具标尺和参考线的设置。

(8)"窗口"菜单 用于控制编辑界面中各个窗口或面板的显示或关闭。

(9)"帮助"菜单 打开使用说明,还可以连接 Adobe 官方网站等。

2. "项目"面板

"项目"面板的主要作用是管理当前编辑项目内的各种素材资源。该面板分为素材列表

图 9-11 "项目"面板

和工具按钮两个部分,如图 9-11 所示。其中,素材列表用于罗列导入的相关素材;工具按钮用于对素材的管理操作,如新建素材箱、新建项等。

3. "时间线"面板

"时间线"面板用于组合项目窗口中的各种片段,是按时间排列片段、制作影视节目的编辑窗口。据大部分的素材编辑操作都要在"时间线"面板中完成。例如,调整素材在影片中的位置、长度、播放速度,或者解除有声视频素材中音频与视频部分的链接等。此外,用户还可以在"时间线"面板中为素材应用各种特效,甚至还可以直接调整特效中的部分属性。

该面板由时间标尺、轨道及其控制面板、缩放控制条区域 3 个部分组成,如图 9-12 所示。

图 9-12 "时间线"面板

(1) 时间标尺　由时间显示、时间滑块组成,如图 9-13 所示。

图 9-13　时间标尺

① 时间显示:用于显示视频和音频轨道上剪辑时间的位置,实现编辑时间的定位,显示格式位为"小时: 分钟: 秒: 帧: "。单击后输入对应的时间码可以快速定位时间滑块。

② 时间滑块:标出当前编辑的时间位置。

(2) 轨道及其控制面板　在时间标尺下方是视频、音频轨道及其控制面板。左边部分是轨道控制面板,可以根据需要对轨道进行解锁/锁定、切换轨道、显示/隐藏、添加、删除等操作,右边部分是视频和音频轨道。默认情况下,有 3 个视频轨道和 3 个音频轨道。

轨道控制面板,如图 9-14 所示,各按钮的功能如下:

① 切换轨道输出 👁 :用于控制当前视频轨道的显示或隐藏。显示时可以编辑、播放等,隐藏时该轨道内容不会输出到节目监视器面板。

② 轨道锁定开关 🔒 :为了避免编辑其他轨道时,对已经编辑好的轨道误操作,可以将其锁定。如果需要再次编辑,单击按钮解锁。

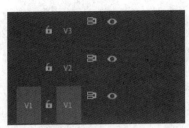

图9-14　轨道控制面板　　图9-15　轨道控制面板右键菜单

在轨道控制面板区域右键单击，可以打开右键快捷菜单，如图9-15所示，对轨道进行添加、删除等操作。

（3）缩放控制条区域　使用"时间线"面板下方的缩放级别滑块，可以改变时间线的时间间隔，往右移动可以缩小时间标尺显示精度，往左移动可以放大时间标尺显示精度。另外，通过"序列"菜单中的"放大"或"缩小"也可以达到缩放时间线的效果。右侧的缩放级别滑块则可以改变轨道的显示比例。

4. "源"监视器面板

"源"监视器面板又称"素材源"面板，如图9-16所示，用于观察素材原始效果。初始状态下不显示画面。如果想在该窗口中显示画面，可以直接拖动"项目"面板中的素材到"源"监视器面板中，也可以双击"项目"面板中的素材或已加入到"时间线"面板中的素材，将该素材显示在"源"监视器面板中。

"源"监视器面板的默认11个工具按钮的含义如下：

（1）添加标记　用于在特定帧标记为参考点。

（2）标记入点　单击该按钮，时间线的目前位置将被标注为素材的起始时间。

（3）标记出点　单击该按钮，时间线的目前位置将被标注为素材的结束时间。

（4）转到入点　单击该按钮，素材将跳转到入点处。

（5）跳转出点　单击该按钮，素材将跳转到出点处。

（6）播放　用于从目前帧开始播放影片。单击该按钮，将切换到停止按钮。按空格键也可以实现相同的切换工作。

（7）逐帧进　单击该按钮，素材前进一帧。

（8）逐帧退　单击该按钮，素材后退一帧。

（9）插入　单击该按钮，将在插入的时间位置插入素材。处于插入时间位置后的素材都会向后推移。如果要插入的新素材的位置位于一段素材之中，则插入的新素材会将原素材分为两段，原素材的后半部分会向后推移，接在新素材之后。

（10）覆盖 单击该按钮，将在插入的时间位置插入新素材。与插入按钮不同的是，此时凡是处于要插入的时间位置之后的素材将被新插入的素材覆盖。

（11）导出帧 单击该按钮，可输出当前时间指示器指示的帧图片。

图9-16 "源"监视器面板　　　　　　　　图9-17 "节目"面板

5. "节目"监视器面板

"节目"监视器面板又称"节目"面板，与"源"监视器面板基本相同，如图9-17所示，用于对编辑的素材实时预览，也可以为影片设置出点、入点和未编号标记等。

6. "效果控件"面板

"效果控件"面板主要用于调整素材的运动、透明度和时间重映射，并具备为其设置关键帧的功能，如图9-18所示。

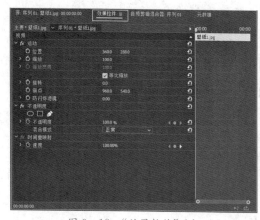 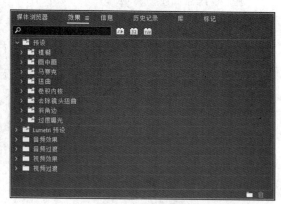

图9-18 "效果控件"面板　　　　　　　　图9-19 "效果"面板

7. "效果"面板

"效果"面板中列出了能够应用于素材的各种Premiere 2020的特效，其中包括预设、Lumetri预设、音频效果、音频过渡、视频效果和视频过渡6大类，如图9-19所示。使用"效果"面板可以快速应用多种音频特效、视频特效和过渡效果。

8. "信息"面板

"信息"面板用于显示所选素材以及该素材在当前序列中的信息,包括素材本身的帧速率、分辨率、素材长度和该素材在当前序列中的位置等,如图9-20所示。

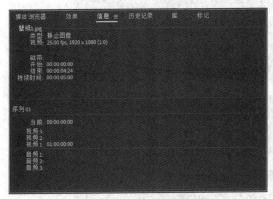

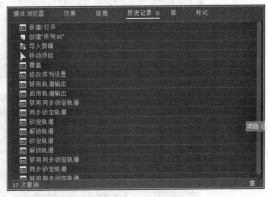

图9-20 "信息"面板

图9-21 "历史记录"面板

9. "历史记录"面板

"历史记录"面板用于记录用户影片编辑操作的每一个 Premiere 命令。通过删除"历史"面板中的指定命令,还可实现按步骤还原编辑操作,如图9-21所示。

10. "工具"面板

"工具"面板,如图9-22所示,主要用于对时间线上的素材进行编辑、添加或移除关键帧等操作。各按钮的含义如下:

(1)选择工具 用于素材选择、移动,可以调节素材关键帧,为素材设置入点和出点。

(2)轨道选择工具组 包含了向前选择轨道工具和向后选择轨道工具。左键长按工具按钮可以弹出工具菜单,用于选择某一轨道上的所有素材。

(3)波纹编辑工具组 包含了波纹编辑工具、滚动编辑工具和比率拉伸工具。左键长按工具按钮可以弹出工具菜单。

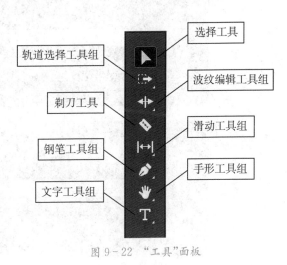

图9-22 "工具"面板

① 波纹编辑工具:用于拖动素材的入点或出点,以改变素材的长度。相邻素材的长度不变,项目片段的总长度改变。图9-23所示为使用"波纹编辑工具"处理"壁纸1.jpg"出点的前后比较。

② 滚动编辑工具:使用该工具在需要剪辑的素材边缘拖动,将增加到该素材的帧数从相邻的素材中减去。也就是说,项目片段的总长度不发生改变。图9-24所示为使用"滚动编辑工具"处理"壁纸1.jpg"出点的前后比较。

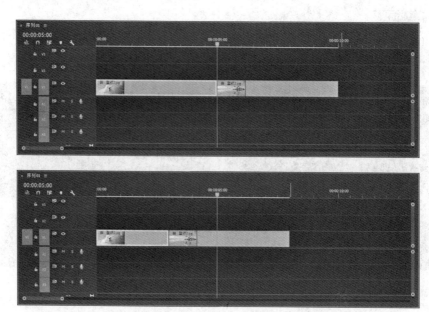

图 9-23　使用"波纹编辑工具"处理"壁纸 1. jpg"出点的前后比较

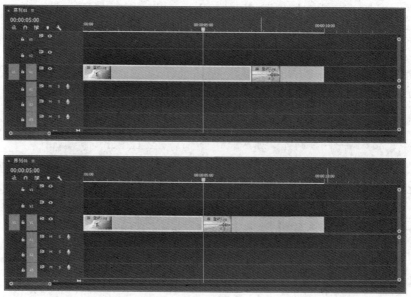

图 9-24　使用"滚动编辑工具"处理"壁纸 1. jpg"出点的前后比较

③ 比率拉伸工具：用于素材速度调整，改变素材长度。

（4）剃刀工具 ■　用于素材切割。选择该工具后单击素材，可将素材分为两段，从而产生新的入点和出点。图 9-25 所示为使用"剃刀工具"处理"壁纸 1. jpg"出点的前后比较。

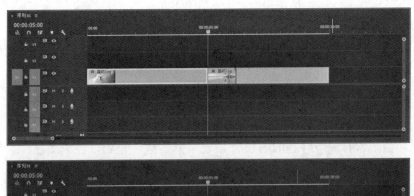

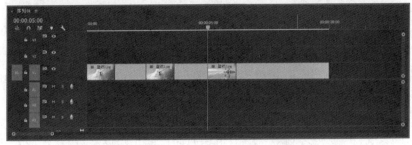

图 9-25 使用"剃刀工具"处理"壁纸 1.jpg"出点的前后比较

（5）滑动工具组 ![] 包含了外滑工具和内滑工具，左键长按工具按钮可以弹出工具菜单。其中外滑工具用于改变一段素材的入点和出点，保持其总长度不变，并且不影响相邻的其他素材。内滑工具则用于保持要剪辑素材的入点与出点不变，通过相邻素材入点和出点的变化，改变其在"时间线"面板中的位置，而项目片段时间长度不变。

（6）钢笔工具组 ![] 包含了钢笔工具、矩形工具和椭圆工具。左键长按工具按钮可以弹出工具菜单，用于图形的辅助绘制。

（7）手形工具组 ![] 包含了手形工具和缩放工具，左键长按工具按钮可以弹出工具菜单。其中，手形工具用于改变"时间线"面板的可视区域，帮助编辑较长的素材。缩放工具则用于调整时间轴单位的显示比例，按下［Alt］键，可以在放大和缩小模式间切换。

（8）文字工具组 ![T] 包含了文字工具和垂直文字工具。左键长按工具按钮可以弹出工具菜单，用于添加水平文字或垂直文字。

9.3 Premiere 2020 基础操作

9.3.1 素材的导入

1. 支持导入的类型

Premiere 2020 支持多种格式的素材：

（1）图像格式的素材 包括 PSD、JPEG、PNG、BMP、TIFF 等。

（2）视频格式的素材 包括 MPEG、AVI、MOV、WMV 等。

（3）音频格式的素材　包括 WAV、MP3、WMA 等。

2. 如何导入素材

首先创建好一个项目或者打开一个已有的项目文件，导入素材的方法有如下几种：

● "文件"菜单栏→"导入"命令（快捷键[Ctrl]+[I]）。

● 在"项目"面板素材列表区空白处双击鼠标。

● "项目"面板素材列表区右键快捷菜单选择"导入"命令。

在导入 PSD 格式的素材时，一般有合并图层和单层导入两类选择，其中"合并所有图层"或"合并图层"会把所有或所勾选的图层合并成一个图像后导入，"各个图层"则可以导入已选择的某个具体图层，如图 9-26 所示。

3. 设置图像素材的时间长度

导入图像素材需要自定义图像素材的时间长度，可以保证项目文件导入的图像素材保持相同的播放长度。默认情况下，图像素材的时间长度为 5 s，如果要修改默认的时间长度，可以通过以下方法操作：

● "编辑"菜单→"首选项"→"时间轴"，在"静止图像默认持续时间"输入图像素材的默认时间长度（单位为秒或帧），注意：持续时间＝静止图像默认持续时间÷帧速率，如图 9-27 所示。

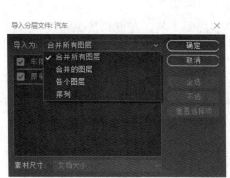

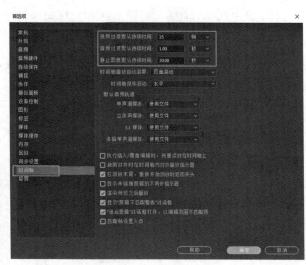

图 9-26　导入 PSD 格式素材的对话框

图 9-27　"首选项"对话框

图 9-28　"素材速度/持续时间"对话框

● 对于已导入到"项目"面板的图像素材，如果要修改其播放长度，选中该图像单击右键菜单，选择"速度/持续时间"命令，接着在弹出的"素材速度/持续时间"对话框中设置，如图 9-28 所示。

9.3.2　素材的编辑

1. 添加和删除轨道

一般项目创建时默认有 3 个视频轨道和音频轨道，如果实际

编辑中需要用到更多的轨道,添加轨道的方法有两种:

- 在"时间线"面板中,左侧控制面板中单击右键快捷菜单,如图 9-29 所示,单击"添加轨道"命令,会弹出如图 9-30 的"添加视音轨"对话框。

图 9-29　控制面板的右键快捷菜单　　图 9-30　"添加轨道"对话框

- 在"序列"菜单栏中,选择"添加轨道"命令,如图 9-31 所示,同样会弹出"添加轨道"对话框。

同样,通过以上两种方法可以"删除轨道",弹出如图 9-32 所示"删除轨道"对话框。

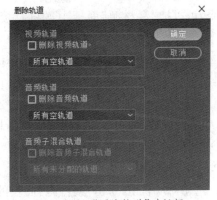

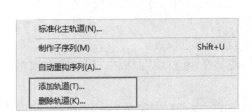

图 9-31　"序列"菜单栏中的"添加轨道"命令　　图 9-32　"删除轨道"对话框

2. 添加素材到"时间线面板"

编辑操作之前,首先需要将素材添加到"时间线"面板中,具体操作如下:在"项目"面板中选择要导入的素材,然后按住鼠标左键,将该文件拖动到"时间线"面板的"视频1"轨道上的第0帧。此时,监视器窗口"节目"面板中将显示相关素材的第1帧的画面。

3. 修改素材的播放速率

修改对视频或音频素材的播放速率,可以产生快速或慢速播放的效果。修改素材的播放速率有两种方法:

- 使用前面介绍"工具"面板中的比率拉伸工具,不改变素材内容长度,改变素材播放的时间长度,达到改变片段播放速度的效果(即俗称的快放和慢放)。

● 选中素材,在右键快捷菜单中单击"速度/持续时间"命令→设置。

4. 设置素材的入点和出点

在制作影片时不一定要完整使用导入到项目窗口中的视频或者音频素材,往往只需要用到其中的片段,这时就需要剪辑。为素材设置入点与出点,可以从素材中截取需要的片段。

(1) 在"源"监视器面板中设置素材的入点和出点

① 在"项目"面板中双击一个素材,此时在"源"面板中会显示该素材。

② 拖动时间线滑块到需要截取素材的开始位置,单击 ▮ (标记入点)按钮,即可确定素材的入点。

③ 拖动时间线滑块到需要截取素材的结束位置,单击 ▮ (标记出点)按钮,即可确定素材的出点。

(2) 在"时间线"面板中设置素材的入点和出点

① 在"时间线"面板中将时间滑块移动到需要设置素材入点的位置,然后将鼠标指针移动到素材的开头,当鼠标指针变为 ▶| 时,按下鼠标左键向右拖动素材到时间线位置,即可完成素材入点的设置。

② 同理,将时间滑块移动到需要设置素材出点的位置,再将素材的结束处向左侧拖动,即可完成素材出点的位置。

5. 插入和覆盖素材

在"源"监视器面板中,通过 ▣ 插入和 ▣ 覆盖工具,或者右键菜单中的"插入"和"覆盖"命令,可以把"素材源"面板中素材直接置入"时间线"面板中的指定位置,如图 9 - 33 所示。

(1) 插入素材 使用 ▣ (插入)工具插入新素材时,要插入的时间位置后的素材都会向后推移。如果要插入的新素材的位置位于一段素材之中,则新素材会将原素材分为两段,原素材的后半部分向后推移,接在新素材之后。

① 在"时间线"面板中通过时间码或滑块确定插入点位置。

② 把"项目"面板的素材拖动或双击素材,使其在"素材源"面板中打开,确定素材的入点和出点。

③ 选中对应轨道,单击"素材源"面板的按钮 ▣ 或右击菜单"插入"命令,即可将素材插入到"时间线"面板中要插入素材的位置(其余素材全部向后推移)。

(2) 覆盖素材 使用 ▣ (覆盖)工具插入新素材时,插入的时间位置后的素材将被新插入的素材所覆盖。

① 在"时间线"面板中通过时间码或滑块确定插入点位置。

② 把"项目"面板的素材拖动或双击素材,使其在"素材源"面板中打开,确定素材的入点和出点。

③ 选中对应轨道,单击"素材源"面板的按钮 ▣ 或右击菜单"覆盖"命令,即可将素材插入到"时间线"面板中要插入素材的位置。

6. 提升和提取素材

在"节目"监视器面板中,通过 ▣ (提升)和 ▣ (提取)工具或者右键菜单中的"提升"

"提取"命令,可以在"时间线"面板中的指定轨道上删除指定的一段素材,如图 9-34 所示。

图 9-33 "素材源"面板的"插入"与"覆盖"   图 9-34 "节目"面板的"提升"与"提取"

（1）提升素材 只会删除目标轨道上选定范围的素材片段,对前后素材及其他轨道上的素材位置不会产生影响。

① 在"节目"面板中为素材设置入点和出点,确定欲删除的素材范围。

② 在"时间线"面板上选定提取素材的目标轨道。

③ 在"节目"面板中,单击 工具按钮或右击菜单"提升"命令,即可将选定范围之间的素材删除,删除后的区域显示为空白。

（2）提取素材 与提升素材不同的是,提取素材不但删除目标轨道上选定范围的素材片段,还会将其后的素材前移,填补空缺。

① 在"节目"面板中为素材设置入点和出点,确定欲删除的素材范围。

② 在"时间线"面板上选定提取素材的目标轨道。

③ 在"节目"面板中,单击 工具按钮或右击菜单"提升"命令,即可将选定范围之间的素材删除,其后的素材前移,填补空缺。

7. 分离和链接音视频

在编辑影片时,经常需要将"时间线"面板素材中的视频、音频分离,或者将各自独立的视频、音频链接在一起,作为一个整体调整。在"时间线"面板选中相应的素材,如果要分离素材,单击右键菜单中的"取消链接"命令;如果是链接素材,单击右键菜单中的"链接"命令,如图 9-35 所示。

图 9-35 实现音视频素材的链接

9.4 创建 Premiere 新元素

在"文件"菜单栏的"新建"子菜单中,如图 9-36 所示,或者"项目"面板右键菜单的"新建项目"中,如图9-37所示,或"项目"面板右下角的"新建项"按钮,可以创建如序列、黑场、通用倒计时片头等新的实用素材。

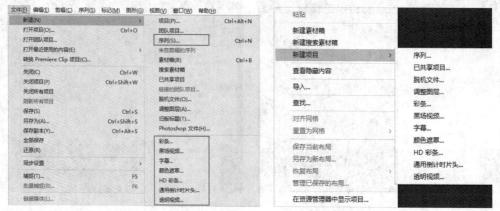

图9-36 "文件"菜单栏的"新建"子菜单 　　　图9-37 "项目"面板的"新建项目"右键菜单

1. 新建时间线序列

添加新的时间线序列,例如用于时间线嵌套,可以通过以下方法:

● "文件"菜单栏的"新建"子菜单中,单击"序列"命令,弹出"新建序列"对话框,如图9-38所示,设置后确定即可。

图9-38 "新建序列"对话框

● "项目"面板中右击菜单的"新建项目"或"项目"面板右下角的"新建项"按钮中,单击"序列"命令,在弹出的"新建序列"对话框设置并创建。

2. 彩条和黑场

(1) 彩条　一段带音频的彩条视频图像,也就是电视机上在正式转播节目前显示的彩虹条,多用于颜色的校对,其音频是持续的"嘟"音,如图9-39所示。

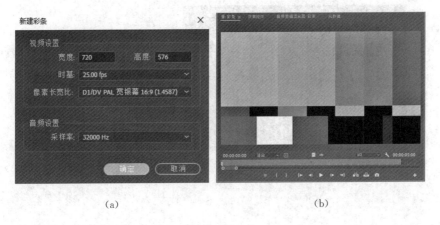

(a)   (b)

图9-39 "新建彩条"对话框及其预览效果

(2)黑场 黑场视频是一段黑屏画面的视频素材,通常用于影片的开头或结尾,默认时间长度与默认的静止图像持续时间相同,如图9-40所示。

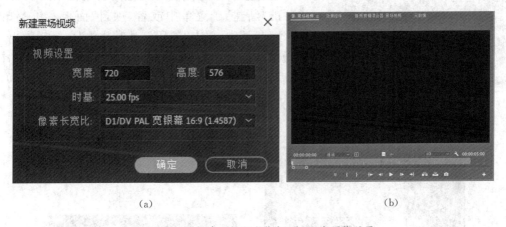

(a)   (b)

图9-40 "新建黑场视频"对话框及其预览效果

3. 颜色遮罩

颜色遮罩跟黑场视频类似,相当于单一颜色的图像,不过黑场视频无法设置颜色,而彩色蒙板可以根据需求选取颜色,一般用于背景色彩图像,或设置不透明度参数及图像混合模式,对下层视频轨道中的图像应用颜色遮罩效果。

创建方法与其他素材类似,单击"彩色蒙版"命令后弹出"新建颜色遮罩"对话框,如图9-41所示,设置好颜色信息和颜色遮罩名称,如图9-42所示。

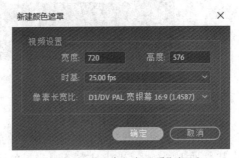

图9-41 "新建颜色遮罩"对话框

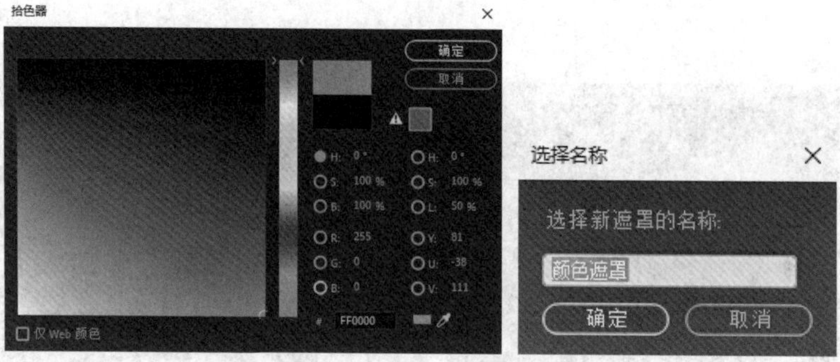

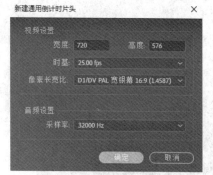

图 9-42　设置"颜色遮罩"的颜色和名称

4. 通用倒计时片头

通用倒计时片头是一段倒计时的视频素材，常用作影片的开头，可以快速地创建倒计时片头，还可以随时调整参数。创建方法与其他素材类似，在"文件"菜单栏的"新建"子菜单中或者"项目"面板右键菜单的"新建项目"中，单击"通用倒计时片头"命令后弹出"新建通用倒计时片头"对话框，如图 9-43 所示，单击【确定】后进入"通用倒计时设置"对话框，设置参数，如图 9-44 所示。

图 9-43　"新建通用倒计时片头"对话框

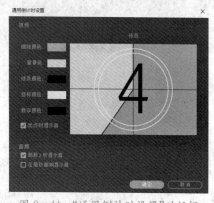

图 9-44　"通用倒计时设置"对话框

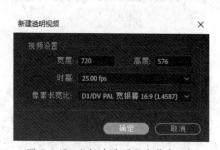

图 9-45　"新建透明视频"对话框

5. 透明视频

透明视频是不含音频的透明画面的素材，相当于透明的图像文件，可用于时间占位或为其添加视频效果，生成具有透明背景的图像内容，或者编辑动画效果，如图 9-45 所示。

9.5 关键帧动画

关键帧是 Premiere 2020 中极为重要的一个概念,用来标注某个时间节点的状态,包括运动、透明、特效等属性,也可以理解为时间上的特定点,在该点上可以运用不同的效果。

在添加关键帧时,会自动在两关键帧之间设置线性变化的参数,从而获得流畅的画面播放效果,这个过程称为插补。通常情况下,只需在一个片段上设置几个关键帧就可以控制整个片段的动画效果。

9.5.1 关键帧操作

1. 添加关键帧

① 在"时间线"面板中选择要编辑的素材,进入"效果控件"面板,如图 9-46 所示,此时选择的是"壁纸 1.jpg"。

② 展开"运动"选项,将时间滑块移动到需要添加关键帧的位置或者直接输入时间码定位,单击相关特性左侧的按钮 ⏱(以"缩放"为例),即可在当前时间编辑位置添加一个关键帧,如图 9-47 所示。一般在第一次激活该特性的关键帧功能时这样操作。

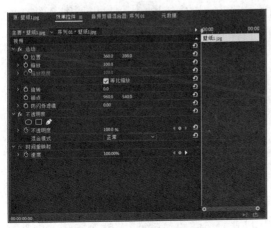

图 9-46 "效果控件"面板

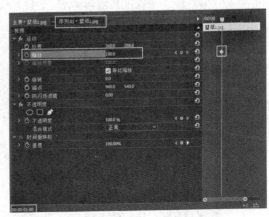

图 9-47 添加"缩放"的关键帧

③ 移动时间滑块到下一个要添加关键帧的位置,调整参数会自动在当前位置上添加一个新的关键帧,或者单击 ◀ ◇ ▶(添加/删除关键帧)按钮,手动添加一个关键帧,如图 9-48 所示。

2. 查看关键帧、移动关键帧

(1)查看关键帧 在"效果控件"面板查看;也可以在"时间线"面板上,右键对应素材,通过"显示剪辑关键帧"查看对应特性(这里查看"运动"→"缩放"这个特性)的情况,如图 9-49 所示。

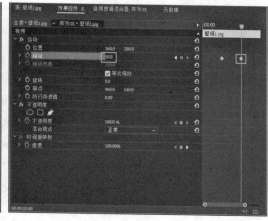

(a)   (b)

图 9 - 48　添加一个关键帧

（2）**移动关键帧**　单击要选择的关键帧，按住鼠标，将关键帧拖动到适当位置。

3. 删除关键帧

（1）**删除某一个关键帧**　选中欲删除的关键帧，直接按[Delete]键删除。

（2）**删除某一特性所有的关键帧**　单击相关特性左侧的按钮，会弹出如图 9 - 50 所示的警告提示框，单击【确定】即可删除该特性上所有的关键帧。

图 9 - 49　在"时间线"面板上显示关键帧

图 9 - 50　警告提示框

4. 剪切、复制和粘贴关键帧

① 复制"壁纸 1.jpg"的关键帧。选择要"剪切"或"复制"的关键帧，右键快捷菜单中选择相应命令，如图 9 - 51 所示。

② 在原有的素材或者在"时间线"面板中选择其他素材，如"壁纸 2.jpg"，移动时间滑块到要粘贴关键帧的位置。在右键快捷菜单中选择"粘贴"命令，如图 9 - 52 所示，把"壁纸 1.jpg"的关键帧粘贴到"壁纸 2.jpg"中去。

9.5.2　运动效果

随着时间，位置、大小、旋转角度等属性也在不断改变，这种非静止的效果称为运动效果。对轨道上的素材添加运动效果，选中"时间线"面板上的素材，在"效果控件"中展开"运动"选项，可以看到运动效果的相关参数，主要分为"位置"运动、"缩放"运动、"旋转"运动和"锚点"运动。

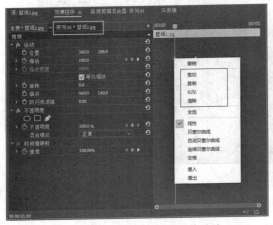

图 9-51 "剪切"或"复制"关键帧

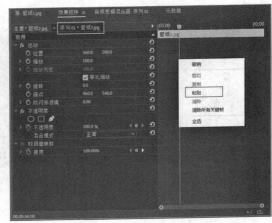

图 9-52 粘贴关键帧操作

1. "位置"运动效果

① 在"时间线"面板中选择要添加"位置"运动的素材("悟空. jpg"),并在"效果控件"面板中展开"运动"选项,设置素材位置为(100,288),缩放为30,如图 9-53 所示。

② 将时间滑块移动素材开始的位置,单击"位置"特性左侧的按钮 ,此时"位置"特性的关键帧被激活,显示为 ,在当前位置(00:00:00:00)添加了一个初始关键帧,如图 9-54 所示。

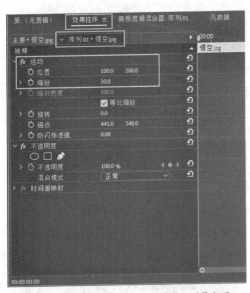

图 9-53 "效果控件"面板的"运动"选项

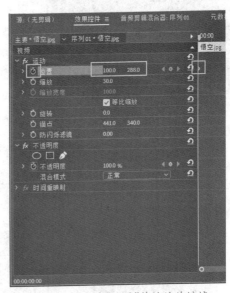

图 9-54 创建"位置"特性的关键帧

③ 移动时间滑块到下一个要添加"位置"关键帧的位置(00:00:03:00),"位置"坐标参数修改为(500,288),自动创建一个关键帧,或者直接单击选中"运动"选项后(该素材对象会出现控制柄),直接在"节目"面板拖动素材对象,创建一个新的关键帧,如图 9-55 所示。

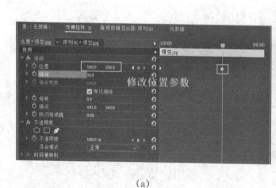
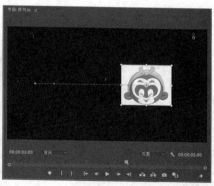

(a)　　　　　　　　　　　　　　　　(b)

图 9-55　在 00:00:03:00 创建新的关键帧

图 9-56　创建"缩放"特性的关键帧

④ 在"节目"面板中单击播放按钮,即可看到素材从左往右运动的效果。

2. "缩放"运动效果

① 在"时间线"面板中选择要添加"缩放"运动的素材("悟空. jpg"),并在"效果控件"面板中展开"运动"选项。

② 将时间滑块移动素材开始的位置,单击"缩放"特性左侧的按钮 ⏱ ,激活其关键帧功能,显示为 ⏱ ,并在当前位置(00:00:00:00)添加一个关键帧,保持原有数值30,如图 9-56 所示。

③ 移动时间滑块到下一个要添加"缩放"关键帧的位置(00:00:03:00),修改"缩放"右侧参数(从 30 改为 60),自动创建一个关键帧,在"节目"面板中可以看到素材大小发生了变化,如图 9-57 所示。

(a)　　　　　　　　　　　　　　　　(b)

图 9-57　通过调整参数创建新的关键帧

④ 在"节目"面板中单击播放按钮,即可看到素材从左到右,同时从小变大的效果。

9.5.3　透明效果

降低素材的不透明度可以使画面呈现透明或半透明效果,方便各素材之间的混合处理。也可以通过添加关键帧的形式,使素材产生淡入或淡出的效果。可以通过"效果控件"面板来实现素材的透明效果。

① 在"时间线"面板中选择要添加透明效果的素材("悟空.jpg"),并在"效果控件"面板中展开"不透明度"选项,如图9-58所示。

② 将时间滑块移动素材开始的位置,在当前位置(00:00:00:00)修改"不透明度"参数为10,自动添加了一个关键帧,此时"节目"面板中素材变得有些透明,如图9-59所示。

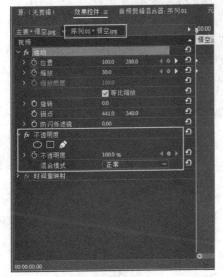

图9-58　"效果控件"面板的"不透明度"选项

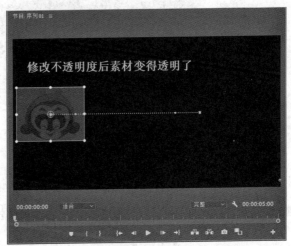

图9-59　创建"不透明度"特性的关键帧

③ 移动时间滑块到下一个要添加"透明度"关键帧的位置(移动到00:00:03:00位置),修改"不透明度"右侧参数(从10改为100),自动创建一个关键帧。

④ 在"节目"面板中单击播放按钮,即可看到素材从透明逐渐变不透明的效果。

9.5.4　特效关键帧

在应用视频特效或者音频特效时,一般会在"效果控件"中设置特效的参数。而关键帧同样可以应用在这些特效之中,通过这些关键帧来控制一定时间范围的音视频剪辑,从而控制视频特效或音频特效。

选中该素材后,添加应用"裁剪"特效,在"效果控件"中设置特效的参数,如图9-60所示。类似前面的"运动"效果,可以针对该特效中的参数进行关键帧的设置,如图9-61所示,使特效在关键帧间产生变化。

图 9-60 "效果控件"面板中设置特效参数

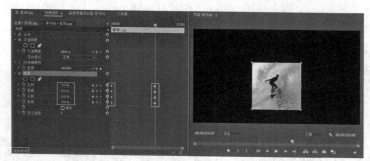

图 9-61 特效关键帧的应用

案例 1 关键帧动画应用。

① 启动 Premiere 2020 软件,单击"新建项目"按钮,设置项目名称和存储位置("Keep Calm"),如图 9-62 所示。然后通过"文件"→"新建"或"项目"面板创建一个序列,进入"新建序列"对话框。可以在"序列预设"中选定已有模块,或者在"设置"里自定义参数,如图 9-63,这里选择"DV PAL"中的"宽屏 32 kHz"。

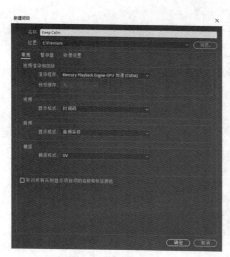

图 9-62 新建项目

图 9-63 新建序列

② 在"项目"面板通过右键菜单的"导入"或者双击空白区域,导入需要用到的素材"Calm1.jpg""Calm2.jpg""Calm3.jpg""Calm4.jpg",如图 9 - 64 所示。"编辑"→"首选项"→"时间轴"中的"静止图像默认持续时间"为 5 秒。

③ 在"项目"面板中把"Calm1.jpg"素材拖到"时间线面板"中的"视频 1"轨道上,靠最左侧吸附贴边,如图 9 - 65 所示。

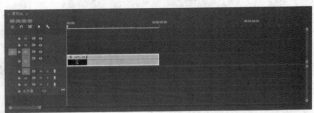

图 9 - 64　导入素材　　　　图 9 - 65　把素材"Calm1.jpg"拖入"时间线"面板

④ 选中"时间线面板"的"Calm1.jpg"素材,打开"效果控件"面板,展开"运动"选项,设置"位置"参数为(1200,288),"缩放比例"参数为 50,如图 9 - 66 所示。然后激活"位置"特性的关键帧功能,自动添加一个关键帧,如图 9 - 67 所示。

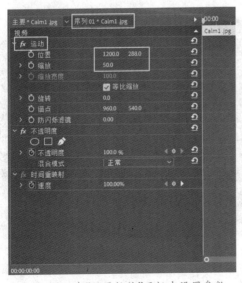

图 9 - 66　在"效果控件"面板中设置参数　　　图 9 - 67　激活"位置"关键帧功能

⑤ 移动时间滑块或者通过输入时间码快速定位到 00:00:02:00,修改"位置"特性参数为(360,288),自动添加了一个关键帧(实现素材从窗口右侧移到窗口中间的效果),同时激活

"缩放"的关键帧功能,如图9-68所示。

⑥ 移动时间滑块或者通过输入时间码快速定位到00:00:03:00,单击"位置"特性的
■(添加/移除关键帧)按钮,手动添加一个关键帧,同时修改"缩放"特性参数为27.5,自动
添加了一个关键帧(实现素材缩放变小的效果),并激活"旋转"特性的关键帧功能,如图
9-69所示。

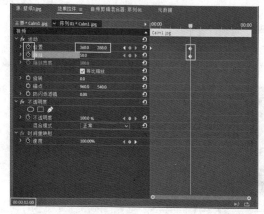

图9-68 定位00:00:02:00后添加关键帧

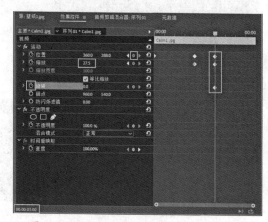

图9-69 定位00:00:03:00后添加关键帧

⑦ 移动时间滑块到素材最后一帧00:00:04:24,修改"位置"特性参数为(180,144),修改
"旋转"特性参数为360°,自动添加对应的关键帧(实现素材从窗口中间移动到窗口左上角,
并伴随着顺时针旋转一周的效果),如图9-70所示。

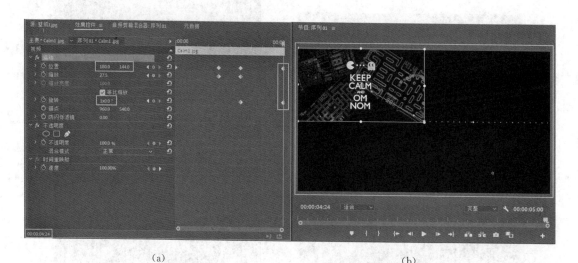

(a)   (b)

图9-70 定位00:00:04:24添加关键帧及其预览效果

⑧ 把其他3个素材"Calm2.jpg""Calm3.jpg""Calm4.jpg"依次添加到"时间线"面板中
的视频2~4轨道上,前后对齐(会出现黑色的辅助线)。其中,"Calm4.jpg"拖动到"视频3"
轨道上方,释放鼠标后会自动添加一条新的"视频4"轨道,如图9-71所示。

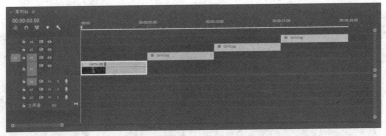

图 9-71　添加其余 3 个素材到"时间线"面板中

⑨ 选中"时间线"面板中的"Calm1.jpg"素材,在"效果控件"面板中,右击"运动"选项,右键菜单中选择"复制"命令,如图 9-73 所示。选择"Calm2.jpg"素材,在其"效果控件"面板中右键菜单中选择"粘贴"命令,如图 9-73 所示,即可把"Calm1.jpg"的参数和关键帧复制应用到"Calm2.jpg"素材。

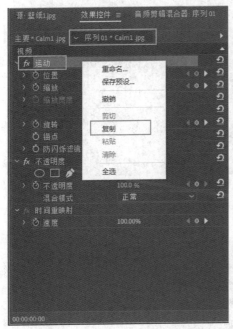

图 9-72　复制"Calm1.jpg"的参数

图 9-73　"Calm2.jpg"上粘贴应用

⑩ "Calm3.jpg"和"Calm4.jpg"素材也进行类似操作。把"Calm2.jpg"素材的"位置"特性最后一个关键帧参数修改为(540,144),"旋转"特性最后一个关键帧参数修改为-360°(从窗口中间移动到窗口右上角,并逆时针旋转一周);"Calm3.jpg"素材的"位置"特性最后一个关键帧参数修改为(180,432)(从窗口中间移动到窗口左下角,并顺时针旋转一周);"Calm4.jpg"素材的"位置"特性最后一个关键帧参数修改为(540,432),"旋转"特性最后一个关键帧参数修改为-360°(从窗口中间移动到窗口右下角,并逆时针旋转一周),如图 9-74 所示。

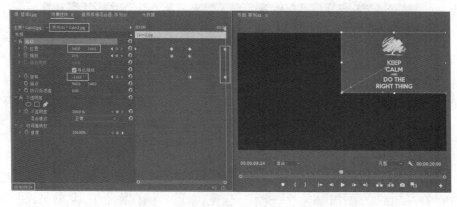

(a)

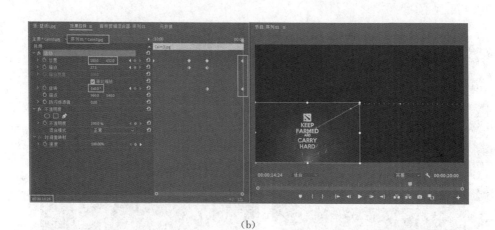

(b)

(c)

图 9-74 其余 3 个素材的参数设置及其预览效果

⑪ 在"时间线"面板中,把鼠标移动到"Calm1.jpg"素材的末位,当鼠标变成┫时,拖动鼠标直至对齐"Calm4.jpg"素材的末尾(会出现辅助对齐线),"Calm2.jpg"和"Calm3.jpg"素材

也是类似操作,使得4个素材的结束时间都是00:00:19:24,如图9-75所示,以及结束时的预览画面,如图9-76所示。

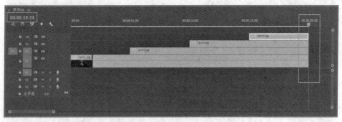

图9-75 统一4个素材的结束时间

图9-76 结束时的预览画面

9.6 视频过渡特效

切换效果在电影中叫做转场或镜头切换,它标志着一段视频的结束,另一端视频紧接着开始。最常见的转场方式是两个素材之间的直接转换,即从一个素材到另一个素材的直接转换。但为了实现场景或情节间的平滑过渡,一般会在相邻素材间采用一定的技巧如划像、擦除等,这样的技巧就是过渡特效。

过渡特效应用于相邻素材之间,也可以应用于同一段素材的开始与结尾。视频过渡特效在"效果"面板的"视频过渡"文件夹中,共有8组,如图9-77所示。

1. 设置"视频切换默认持续时间"

在添加视频过渡特效之前,可以设置"视频过渡默认持续时间",对后续添加的视频过渡特效时间进行统一。其设置方法和"静止图像默认持续时间"一样,单击"编辑"菜单的"首选

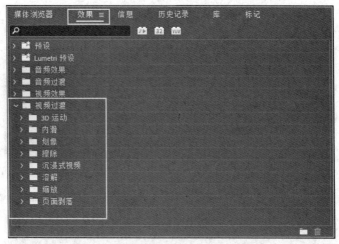

图 9-77 "效果"面板的"视频过渡"文件夹

项"子菜单的"时间轴"命令,打开"首选项"对话框,如图 9-78 所示。

图 9-78 "首选项"对话框

2. 给素材添加视频过渡特效

① 先把素材导入"项目"面板,选择"壁纸 1. jpg"和"壁纸 2. jpg",导入,并拖到"时间线"面板上的视频轨道上,首尾相接。

② 打开"效果"面板,展开"视频过渡"文件夹,选择需要应用的过渡特效("划像"中的"交叉划像"),单击拖动到"时间线"面板的"壁纸 1. jpg"和"壁纸 2. jpg"之间,如图 9-79 所示。

把切换效果拖动到两素材之间有 3 种情况:

● 当出现╝标记时,表示将在前面素材的结束位置添加过渡特效。

● 当出现╬标记时,表示将在两个素材之间添加过渡特效。

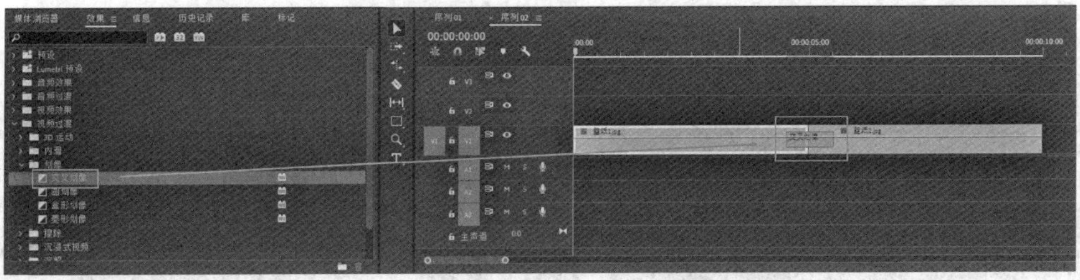

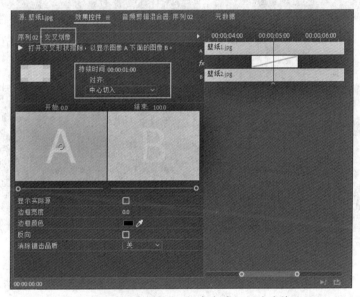

图 9-79　添加"交叉划像"视频过渡特效

● 当出现 ╱ 标记时,表示将在后面素材的开始位置添加过渡特效。

3. 修改视频过渡特效的设置

在"时间线"面板中单击选择已添加到素材的过渡特效,在"效果控件"面板中可以查看和修改当前过渡特效的参数,包括持续时间、对齐等参数,如图 9-80 所示。

图 9-80　"效果控件"面板中查看视频过渡特效

案例 2　　视频过渡应用案例之四季变换。

① 启动 Premiere 2020 软件,单击"新建项目"按钮,设置项目名称和存储位置(这里命名为"四季变换"),如图 9-81 所示。通过"文件"→"新建"或"项目"面板,创建一个序列,进入"新建序列"对话框。可以在"序列预设"中选定已有模块,或者在"设置"里自定义参数。这里选择"DV PAL"中的"宽屏 32 kHz"。

② 在"项目"面板通过右键菜单的"导入"或者双击空白区域,导入需要用到的素材"春分.jpg""夏至.jpg""秋分.jpg""冬至.jpg",如图 9-82 所示。

③ 在"项目"面板中依次把 4 个素材拖到"时间线面板"中序列 01 的"视频 1"轨道上,首尾相接,如图 9-83 所示。

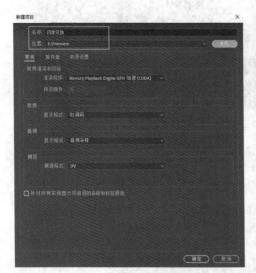

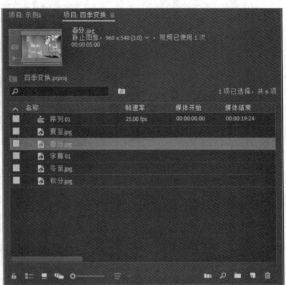

图9-81　新建项目　　　　　　　　　　　　　图9-82　导入素材

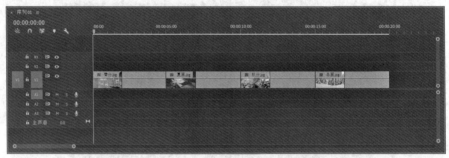

图9-83　把4个素材添加到"时间线"面板中

④ 在"效果"面板中的"视频过渡"文件夹中选择一种过渡特效,将其拖动到"春分"和"夏至"素材间("交叉划像"),如图9-84所示。

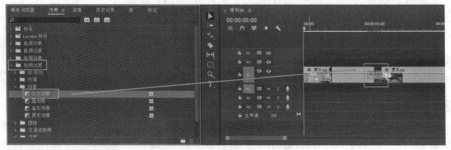

图9-84　添加视频过渡特效

⑤ 在"效果"面板中左上方的搜索框输入"渐变擦除",搜索,将其拖动应用到"夏至"和

"秋分"素材之间,会弹出如图9-85所示对话框。通过"选择图像"可以自定义过渡特效,然后,点选"螺旋形灰度图",如图9-86所示。

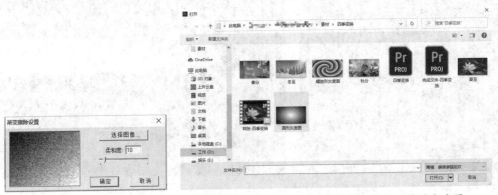

图9-85　渐变擦除对话框　　　　图9-86　选择用于自定义渐变擦除效果的灰度图

⑥ 类似地应用"渐变擦除"过渡特效于"秋分"和"冬至"素材之间,其中"选择图像"右点击选择"圆形灰度图",两者预览效果如图9-87和图9-88所示。

图9-87　"夏至"和"秋分"素材过渡特效　　　图9-88　"秋分"和"冬至"素材过渡特效

⑦ 最后,给画面中添加一个字幕。单击"文件"→"新建"→"字幕"命令,或者"项目"面板中右键菜单中"新建项目"→"字幕",弹出"新建字幕"对话框,标准类型选择"开放式字幕",如图9-89所示。

⑧ "项目"面板中选择刚创建好的开放式字幕,在"字幕"面板中,把字幕文本内容修改为"四季变换",如图9-90所示。

⑨ 进一步修改字幕属性参数,把"字体"改为"楷体","字体大小"改为50,"背景颜色"的"不透明度"改为0%,如图9-91所示。

⑩ 从"项目"面板中把开放式字幕对象拖到"时间线"面板的"V2"视频轨道上,鼠标移动到其末尾当图标变成┥时,拖至与"V1"轨道所有素材等长(两次操作,一次延长字幕,一次延长字幕文本),如图9-92所示。最后单击"节目"面板的播放按钮预览,如图9-93所示。

計算机办公应用进阶教程

320

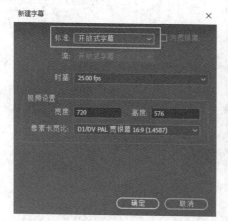

图 9-89 "新建字幕"对话框

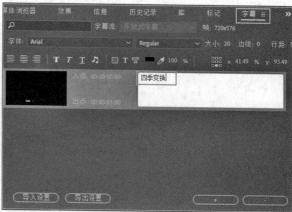

图 9-90 在"字幕"面板中编辑字幕文本内容

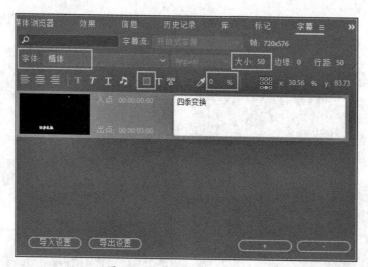

图 9-91 修改字幕的属性参数

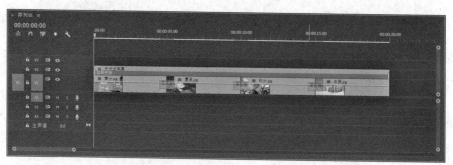

图 9-92 把字幕添加到"时间线"面板并拖动"延长"

图 9-93　通过"节目"面板进行播放预览　　　　图 9-94　"效果"面板的"视频效果"文件夹

9.7 视频特效

Premiere 2020 中提供了大量的视频效果,用于改变或增强视频画面的效果。应用视频特效,可以使图像产生扭曲、模糊、变色、构造以及其他视频效果,增强了影片的吸引力。

视频特效一般应用在图像素材或者视频素材上。Premiere 2020 的视频特效在"效果"面板的"视频效果"文件夹中,共有 18 组,如图 9-94 所示。

9.7.1　添加视频特效

1. 给素材添加视频特效

① 通过"文件"菜单的"导入"命令,或者在"项目"面板双击空白区域,导入素材,然后将其拖入到"时间线"面板中,如图 9-95 所示。

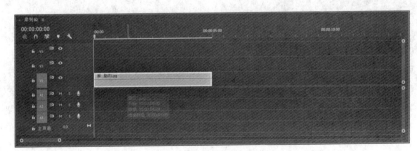

图 9-95　导入素材并添加到"时间线"面板

② 选择"效果"面板,展开"视频效果"文件夹,选择需要调用的视频特效。也可以在上方搜索框中直接搜索。这里选择"扭曲"中的"波形变形",将该视频特效拖到序列"壁纸 1.jpg"

素材上。

③ 应用视频特效后,选中该素材即可在"效果控件"面板中查看该素材的特效,在"节目"面板中可以预览特效效果,如图9-96所示。

图9-96 查看"效果控件"面板和预览效果

2. 改变视频特效的设置

① 在"时间线"面板中,选择要调整视频特效参数的素材,然后打开"效果控件"面板,展开要调整参数的特效。前面在"壁纸1.jpg"素材上应用了"波形变形"的特效,如图9-97所示。

② 不同的特效对应不同的属性参数,可以根据需求编辑其属性参数。针对视频特效的属性,也能启用关键帧功能,使其在一定时间关键帧之间呈现线性变化的过程,创建方法跟之前的关键帧动画类似,单击按钮 即可启动对应属性的关键帧功能,如图9-98所示。

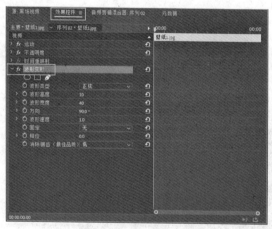

图9-97 "波形扭曲"特效

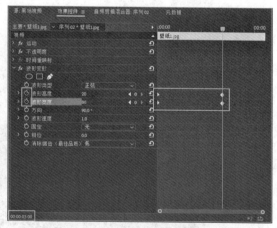

图9-98 创建视频特效的关键帧

③ 如果想重置该特效的所有参数设置,恢复成默认参数,可以单击按钮 。在编辑过程中想临时取消某个视频特效的显示,单击该特效前面的按钮 fx ,即可取消该视频特效的显示。

322

3. 视频特效的基本操作

（1）剪切/复制/粘贴特效　选中要剪切/复制特效的素材（壁纸 1），打开"效果控件"面板，单击要复制的特效，在右键菜单中选择"剪切"或"复制"命令，如图 9 - 99 所示。然后选择要粘贴特效的素材（壁纸 2），在其"效果控件"面板中选择"粘贴"命令，如图 9 - 100 所示。

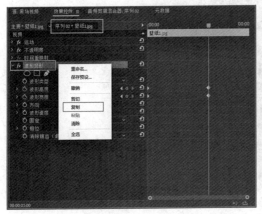

图 9 - 99　剪切/复制视频特效"波形变形"

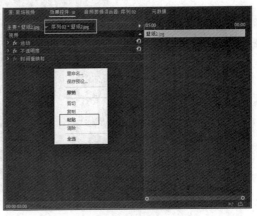

图 9 - 100　粘贴视频特效"波形变形"

（2）删除特效　直接在"效果控件"面板中选中该视频特效后，按［Delete］键即可删除；或选中该视频特效后，在其右键菜单中选中"清除"命令也可以达到删除特效的目的。

案例 3　视频特效应用案例之局部马赛克。

① 启动 Premiere 2020 软件，单击"新建项目"按钮，设置项目名称和存储位置（这里命名为"局部马赛克"），如图 9 - 101 所示。然后通过"文件"→"新建"或在"项目"面板中创建一个序列，进入"新建序列"对话框。可以在"序列预设"中选定已有模块，或者在"设置"里自定义参数，这里选择"DV PAL"中的"标准 32 kHz"。

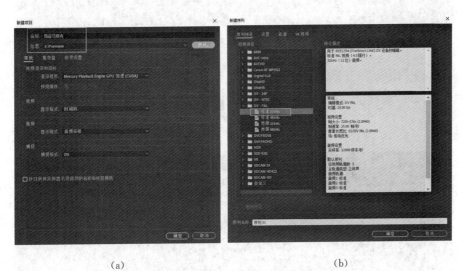

(a)　　　　　　　　　　　　　(b)

图 9 - 101　新建项目和序列

② 通过"文件"菜单栏的"导入"命令，或者在"项目"面板通过右键菜单的"导入"，或者双击空白区域，导入需要用到的素材"人物.avi"，如图 9-102 所示。

图 9-102 导入视频素材

③ 从"项目"面板中把"人物"素材拖到"时间线面板"中的"V1"和"V2"视频轨道上，其中"V1"作为背景轨道，"V2"作为编辑轨道，如图 9-103 所示。

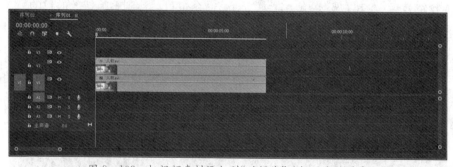

图 9-103 把视频素材添加到"时间线"面板两个轨道中

④ 在"效果"面板"视频效果"的"变换"文件夹中选择"裁剪"特效，将其拖动应用到"V2"轨道的"人物.avi"素材上，并单击"V1"轨道的 👁，暂时取消输出轨道画面，如图 9-104所示。

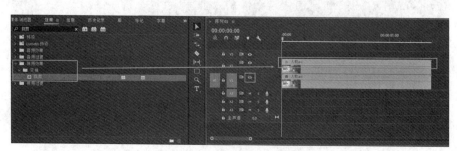

图 9-104 在 V2 视频轨道素材上应用"裁剪"视频特效

⑤ 在"时间线"面板中单击 V2 视频轨道的"人物.avi"素材,打开"效果控件"面板,展开"裁剪"特效选项,启动其"左侧""顶部""右侧""底部"的关键帧功能,自动在 00:00:00:00 处添加了关键帧,如图 9-105 所示。

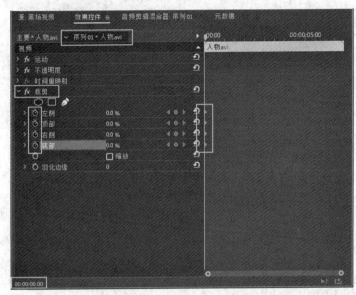

图 9-105 "裁剪"特效启用关键帧功能

⑥ 修改"左侧""顶部""右侧""底部"属性的参数,可以直接修改或者通过鼠标悬浮左右拖动,使得"节目"面板中的画面"裁剪"到只保留人物头部区域,如图 9-106 所示。

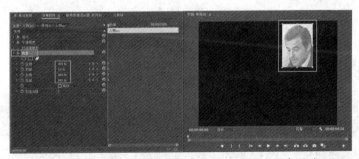

图 9-106 修改"裁剪"特效参数,只保留人物头部区域

⑦ 移动时间滑块,并注意观察"节目"面板中的画面,当人物头部偏离"裁剪"区域时,修改"左侧""顶部""右侧""底部"属性的参数进行校准,会生成一组新的关键帧,如图 9-107所示。

⑧ 继续移动时间滑块,观察画面并调整参数,一直到素材结束,每个节点对应一组关键帧。这里一共创建了 5 组关键帧,在"节目"面板中可以预览,如图 9-108 所示。

⑨ 在"时间线"面板中重新单击"V1"视频轨道的切换轨道输出按钮 使其输出显示,然后在"效果"面板"视频效果"的"风格化"文件夹中选择"马赛克"特效,将其拖动到"V2"视频轨道的"人物.avi"素材上,如图 9-109 所示。

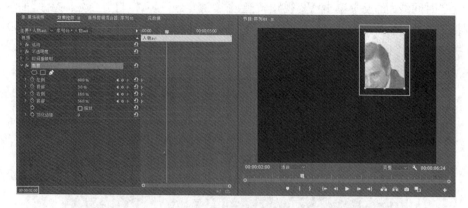

（a）校准前

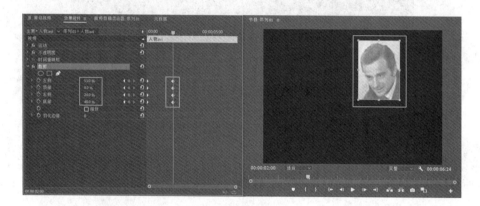

（b）校准后

图 9-107　移动时间滑块，并校准特效参数

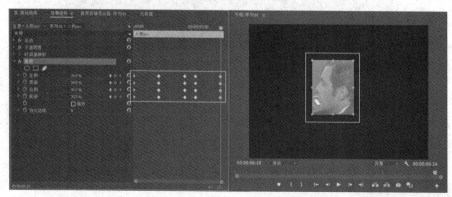

图 9-108　继续移动时间滑块并调整参数

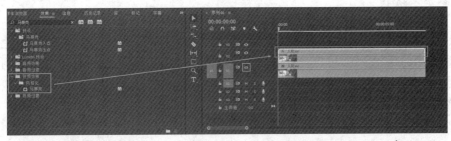

图 9 - 109　在 V2 视频轨道素材应用"马赛克"特效

⑩ 选中 V2 视频轨道的"人物. avi"素材,打开"效果控件"面板,展开"马赛克"特效选项,修改"水平块"和"垂直块"参数均为 30,最后在"节目"面板中播放预览,如图 9 - 110 所示。

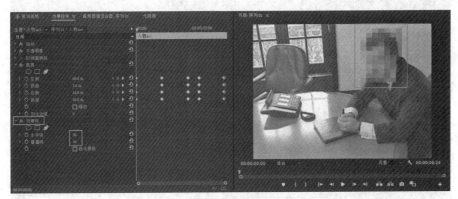

图 9 - 110　修改"马赛克"特效参数

9.7.2　特殊的视频特效类别——键控类特效

有一类特殊的视频特效称为键控类特效,可以帮助我们实现叠加抠像的效果。主要是将不同的对象合成到一个场景中,可以操作动态的视频,也可以操作静态的图像。

键控又称为抠像,是使图像的某一部分透明,将所选颜色或亮度从画面中去除。去掉颜色的图像部分透明,显示出背景画面,没有去掉颜色的部分仍旧保留原有的图像,以达到画面合成的目的。

在"效果"面板的"视频效果"中,"键控"类特效一共有 9 种,如图 9 - 111 所示。大致可以分为 3 类。

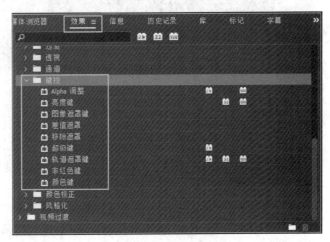

图 9 - 111　键控类特效

1. 颜色类键控

颜色类键控有颜色键、非红色
键、超级键。主要原理是：选择某一颜色，使其变为透明；然后，调节其余参数，确定色彩选择
范围。最常用的是颜色键，可以去掉素材图像中指定颜色的像素，这种特效只会影响素材的
Alpha 通道。特效的参数如图 9 - 112 所示。

（1）主要颜色　设置需要被去掉的颜色。

（2）颜色容差　设置素材的容差度，容差度越大，被去掉的颜色区域越透明。

（3）边缘细化　设置去掉的颜色区域边缘的细化程度，数值越大，边缘越平滑。

（4）羽化边缘　设置去掉的颜色区域边缘的柔化程度，数值越大，边缘越柔和。

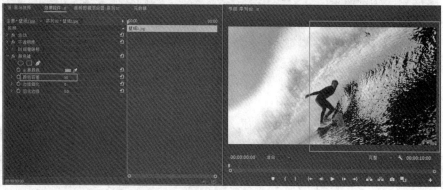

图 9 - 112　修改"颜色键"特效的"颜色容差"参数前后比较

2. 亮度类键控

亮度类键控如亮度键，主要原理是：依靠图像中的灰度值来创建透明关系。亮度值越高
的区域，不透明度越高；亮度值越低的区域，不透明度越低。明暗反差较大的图像，利用这种
键控特效会得到较好的结果。特效的参数如下：

（1）阈值　控制图像上选定颜色范围内阴暗部分范围，从 0～100%。

（2）屏蔽度　值越大，透明程度越大，但超过阈值范围时，会有反转效果。

3. 蒙版类键控

蒙版类键控有图像遮罩键、移除遮罩、轨道遮罩键等。使用蒙版抠像，就像在剪辑上开
孔，使得另一个剪辑的一部分显示出来。

（1）图像遮罩键　以图像的 Alpha 通道或者亮度值来确定素材的透明区域。使用亮度值时,画面中的白色区域为不透明,黑色为全透明,其他部分呈现出不同程度透明度。在使用该特效时,需要在"特效控制台"面板的特效属性中单击设置按钮 ⤳▤,为其指定一张遮罩图片。注意图片所在的路径及名称不能包含中文,否则无效。特效的参数如图 9 - 113 所示。

① 合成使用:指定创建复合效果的遮罩方式,下拉列表中有"Alpha 遮罩"和"亮度遮罩"两种选择。

② 反向:选中该选项可以使遮罩产生反向效果。

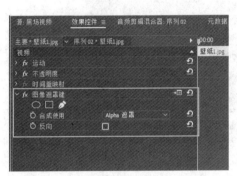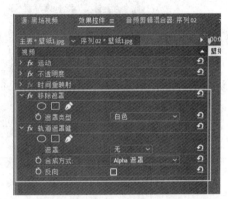

图 9 - 113　"图像遮罩键"特效的参数　　图 9 - 114　"移除遮罩""轨道遮罩键"特效的参数

（2）移除遮罩　由 Alpha 通道创建透明区域,而这种 Alpha 通道是在红色、绿色、蓝色和 Alpha 共同作用下产生的。通常用来去除黑色或白色背景,尤其是对于处理纯白或者纯黑背景的图像非常有用。特效的参数如图 9 - 114 所示。

◄ 椭圆、矩形、钢笔工具用于对一个素材进行蒙版抠图,蒙版即为可显示的部分。

◄ 遮罩类型用于指定遮罩的类型,下拉列表中有白色和黑色两种。

（3）轨道遮罩键　轨道遮罩键可以创建移动或滑动蒙版效果,需要两个素材中的一个作为蒙板,而且每个素材都放在各自的轨道中,作为蒙版的整个轨道隐藏。通常,蒙版设置在运动屏幕的黑白图像上,与蒙版上黑色相对应的图像区域为透明区域,与白色相对应的图像区域不透明,灰色区域创建混合效果,即呈现半透明。

● 椭圆、矩形、钢笔工具:用于对一个素材进行蒙版抠图,蒙版即为可显示的部分。

● 遮罩:从下拉列表中为素材指定一个遮罩。

● 合成方式:指定应用遮罩的方式,下拉列表中有"Alpha 遮罩"和"亮度遮罩"两种选择。

● 反向:选中该选项可以使遮罩产生反向效果。

案例 4　键控类特效应用案例之墨染星空。

① 启动 Premiere 2020 软件,单击"新建项目"按钮,设置项目名称和存储位置(这里命名为"墨染星空"),如图 9 - 115 所示。然后通过"文件"→"新建"或在"项目"面板中创建一个序列,进入"新建序列"对话框。可以在"序列预设"中选定已有模块,或者在"设置"里自定义参

数。这里选择"DV PAL"中的"宽屏 32 kHz"。

图 9 - 115 新建项目和序列

② 通过"文件"菜单栏的"导入"命令,或者在"项目"面板通过右键菜单的"导入"或者双击空白区域,导入需要用到的素材"墨迹. mp4""墨染星空. png"和"星空背景. mp4",如图 9 - 116 所示。

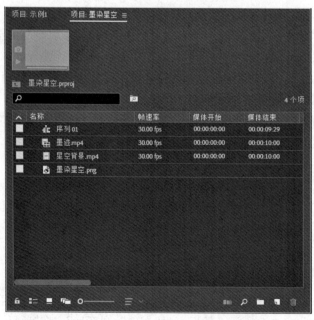

图 9 - 116 导入素材

③ 从"项目"面板中把"星空背景.mp4"素材拖到"时间线面板"中的"V1"视频轨道,然后把"墨迹.mp4"素材拖到"V2"视频轨道上,如图 9－117 所示。

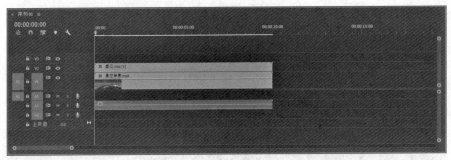

图 9－117 添加素材到"时间线"面板中

④ 在"时间线"面板中单击 V2 视频轨道的"墨迹.mp4"素材,打开"效果控件"面板,展开"运动"特效选项,修改"缩放"参数为 400。

⑤ 在"效果"面板"视频效果"的"键控"文件夹中选择"轨道遮罩键"特效,将其拖动应用到"V1"视频轨道的"星空背景.mp4"素材上,如图 9－118 所示,然后打开"效果控件"面板,修改"轨道遮罩键"特效的参数,"遮罩"选择"视频 2"(即以视频 2 轨道上的素材为遮罩),"合成方式"为"亮度遮罩",并勾选中"反向",如图 9－119 所示。

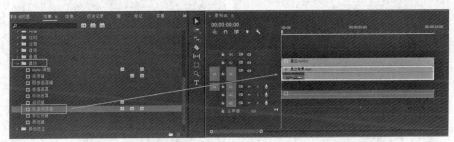

图 9－118 在"星空背景.mp4"素材上应用"轨道遮罩键"特效

图 9－119 修改"轨道遮罩键"特效参数及其预览效果

⑥ 从"项目"面板中把"墨染星空.png"素材拖到"时间线面板"中的"V3"视频轨道,并把鼠标移动到素材末尾,当鼠标变成┫时,拖动鼠标直至其素材长度和其他轨道等长,如图 9-120 所示。

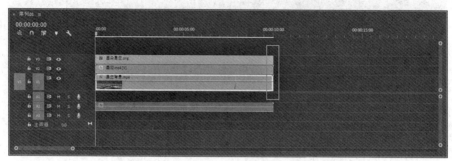

图 9-120 添加"墨染星空.png"到时间线面板中并调整其素材长度

⑦ 在"时间线"面板选中"V3"视频轨道的"墨染星空.png"素材上,然后打开"效果控件"面板,展开"不透明度"选项,单击创建 4 点多边形蒙版按钮██,在"节目"面板可以看见对应的多边形蒙版,如图 9-121 所示。

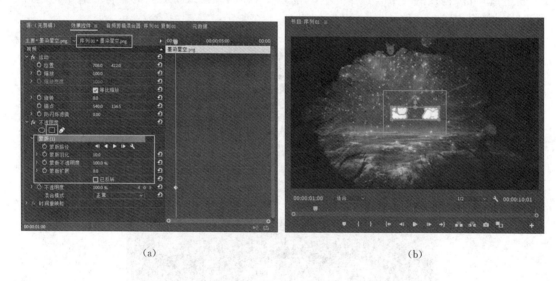

(a)   (b)

图 9-121 在"墨染星空.png"素材创建多边形蒙版

⑧ 单击"蒙版路径"前面的按钮██,在位置 00:00:00:00 激活其关键帧特性,单击"蒙版(1)"使得蒙版出现控制柄,在"节目"面板中调整多边形蒙版区域的大小和位置,使得蒙版区域一开始在素材左侧,如图 9-122 所示。

⑨ 移动时间滑块到 00:00:05:00,继续在"节目"面板中调整多边形蒙版区域的大小和位置,把素材文本内容包含在内,使得图像素材恢复可见,如图 9-123 所示。

⑩ 最后在"节目"面板中播放预览。

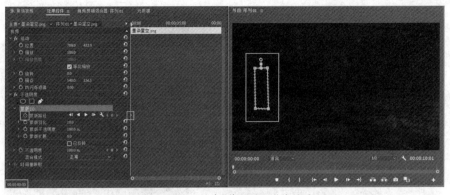

图 9-122 创建"蒙版路径"关键帧

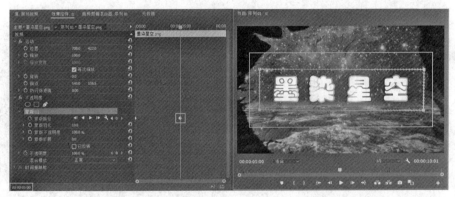

图 9-123 在 00:00:05:00 处调整蒙版并创建新的关键帧

9.8 字幕制作和应用

字幕是现代影视节目中的重要组成部分,其用途是向观众传递一些视频画面所无法表达或难以表现的内容,使观众们更好地理解影片。Premiere 2020 软件提供了多种不同标准的字幕,方便字幕方面的编辑工作。

1. 新建字幕

创建字幕的方法有以下 2 种:

● 通过"文件"菜单栏的"新建"子菜单,选中"字幕"命令进行创建,如图 9-124 所示;单击后会弹出如图 9-125 所示的"新建字幕"对话框,设置字幕的相关参数。

● 在"项目"面板中单击右下角的新建项按钮 ,或者右键快捷菜单中选择"新建项目"→"字幕"命令,亦可创建字幕对象,如图 9-126 所示。

2. 字幕面板

在"项目"面板中创建好字幕对象后,选中该字幕对象,即可在字幕面板编辑,如图 9-127 所示。

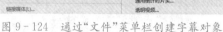

图 9-124　通过"文件"菜单栏创建字幕对象　　　　图 9-125　"新建字幕"对话框

334

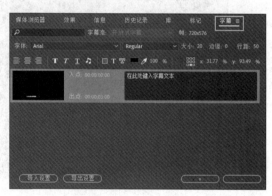

图 9-126　右键菜单"新建项目"命令列表　　　　　图 9-127　字幕面板

（1）添加字幕文本　在文本框内输入字幕文本内容，还可以设置字幕的持续时间（入点和出点时间）。如果需要添加多段字幕，直接单击右下角的"＋"号，添加新的字幕文本，如图 9-128 所示，反之"－"号则是进行字幕文本的删除。

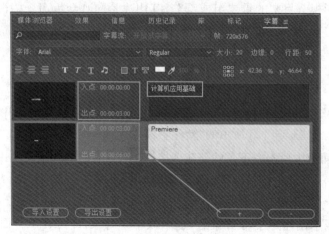

图 9-128　添加字幕文本

（2）设置字幕文本属性　　在字幕面板上方，有各种设置字幕文本属性的功能，包括字体、字体大小、行距、对齐方式、字形、颜色（背景颜色、文本颜色）、不透明度、锚点、坐标定位等，如图 9-129 所示。

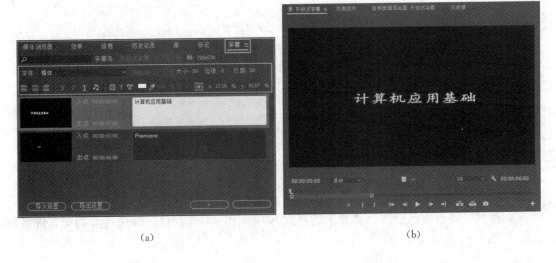

（a）　　　　　　　　　　　　　　　　　　（b）

图 9-129　设置字幕文本属性及其预览效果（"源"面板）

3. 字幕导入与导出

（1）字幕导入　　在"项目"面板导入素材时，字幕也可以作为一种素材导入。通过"文件"菜单栏的"导入"命令；或者"项目"面板右键菜单中的"导入"，在"导入"对话框中选择字幕文件导入（支持导入的字幕文件格式有旧版 prtl、srt、stl），如图 9-130 所示。

图 9-130　导入字幕文件

（2）字幕导出　　除了能导入外部的字幕文件作为素材，也可以把创建并设计好的字幕导出,以便在其他项目里调用。

① 在"项目"面板中选择需要导出的字幕对象,单击"文件"菜单栏的"导出"子菜单栏的"字幕",如图 9-131 所示。

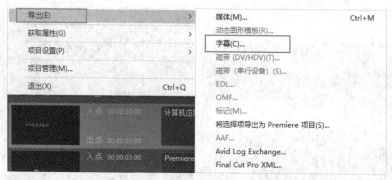

图 9-131　导出字幕文件

② 在弹出的对话框中选择要导出的格式,如 srt 和 stl,选择保存的路径和确定文件名,保存,如图 9-132 所示。

图 9-132　设置字幕的导出格式和保存方式

案例 5　字幕应用案例之咏鹅。

① 启动 Premiere 2020 软件,单击"新建项目"按钮,设置项目名称和存储位置(这里命名为"咏鹅")。如图 9-133 所示。然后通过"文件"—"新建"或"项目"面板中创建一个序列,进入"新建序列"对话框,可以在"序列预设"中选定已有模块,或者在"设置"里进行自定义参数的设定,这里我们选择"DV PAL"中的"标准 32 kHz"。

② 通过"编辑"菜单栏的"首选项"子菜单的"时间轴"界面,设置"静止图像默认持续时间"为 500 帧,即 20 s,如图 9-134 所示。

③ 通过"文件"菜单栏的"导入"命令,或者在"项目"面板通过右键菜单的"导入",或者双击空白区域,导入需要用到的素材"咏鹅.jpg"和"咏鹅.mp3"。

图9-133　新建项目和序列

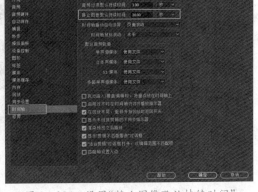

图9-134　设置"静止图像默认持续时间"

④ 从"项目"面板中把"咏鹅.jpg"素材拖到"时间线面板"中的"V1"视频轨道,再把"咏鹅.mp3"素材拖到"A1"音频轨道上。

⑤ 通过单击"文件"菜单的"新建"子菜单的"字幕"命令,或者在"项目"面板中单击右键菜单中"新建项目",新建一个字幕对象,如图9-135所示。

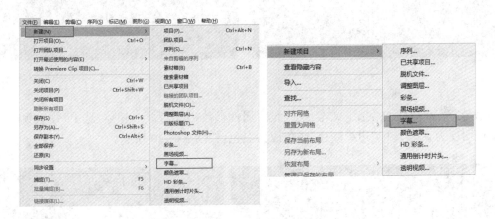

图9-135　新建一个字幕对象

⑥ 弹出一个"新建字幕"对话框,选择"开放式字幕"标准,其他的采取默认参数即可,如图9-136所示。

⑦ 在"项目"面板中选择刚创建好的"开放式字幕",打开"字幕"面板,进行字幕的编辑,如图9-137所示。

⑧ 打开文本素材"诗句.txt",复制其中文本,在"字幕"面板中的文本输入框粘贴,修改对齐方式为"居中对齐",位置改为"中间锚点",修改出点时间为00:00:20:00,如图9-138所示。在"项目"面板中,双击"开放式字幕"对象,或者将其拖动到"源"面板中,可以预览其实时效果,如图9-139所示。

图9-136　新建开放式字幕　　　　　图9-137　在"字幕"面板中进行字幕编辑

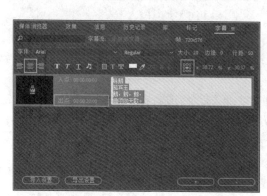

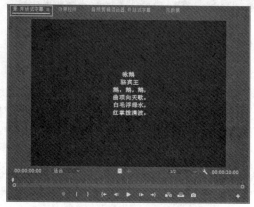

图9-138　复制文本,修改字幕参数　　　图9-139　在"源"面板中预览字幕效果

⑨ 在"字幕"面板中,选中文本,继续设置属性参数,大小为50,粗体,选中"背景颜色",修改不透明度为0%,选中"边缘颜色"颜色改为黑色,如图9-140所示。

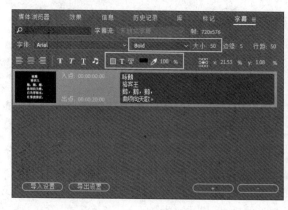

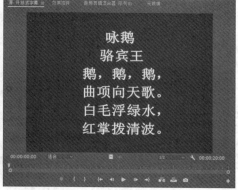

(a)　　　　　　　　　　　　　　　　(b)

图9-140　设置字幕属性参数及其预览效果

⑩ 在"项目"面板中,把前面创建好的字幕拖到"时间线面板"中的"V2"视频轨道。

⑪ 选中"时间线面板"中的字幕素材,打开"效果控件"面板,展开"运动"选项,修改位置参数为(360,800),并单击按钮 ![clock]，激活其关键帧特性。

⑫ 移动时间滑块或者直接定位到时间码00:00:15:00,修改位置参数为(360,288),自动创建了一个关键帧。该时间区间内的运动效果,如图9-141所示。

⑬ 最后,在"节目"面板中,播放预览,如图9-142所示。

图9-141 修改"位置"参数

图9-142 "节目"面板中播放预览效果

9.9 添加音频和音频特效

9.9.1 导入音频

Premiere 2020支持导入的音频格式主要有mp3、wav、wmv等。导入方法如下:
● 通过"文件"菜单栏的"导入"命令(快捷键[Ctrl]+[I]),选择对应的音频。
● 在"项目"面板中单击"新建项"按钮,或者在右键快捷菜单中选择"新建项目"命令,选择对应的音频导入。
● 在"项目"面板中双击空白区域,自动打开"导入"对话框。

9.9.2 添加音频

1. 添加音频素材到时间线面板

导入素材后,在"项目"面板上直接拖动素材添加到"时间线"面板上的音频轨道,如图9-143所示,具体操作类似于视频图像素材。

2. 调整音频素材持续时间和播放速度

● 在"项目"面板中选中对应音频素材,在右键菜单中单击"速度/持续时间",打开"剪辑

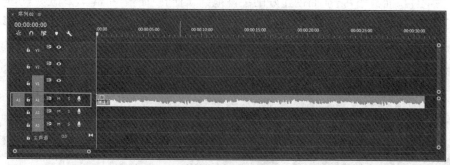

图 9-143　添加音频素材到时间线面板

速度/持续时间"对话框,设置如图 9-144 所示。

● 在"项目"面板中选中对应音频素材,单击"剪辑"菜单栏的"速度/持续时间"命令(快捷键[Ctrl]+[R]),打开"剪辑速度/持续时间"对话框进行设置。

● 利用工具栏中的"比率拉伸工具"或者"剃刀工具"亦可改变剪辑持续时间或播放速度。

3. "效果控件"面板

针对音频素材,在"效果控件"面板中有"音量"和"声像器"两个属性选项,如图 9-145 所示,可以调节其展开的详细参数;配合关键帧,可以实现"淡入"和"淡出"的效果。

图 9-144　"剪辑速度/持续时间"对话框

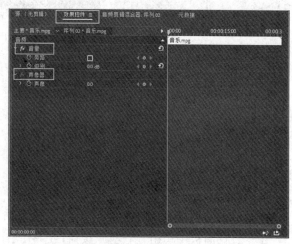

图 9-145　音频素材的"效果控件"面板

4. 音频过渡和音频效果

(1) 音频过渡　应用于两个音频素材之间,在"效果"面板中的"音频过渡"文件夹中,如图 9-146 所示。直接拖动应用到"时间线"面板的音频素材之间,类似于视频过渡效果。添加好后,单击该效果,可以在"效果控件"面板中编辑效果的参数。

(2) 音频效果　应用于具体的某个音频素材,在"效果"面板中的"音频效果"文件夹中,如图 9-147 所示,直接选择或者通过搜索框搜索。然后,拖动应用到"时间线"面板对应的音频素材上,类似于视频效果。添加好后,单击该音频素材,可以在"效果控件"面板中编辑该音频效果的参数。

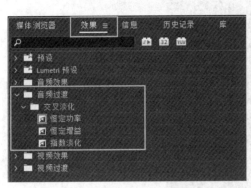
图9-146 "效果"面板中的"音频过渡"

图9-147 "效果"面板中的"音频特效"

5. "音频剪辑混合器"面板

"音频剪辑混合器"面板主要用于音频素材播放效果的编辑和实时控制,如图9-148所示,该面板为每一条音轨都提供了一套控制方法,使用该面板可以设置每条轨道的音量大小、静音等。

(1)声道调节滑轮 当选定的对象为双声道音频时,可以通过"声道调节滑轮"调节播放声道。向左拖动滑轮,则输出到左声道L的声音会变大;反之,向右拖动滑轮,则输出到右声道R的声音会变大,如图9-149所示。

(2)控制按钮(静音、独奏、录音) 如图9-150所示,功能分别为:

● 单击静音轨道按钮 M ,则该轨道会设置为静音状态。

● 单击独奏轨道按钮 S ,则其他未选中独奏按钮的音频轨道自动设置为静音状态。

● 单击激活写关键帧按钮 ,则可以利用输入设备将声音录制到目标轨道上。

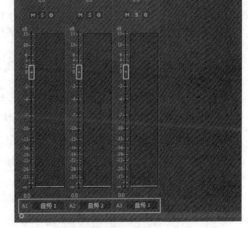
图9-148 "音频剪辑混合器"面板

图9-149 声道调节滑轮

图9-150 控制按钮(静音、独奏、录音)

（3）音量控制滑块　控制当前轨道对象的音量。以分贝数 dB 来衡量音量的大小。向上拖动滑块，可以增加音量；向下拖动音量，可以减少音量，如图 9－151 所示。

图 9－151　音量控制滑块

9.10 影片的输出

当视频素材或音频素材编辑完成后，可以导出编辑好的项目，发布最终作品。前面的字幕导出也是一种导出的方式。具体操作步骤如下：

① 完成编辑后，在"项目"面板中选中对应导出的素材（"序列 01"的时间线序列），然后单击"文件"菜单栏的"导出"子菜单栏的"媒体"命令（快捷键为[Ctrl]＋[M]），如图 9－152 所示，打开"导出设置"的对话框，如图 9－153 所示。

图 9－152　"导出"子菜单栏的"媒体"命令

② 设置导出的文件格式以及预设方案等，如图 9－154 所示。单击"输出名称"可以设置导出文件的名称和保存路径，如图 9－155 所示。

图 9-153 "导出设置"的对话框

图 9-154 设置导出的相关参数

图 9-155 设置导出文件的名称和保存路径

③ 最后在"导出设置"对话框中,单击"导出"即可。

图书在版编目(CIP)数据

计算机办公应用与图像视频处理/冯桂尔主编. —上海：复旦大学出版社，2022.6
ISBN 978-7-309-16157-1

Ⅰ.①计…　Ⅱ.①冯…　Ⅲ.①计算机应用—图像处理　Ⅳ.①TP391.41

中国版本图书馆 CIP 数据核字(2022)第 076642 号

计算机办公应用与图像视频处理
冯桂尔　主编
责任编辑/张志军

复旦大学出版社有限公司出版发行
上海市国权路 579 号　邮编：200433
网址：fupnet@ fudanpress.com　http://www.fudanpress.com
门市零售：86-21-65102580　团体订购：86-21-65104505
出版部电话：86-21-65642845
上海四维数字图文有限公司

开本 787 × 1092　1/16　印张 22　字数 535 千
2022 年 6 月第 1 版第 1 次印刷

ISBN 978-7-309-16157-1/T·714
定价：45.00 元